泗棉3号选育与应用研究

◎ 陈立昶　王卫军　编著

中国农业科学技术出版社

图书在版编目（CIP）数据

泗棉 3 号选育与应用研究 / 陈立昶，王卫军编著 . —北京：中国农业科学技术
出版社，2016.12
ISBN 978 - 7 - 5116 - 2878 - 7

Ⅰ . ①泗…　Ⅱ . ①陈…②王…　Ⅲ . ①棉花 - 选择育种②棉花 - 栽培技术
Ⅳ . ①S562

中国版本图书馆 CIP 数据核字（2016）第 307894 号

责任编辑　贺可香
责任校对　马广洋

出　版　者　中国农业科学技术出版社
　　　　　　北京市中关村南大街 12 号　　邮编：100081
电　　　话　（010）82106638（编辑室）　（010）82109704（发行部）
　　　　　　（010）82109709（读者服务部）
传　　　真　（010）82106650
网　　　址　http://www.castp.cn
经　销　者　各地新华书店
印　刷　者　北京富泰印刷有限责任公司
开　　　本　787mm×1 092mm　　1/16
印　　　张　12.75　　彩插　8 面
字　　　数　320 千字
版　　　次　2016 年 12 月第 1 版　2016 年 12 月第 1 次印刷
定　　　价　56.00 元

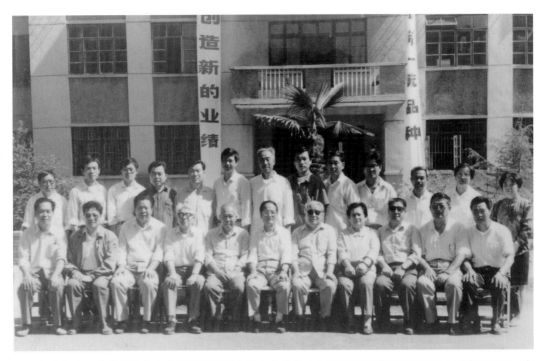

育种专家、农业部棉花专家顾问组组长俞敬忠（前排中）带领农业部棉花专家组人员来场调研，农业部马淑萍（后排右一）、省农林厅徐辉锋（前排左一）、何金龙（后排左二）、展金奇（后排左三），场领导王开成（前排左二）、朱成栋（前排右一）、张业修（后排左六）、陈立昶（后排左一）等陪同

时任农业部副部长、现全国人大常委会副委员长张宝文（右四）带领农业部科技司领导来场视察，省农林厅领导吴沛良（右二），场领导张业修（左三）、金国田（右一）、陈立昶（右三）等陪同

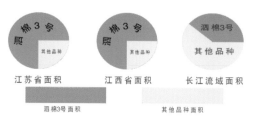

泗棉3号遍布大江南北

江苏省面积 江西省面积 长江流域面积

泗棉3号面积 其他品种面积

泗棉3号1995年在长江流域种植面积1156万亩，占全流域棉花面积40%强，江苏、江西两省均超过当年棉花面积75%。

泗棉 2 号称雄长江流域的十年

1982-1983	1984-1985	1986-1987	1988-1989	1990-1991
20.6	11.8	10.9	10.9	7.1

江苏省　　　全国长江流域

■ 泗棉2号　■ 其他参试品种平均　■ 泗棉2号比其他参试品种平均增

泗棉2号 江苏省（1982-1988）4轮，长江流域（1984-1991）4轮，产量均居首位

喜 报

国家棉花改良中心江苏分中心

泗阳新辉煌　　一年九冠竟风流

2006一年5品种

省与国家9试验皮棉全部夺冠

泗杂棉 6 号： 长江流域春棉 A 组区试，皮棉居 11 个参试种 第一位；

长江流域春棉生产试验，皮棉居 5 个参试种第一位。

泗阳 328： 长江流域春棉 C 组区试，皮棉居 10 个参试种第一位；

安徽区试 A 组，皮棉居 13 个参加试验种第一位：

安徽生产试验 II 组，皮棉居 5 个参试种 第一位。

泗抗 3 号： 江西预试 A 组对照，皮棉居 A 组 17 个品种 第一位；

江西预试 B 组对照，皮棉居 B 组 17 个品种 第一位。

泗阳 328-2： 江苏区试 A 组，皮棉比对照增 12.7% 居 第一位。

泗杂 2 号： 江苏国家品种展示，皮棉居 17 个展示品种 第一位。

江苏省棉花种质资源库
江苏省泗棉种业有限责任公司

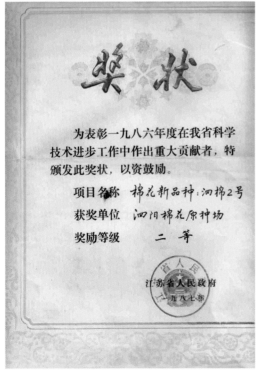

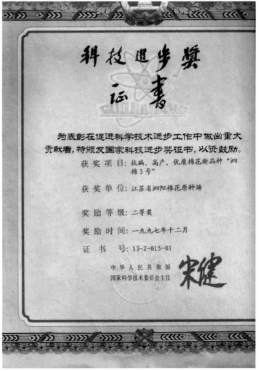

序

泗棉根植于底层，从 20 世纪 60 年代至今，经历半个多世纪，推陈出新，长盛不衰，在我国棉花育种史上留下了自己的一页。

泗棉 1 号是泗棉系列的第一个品种。这是江苏省泗阳棉花原种场突破良种繁育的局限，首创棉花育种与良种繁育相结合的产物。该品种在我国自育棉花品种取代国外引进品种中发挥了重要作用，1978 年获全国科学大会奖。

泗棉 2 号是我国棉花高产育种的重要成果。1982 年首次参加江苏省棉花品种区域试验，在全省所有 11 个区试点上皮棉产量全部夺冠，比对照增产近三成。1983 年省级生产试验，平均皮棉产量与两个对照品种相比增产幅度均超过三成。更可贵的是，从参试品种到作为区试对照品种，在省与国家区试中，连续 10 年皮棉产量夺冠，成为绝无仅有的历史记录。

泗棉 3 号的育成与推广，"标志着我国棉花丰产、抗性育种水平上了一个新台阶"，实现了丰产性、抗病性、广适性的综合协调。从而改变了当时我国棉花生产在品种布局上，有病（枯黄萎病）地与无病地分割的局面，优化了品种结构。泗棉 2 号、泗棉 3 号从 20 世纪 80 年代初到 21 世纪初的 20 多年中，相继崛起为长江流域及至全国推广面积最大、应用范围最广的棉花品种。并作为优良种质资源，在我国棉花遗传育种中得到广泛应用，仅以泗棉 3 号为亲本，就先后育成了 40 多个棉花新品种（组合），类型丰富多样，跨越不同棉区。

泗棉在坚实的基础上，而勉而行，新成果不断涌现，包括优质棉、杂交棉、抗病虫棉、早熟棉等，新品种源源不断走向全国，创造新的业绩。

泗棉的成功依赖于天时地利人和，得益于社会各方面鼓励与支持。就自身而言，是一个在实践中不断探索的过程，有创新，也有挫折。如果说到创新，也许可以提三点：一是体制创新，把棉花育种与良种繁育有机融合，使其相得益彰，这也是泗棉长盛不衰、应用周期超越一般品种的秘诀所在；二是技术创新，如率先比较完整地提出了棉花株型育种的概念，塑造"疏朗型"理想株型，提高了棉花群体光能利用率；三是人力资源创新，注重在长期的育种实践中培养人才，从年轻职工中培养了一批动手能力强、苦干实干的"育种匠"。

半个世纪以来，泗棉留下了许多值得珍惜的记忆。20 世纪 60 年代初，我国著名遗传学家谈家桢先生在给我的信中，谆谆教导说：从事育种工作，要"目标明确，始终如一"，这八个字成了我一身的座右铭。一个人一辈子专注一件事，不这山望那山高，朝着既定的方向，坚持不懈走下去，总会越来越逼近目标。

不忘初心，方得始终，正是这种精神物化为泗棉，成就了泗棉。

《泗棉 3 号选育与应用研究》一书，总结概述了泗棉育种的成就与经验，并对发展前景进行了展望。而当前，我国棉花生产与科研处于重大转折时期，愿本书作为一个案例，能引发更多的思考、更深的探索。

俞敬忠

2016 年 8 月 20 日

前　言

泗棉3号（原代号泗阳263）是江苏省泗阳棉花原种场（现宿迁市农业科学研究院）继泗棉1号、泗棉2号新品种以后，育成的集高产、优质、多抗、适应性广于一体的棉花新品种。

江苏省泗阳棉花原种场1960年建场以后，根据当时农业发展的现实需要，紧密结合农作物良种繁育工作，相继开展棉、麦、稻、豆等作物的新品种选育，选育方法开始主要是系统选育，后来又由系统选育到与杂交育种相结合，再到杂交、回交、复合杂交及现代生物技术的应用。多年来，一直注重作物育种与良种繁育紧密结合、相互促进、相得益彰，显著提高了育种效率；一直长期注重育种技术的创新，在良种繁育工作取得较大新成就的同时，新品种选育也不断取得了新的突破，并使育成品种始终保持高产、高效、多抗的明显特色，先后育成通过省级以上审定的棉、麦、稻、豆等作物新品种30多个，其中棉花品种20多个。这一系列品种的选育与应用，对我国农业科研及生产的发展都发挥了较大作用，特别是棉花品种在长江流域乃至全国都具有较大的影响力。

20世纪60年代结合棉花良种繁育工作，采取系统选择的方法育成的泗棉1号新品种为我国自育品种取代国外引进品种、实现推广品种国产化发挥了重要作用，1978年获全国科学大会奖。

泗棉2号是我国棉花产量育种上取得的一个突破性成果，该品种1982年首次参加江苏省棉花品种区域试验，当年在全省11个区试点上，皮棉产量全部居第一位，比对照品种及其他参试品种平均增产29.1%，1983年江苏省棉花品种生产试验平均皮棉产量比两个对照种（全省统一对照种和地方对照种）分别增产30.68%及31.03%，产量水平之高、增产幅度之大在品种试验中是罕见的，该品种先后通过江苏、安徽、湖南3省及全国农作物品种审定，并成为苏、皖、赣、湘及长江流域棉花品种区域试验与育种攻关试验的统一对照种。泗棉2号还由于农艺性状长期稳定、经济性状长期稳定，产量水平也一直长期稳定，1982—1991年在江苏省及全国长江流域品种区试中，皮棉产量连续10年位居第一，在试验中持续增产时间居国内育成品种前列，同时推广种植的面积也稳定增加，在江苏省年最大种植面积占全省当年常规棉面积的90%，成为20世纪80年代长江流域种植面积最大的棉花品种，1991年在湖南省种植9.07万 hm^2，约占当年全省棉花面积的75%，直到1995年在湖南省种植面积还达11.67万 hm^2。

泗棉3号集丰、抗、优及适应性广于一体，该品种的育成，在国内率先实现了抗病虫、优质棉品种的产量超过常规棉品种。专家鉴定一致认为泗棉3号"在同类研究中居国内领先，其丰产性与抗枯萎病、抗棉铃虫达国际先进，它的育成与推广标志着我国棉花丰产、抗性育种水平已登上一个新台阶。"1993年、1994年先后通过江苏省与全国品种审定。泗棉 3 号品种的育成，使江苏省及其长江流域棉花品种布局发生了深刻的变化，使枯萎病有病地、轻病地、无病地都能够实现统一品种布局，生产上不再强调有病地种植抗病棉、无病地种植常规棉，因此使其推广面积迅速扩大，1994 年推广面积 40.53 万 hm²，成为长江流域推广面积最大的棉花品种，1996 年推广 86.35 万 hm²，成为全国推广面积最大的棉花品种，年种植面积占长江流域当年棉田面积的 40% 以上，在江苏、江西两省均占当年棉花种植面积的 75% 以上，安徽省占当年棉花种植面积的 60% 以上。该品种既是"九五"期间全国推广面积最大的棉花品种，也是 20 世纪 90 年代以来我国自育棉花品种中推广面积最大、应用范围最广的。泗棉 3 号选育应用先后获江苏省科技进步奖一等奖、国家科技进步奖二等奖、江苏省农业科技成果转化一等奖。

泗棉 2 号、泗棉 3 号两品种从 20 世纪 80 年代初到 21 世纪初的 20 多年内相继成为长江流域乃至全国推广面积最大的品种，充分显示了泗棉品种对全国棉花生产与科研的影响力。

21 世纪初以来，泗棉育种在已有科研创新的基础上，进一步加强科研攻关，育种创新再创辉煌，新育成的泗棉 4 号综合性状优良、丰产性突出，泗抗 3 号、泗阳 328、泗阳 329、泗杂 3 号、泗杂棉 6 号、泗杂棉 8 号等杂交棉品种不仅抗病虫、品质优，而且产量表现突出，在省与国家品种试验中皮棉产量普遍居于参试品种的首位，比对照增产 15% 以上，高的增幅超过 25%，始终保持与传承泗棉品种高产、高效的特色。

泗棉品种包括常规棉、抗病虫棉、优质棉、杂交棉及早熟棉等，品种类型全、应用范围广、在科研与生产中发挥的作用大。泗棉 2 号、泗棉 3 号、泗阳 78 - 18 等 3 个品种曾经是多个省及国家品种试验的统一对照种，泗棉 1 号、泗棉 4 号、泗抗 1 号、泗抗 3 号、泗杂 3 号等分别被江苏、安徽、江西等省定为棉花品种区试的对照种与棉花生产的主推品种。其中泗棉 2 号、泗棉 3 号、泗抗 1 号、泗杂 3 号作为统一对照种的时间都达到或超过 10 年，在棉花品种选育审定中同样也发挥了重要作用。

泗棉品种的选育是在良种繁育推广的基础上开展的，新品种育成以后又始终注重加强良种繁育工作，创新良种繁育技术，在从单株选择、株行鉴定、株系繁殖到良种繁殖区的建设与管理，包括推进棉种产业化建设等方面，都有许多创新及成功的做法，这些做法对保持品种优良种性的长期稳定，延长新品种使用年限，促进科研成果转化等产生了重大影响。

为促进新品种推广应用，泗棉育种人员长期注重联合省内外"三农四方"的技术力量，加强品种特征特性、高产机理及栽培配套技术的研究，在不同生态棉区形成多种栽培技术体系，并通过高产示范、技术培训等促进了新品种、新技术的推广应用，实现了良种良法配套，有效地促进了推广地区棉花生产水平及植棉效益的大幅度提高。

为总结品种选育技术、种质资源利用、高产机理、良种繁育及其栽培配套技术研究等方面的经验，为以后的作物育种提供参考与借鉴，结合泗棉 3 号品种选育与应用的主要成果，归纳编著本书。本书既可以为作物育种技术人员的工作提供借鉴，也可为相关研究人员、教学人员及学生提供参考。有关栽培技术部分，20 多年来棉花生产上已经发生了很大的变化，很难适合目前的情况，只能作为当时的技术资料概述，部分技术原理或许还有参考意义。

本书编撰引用了一些刊物上有关泗棉 3 号的试验结果，在此谨向作者表示谢意。本书第七章《不同棉区的应用实践》江苏省《淮北棉区高产栽培技术》《沿海棉区高产优质栽培技术》《里下河棉区高产成铃规律及其配套栽培技术》分别由肖苏林、黄在进、周玲娣；朱永歌、陈良忠、顾群、任健；杨举善、陆家珠、徐冰；韩培新、黄桂林、黄荣等执笔，最后由编著者统稿。崔小平、刘晓飞、陈春、赖上坤等参与资料收集与书稿校对，承泓良为本书编写给予悉心指导及帮助相关资料收集。

江苏省人大常委员会原副主任、农业部原棉花专家顾问组组长、南京农业大学博士生导师俞敬忠教授，1960 年起在泗阳工作 20 多年，是泗棉育种事业的奠基人及育种理论与技术的主要发明人。南京农业大学潘家驹、张天真、高璆、周治国，江苏省农业委员会徐辉锋、何金龙、纪从亮，江苏省农业科学院承泓良、葛知男，扬州大学吴云康、陈德华、江苏省科技厅陈洪强、安徽省农业委员会郑厚今、江西省九江市种子站谭建章等有关省、市的专家教授，为泗棉品种的选育与应用都做了大量卓有成效的工作，棉花原种场王开成、朱成栋、张业修等领导对泗棉育种给予了极大的关心与支持，吉守银、孙宝林、崔小平等育种技术人员多年如一日投入育种事业，为泗棉新品种的选育与应用作出了重要贡献。借此机会，谨向他们深致敬意。

限于我们的研究及学识水平，以及资料搜集的难度，书中不妥之处在所难免，敬请同行专家批评指教。

编著者

2016 年 8 月

目　录

第一章　品种选育过程

泗棉 3 号（原代号泗阳 263）品种的选育研究克服了高产与多抗的矛盾，高产与优质的矛盾，在育种研究及科研创新方面实现多项突破，育成的泗棉 3 号是集高产、多抗（抗枯萎病、棉铃虫和蚜虫）、优质、早中熟和适应性广于一体的棉花优良品种。该品种的育成，使江苏及其长江流域棉区实现了抗病棉品种产量超过常规棉高产品种的育种目标。1993 年、1994 年分别通过江苏及全国农作物品种审定，审定以后被定为江苏、安徽、江西、浙江等省及长江流域棉花品种区域试验、育种攻关试验的统一对照品种及棉花生产的主推品种。

泗棉 3 号 1996 年被国家科学技术委员会（现国家科技部）和农业部联合评定为全国"八五"期间育成的 10 个重大农作物新品种之一，1996 年获江苏省科技进步奖一等奖，1997 年获国家科技进步奖二等奖，1998 年获江苏省农业科技成果转化一等奖。

第一节　选育背景及育种目标

一、选育背景

（一）国计民生的需要

棉花是国计民生的战略物资，也是我国种植面积最大的经济作物。发展棉花生产不仅为纺织业提供工业原料，也是广大棉区农民收入的重要来源。我国是世界上最大的棉花生产国与原棉消费国，常年种植面积 533.3 万 hm^2 左右，总产量 650 万 t 左右，年原棉消费量 1 000 万 t 左右，多的年份突破 1 500 万 t。棉花生产量与消费量之间长期存在较大缺口，为解决这种矛盾，改革开放以后，随着国家经济实力的增强及外汇储备的增加，大幅度增加了国外原棉的进口。改革开放以前，由于国家经济实力及外汇储备有限，为解决产不足需的矛盾，国家对原棉实行统购统销，并长期采取限制国内消费的办法，20 世纪 90 年代以前国内原棉及纺织品一直实行限额定量供应，按照城乡人口数量定额发放棉票、布票，城乡居民只有持票才能购买棉絮及棉布。因此发展棉花生产一直是我国农业生产上的一件大事，从中央到地方各级人民政府及相关部门都予以高度重视。

长江流域、黄河流域及西北内陆等三大棉区是我国棉花生产的主要区域。江苏省位于长江中下游棉区，植棉历史悠久，是我国主要产棉省之一，在全国棉花生产中具有举足轻重的地位，21 世纪初以前，江苏常年种植棉花面积 53.3 万 hm^2 左右，产量 40 万 ~ 50 万 t。江苏作为产棉大省，也是经济大省、纺织工业大省，省内棉花产量远不能满足本省纺织业发展的需要，长期需要依赖省外、国外原棉的供应，因此，多年来江苏一直非常重视棉花生产的发展。

（二）良种对农业的作用：

科技兴农，良种先行。种子是农业基础性生产资料，新品种是遗传育种及相关科学技术成果的重要载体，通常种子对促进农业增产的作用占 30% 左右，并且还是其他生产要素发挥作用的限制因素，种子的潜力决定生产的潜力。我国各级政府及其农业部门，历来十分重视种子工作，把新品种选育与推广作为发展生产的重要手段，农业的发展始终伴随着新品种的选育与应用，农业生产水平的提高，种子的作用功不可没。水稻、小麦由于矮秆品种的选育，玉米由于紧凑型杂交种的选育，使用现代改良品种同过去使用传统农家品种比较，产量水平成倍增加。棉花生产从大量引进国外陆地棉品种的推广到国内自育品种的应用，每一次新品种的更新换代都使产量水平提高 10% 左右，有力地促进了生产水平与经济效益的提高，经常因为突破性品种的育成与推广，解决了生产上长期存在的重大难题，给农民带来意想不到的喜悦，随着生产的发展及科学技术的进步，种子在农业生产中的作用愈来愈大，也愈来愈被人们普遍认识与重视。

（三）高产抗病，势在必行

泗棉 3 号品种的选育研究始于 20 世纪 80 年代初，当时江苏及全国棉花生产上虽然通过国内众多科研单位的育种攻关，选育推广了一批丰产性好、适应性强的新品种，实现了国内自育品种取代国外引进品种，显著提高了棉花的产量水平，促进了棉花生产的发展。但由于高产与抗病是一对尖锐的矛盾，克服这一矛盾历来是一个艰巨的难题。20世纪 70 年代开始，通过泗棉 1 号、泗棉 2 号及鲁棉 1 号等品种的选育与推广，棉花产量水平大幅度提高，植棉经济效益及农民植棉积极性提高。但是随着棉花种植面积的增加，种植时间的延长，多年连作重茬棉田愈来愈多，还由于异地引种、种子处理、种子检疫等工作没跟上、防病措施不完备等原因，导致棉花枯黄萎病的发生愈来愈重，发病面积愈来愈大，时常给棉花生产造成极其严重的危害。生产调查，发病轻的棉田通常减产一成左右，发病重的田块减产两到三成，个别严重的田块甚至造成绝收，枯黄萎病的发生与蔓延给棉花生产造成了极大的危害。低温、多雨、高湿的气候条件更加速多种病害的发生与蔓延，现蕾开花期是枯黄萎病发病的高峰期。发病轻的棉株在高温干旱少雨的条件下可以恢复生长，或表现隐症，对产量的影响较小，发病重的从现蕾到开花期都可能造成死苗。为了减轻危害、减少损失，对少数发病特别严重、可能大幅度减产或基本绝收的田块，经常要改种其他作物。对发病较重、死苗较多，但还有一定收成的棉田，农民通常是采取移苗补缺、补种的方法进行补救，有的农民夏收以后就开始在田间移苗补苗，时间长达一个月之久，费时费工还难以达到预期的效果，枯黄萎病的发生与蔓延，对棉花生产造成了严重的威胁。

根据综合研究及生产实践证明，解决枯黄萎病最有效的办法是培育抗病品种，利用品种自身的抗性，解决田间发病问题是最经济有效的办法。但是由于统一品种的抗病性与丰产性是育种上的一大难题，泗棉 2 号、鲁棉 1 号等优良品种虽然产量水平高，综合丰产性突出，在不发生病害的田块，产量表现较为理想，能使农民获得较为满意的收成，但严重的缺点就是不抗病，在有病地遇到低温寡照多雨高湿等发病条件，发病以后往往损失惨重。当时的棉花生产上虽然已经有抗病性较好的 86 - 1 及陕 115 等抗病品种应用，使有病田发病率与死苗率显著减轻，但由于这些抗病品种存在着丰产性欠佳的缺陷，农民种植以后难以获得理想的产量。棉花生产上迫切需要育成既高产又抗病的品种。

（四）敢于担当、勇挑重担

20 世纪 70 年代末 80 年代初，泗阳棉花原种场棉花育种及良种繁育都取得了良好的业绩，育成泗棉 1 号新品种大面积推广应用，并获全国科学大会奖，育成泗阳 78 - 18、泗棉 2 号等新品种在试验中表现优异、在生产上表现突出，增强了科技人员培育新品种的信心与决心，面对生产上的迫切需求，面对育种研究方面富有挑战性的技术难题，科技人员勇于担当，敢挑重担，急农民之所急，想农民之所想，把棉花生产上的迫切需要及广大农民的强烈期盼作为科研攻关的重点，把选育集高产、抗病、优质于一体的新品种作为攻关目标，集中力量多渠道收集、大力度创新抗枯黄萎病资源材料，学习借鉴相关单位抗性育种的成功经验，同时发挥自己在新品种选育及病害鉴定方面的有利条件，创新育种技术理念，在育种试验田的培养、科研技术力量的安排、育种资金的保障等方面，优先保证抗病高产棉花品种的选育。

二、育种目标

泗棉 3 号品种选育研究目标为：克服高产、抗病、优质之间的矛盾，培育融高产稳产、优质、早中熟、抗逆性好、适应性广为一体的新品种。

高产：目的是提高皮棉产量水平及植棉经济效益，皮棉产量达到或超过现有常规棉高产品种的水平，比现有抗病棉品种的产量有较大幅度的提高；稳产，能够在不同年份、不同自然生态及栽培条件下均取得较高皮棉产量，减少栽培技术风险，稳定植棉经济效益。

（一）早中熟

适于春茬、麦套直播及麦（油）后移栽等多种茬口的种植，播种期弹性较大，提高品种对不同茬口、耕作制度及不同种植地区的应用范围；早中熟也是高产、优质、稳产、高效的重要性状；晚熟品种产量潜力大但稳产性能差，低温早霜年份容易造成减产，纤维品质也难以保证；早熟特早熟品种产量潜力不大，后期肥力不足还容易早衰，也影响产量与品质。因此研究选育的品种目标是早中熟，比常规中熟棉品种霜前花率高，这样的品种容易统一高产、稳产、优质及适应性广的矛盾，高肥水条件下也有较大的产量潜力。

（二）优质

能够提高纺织成纱质量，适于现代纺织业快速纺织的需要，提高纺织业经济效益；优质的目标是比现有品种纤维品质有显著提高，而又不是高品质棉，这样更能统一改善品质与提高产量、提高经济效益的矛盾。

（三）抗枯黄萎病

能在枯黄萎病重病地种植，减轻或克服枯黄萎病的发生对棉花生产的影响，提高发病田块棉花皮棉产量，便于稳定与扩大棉花种植面积，促进棉花生产的发展。

（四）抗棉铃虫与蚜虫

棉铃虫及蚜虫是棉花生产的主要害虫，对虫害具有一定抗（耐）性，能够减少棉田用药次数，降低植棉成本，减轻植棉劳动强度，减少棉花生产对环境的污染；限于当时的科研水平，是以形态抗性、生理生化抗性的选择为主。

（五）适应性广

可以在不同自然生态条件、不同土壤条件、不同耕作制度及栽培水平的地方种植，便于扩大品种的应用范围。广适性也是品种稳产性的表现，一般对栽培及其生态环境的要求弹性较宽，同时可以扩大品种的种植范围，扩大品种推广应用的面积，一定程度上也可以减少同一地区推广品种的数量，提高统一供种的规模，减轻品种多乱杂的程度，也便于栽培技术的统一。

第二节　选育技术及选育过程

一、选育技术

棉花新品种选育技术有系统育种、杂交育种、杂种优势利用、生物技术育种、辐照诱变育种及航天育种等，系统选择育种简便易行，在我国早期棉花品种改良中应用比较广泛，特别是同良种繁育的单株选择、株行鉴定相结合，选择典型株繁育原良种，选择优良的变异株培育新品种，对个别性状进行改良容易见效，我国 20 世纪 70 年代以前育成及生产上使用的品种多数为系统选择育成，如泗棉 1 号、沪棉 204、黑山棉 1 号、徐州 142、中棉所 7 号等，都是利用推广品种进行系统选择育成，这些品种较原来品种的个别性状有明显改良，如衣分提高、熟期提早、长势稳健或抗性增强等方面改良效果明显，对促进棉花生产的发展发挥了重要作用，但系统选择对多个性状同时进行协同改良难度较大。

泗棉 3 号品种的选育是采取杂交育种的方法，杂交育种与系统选择比较，能够实现多个性状的协同改良，包括杂交、回交、复合杂交、修饰回交等，比其系统选择育种要更加复杂，对实现多个性状同步改良，聚合多个优良性状于一体效果更加有效。为了适应棉花生产发展的需要，实现多个性状的协同改良，杂交育种逐步成为我国棉花育种的主要方法，是到目前为止，是我国作物育种中采用最多，效果最好的育种方法，泗棉 2 号、中棉所 12 等优良品种均是采取杂交育种的方法育成的。泗棉 3 号品种选育目标是要实现集丰产、多抗、优质、广适性等多个优良性状于一体，要实现多个性状的协同改良，因此也选用杂交育种技术。杂交育种能否达到预期的育种目标，关键在于杂交亲本的选配及杂交后代群体的选择鉴定。

二、亲本来源

泗棉 3 号的亲本选配是选用新洋 76 - 75 为母本，泗阳 791 为父本进行杂交配组。其中：

（一）母本

新洋 76 - 75 是 1979 年江苏省沿海地区农科所新洋试验站从（陕棉 112 × 泗棉 1号）杂交组合中选育的新品系，1980—1981 年参加江苏省抗枯萎病棉区域试验，属于中熟类型品种，在区域试验中表现较好，抗枯萎病，株型松散，铃重 4.9g，衣分39.5%，绒长 29.5mm，1984 年在江苏省沿海枯萎病区种植面积 2 万 hm^2。

（二）父本

泗阳 791 是泗阳棉花原种场选自河南省农业科学院经济作物研究所育成的优质棉河南 79（徐州 142 × 中棉所 7 号）中的新品系，该品系纤维品质较好，植株高度中等，叶片中等大小，叶缘缺口深，叶姿挺，株型清秀，花蕾外露，结铃性强，铃型中等大小，铃型整齐，铃壳博、吐絮畅，衣分高，丰产性、早熟性较好。

（三）相关品种情况

陕棉 112（陕棉 9 号）：系陕西省棉花研究所以（陕棉 3 号 × 52 - 128）组合后代在枯黄萎病混生病圃进行连续选择，1970 年育成的抗病品种，1973—1975 年参加全国抗病棉品种区试，皮棉产量比对照陕 401 增产 23.8%，霜前皮棉增产 24.5%，生育期138d，属于中熟品种类型，铃重 5.4g，衣分 37.2%，绒长 30.7mm，1979 年在陕西省棉区种植 1.33 万 hm^2。

泗棉 1 号：江苏省泗阳棉花原种场从岱字棉 15 中采用系统选育法，于 1969 年育成，1970 年参加江苏省棉品种区试，皮棉比对照岱字棉 15 增 10%，1973 年后作为江苏省品种区试对照，生育期 127d，单铃重 5.5g，衣分 41%，绒长 30mm，强力 4g，1973 年开始在江苏、安徽、江西、湖南、湖北等棉区种植，1982 年在江苏种植面积 7 万 hm^2，1973—1983 年累计推广 49.3 万 hm^2，1978 年获全国科学大会奖（详见第八章）。

河南 79：河南省农业科学院经济作物研究所从（徐州 58 × 乌干达 4 号）组合后代中选择，于 1976 年育成，1977—1978 年河南省棉花品种区试，皮棉产量比对照徐州142 增产 16.5%，生育期 141d，属于中熟品种类型，株型松散，果枝上仰，枝叶疏朗，铃重 5.8g，籽指 10.7g，衣分 36.8%，纤维品质较好，绒长 31.1mm，强力 4.18g，前期生长发育较迟，后劲较足，抗逆性强，适应性广，1981 年在河南省种植 23.3 万 hm^2，占当年全省棉花面积 40%，到 1985 年止累计推广面积 66.67 万 hm^2。

徐州 142：江苏省徐州地区农科所从徐州 58 中系统选育于 1973 年育成，1974—1976年参加黄河流域棉花品种区域试验，比对照徐州 1818 增产 14.4%，生育期 130d，属于中熟类型品种，株高中等，植株塔形，果枝上仰与主茎夹角小，叶片偏小，叶色深绿，铃卵圆形，铃重 5.9g，吐絮畅且集中，籽指 10.5g，衣分 38.5%，品质一般，出苗早，后期易早衰，不抗枯萎病，1980 年种植 30 万 hm^2，1976—1985 年累计种植 119.87 万 hm^2。

中棉所 7 号：中国农业科学院棉花研究所从乌干达棉采中用系统育种法于 1971 年育成，生育期 135d，属于中熟品种类型，株型较紧凑，秸秆粗壮，抗倒性好，茎叶绒毛多，叶片中等大小，叶色较浅，出苗好，长势强，生育后期叶片保持清绿不衰，铃重5g，铃壳薄，吐絮畅，絮色白，籽指 10g，衣分 37%，纤维品质优，绒长 30.6mm，强力 4g，细度 6 128m/g，1979 在河南省洛阳地区种植 5.2 万 hm^2，累计推广面积 6.67万 hm^2。

泗棉 3 号品种系谱如图 1 – 1 所示。

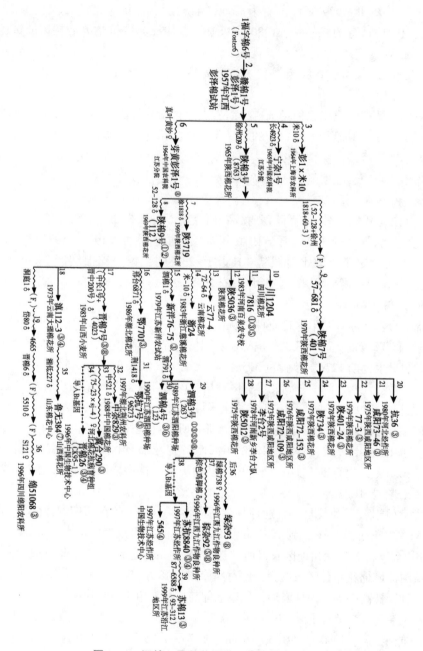

图 1 –1　泗棉 3 号品种系谱（周盛汉，2000）

图例：──→表示系统选育；~~~~→表示有性杂交育种；…………→表示人工引变育
种；＋－＋－＋－＋─→表示转基因育种；♀表示母本；♂表示父本；黑体字表示具有突出
表现品种：①高产品种；②优质棉品种；③抗萎病枯、黄萎病品种；④抗虫棉品种；⑤抗
（耐）逆棉品种；⑥早熟、短季棉品种；⑦低酚棉品种（系）；⑧特殊生态品种（系）；无记
号表示一般丰产品种

三、选育过程

泗棉 3 号品种的选育，从 1981 年进行配租杂交，而后在人工病圃及无病高产试验田按照高产抗病优质的选育目标进行交叉选择，到 1988 年在枯萎病鉴定圃种植 F_7，当年田间号 263 基本稳定，并且表现优异，基本符合育种目标的有关要求，1989 年继续分系比较，1990 年开始参加江苏省棉花品种区域试验，1992 年参加长江流域棉花品种区域试验，分别于 1993 年、1994 年推广江苏省及全国品种审定。选育过程详见表 1 – 1。

表 1 – 1　泗棉 3 号选育过程

1981 年	配组杂交	新洋 76 – 75 × 泗阳 791
1982—1988 年	$F_1 \sim F_7$	人工接菌病圃按育种目标连续选择鉴定
1989 年	F_8	自然病圃分系鉴定、品比，混合繁殖，多点试验，263 系表现优异
1990—1992 年		泗阳 263 参加江苏省棉花品种区试及生产试验
1992—1993 年		1993 年 4 月江苏省农作物品种审定，定名为泗棉 3 号。1992—1993 年泗阳 263 参加全国长江流域棉花品种区域试验
1994 年		全国农作物品种审定，定名为 GS 泗棉 3 号

品种选育过程注重以下几个方面。

（一）育种试验田的建设

作物育种，除了少数质量性状如纤维品质等需要在实验室鉴定，主要特征特性、产量性状等均以田间鉴定为主。选种试验田的质量，直接影响选择鉴定的准确性，影响品种、育种资源材料、选择群体、新品系特征特性及其相关目标性状的田间表现，影响选择与鉴定的效果。因此泗棉品种的选育，十分重视育种试验田的建设与管理，尽其可能、最大限度地减少因为土壤肥力均匀程度、土地平整程度、病害分布情况及田间操作误差，提高田间鉴定的准确性。

（二）无病田与人工病圃交叉鉴定

泗棉 3 号育种研究要选育既抗病又高产的品种，杂交后代育种群体采取在产量水平高的无病地与人工接菌的病圃进行交叉选择、交叉鉴定。在肥力水平好、产量水平高的无病地试验，同常规棉高产品种进行比较，加强产量性状的选择；在发病均匀的人工病圃试验，同抗病品种比较，加强品种抗病性的选择。病地、无病地交叉选择、交叉鉴定，实现品种产量性状与抗病性状的同步改良。于 1988 年育成了既高产又抗病的新品系泗阳 263，经过 1989 年的多点鉴定及高产示范，1990—1991 年直接参加江苏省常规棉品种区域试验，同著名的高产品种泗棉 2 号（对照种）进行产量比较，皮棉产量一举超过对照（泗棉 2 号）及其他所有常规棉参试品种，实现了抗病品种皮棉产量超过常规棉高产品种产量的突破。1992—1993 年又参加以常规棉高产品种泗棉 2 号为对照的全国长江流域常规棉品种区域试验。并同时在江苏省农科院经济作物研究所、江苏省南通地区农科所及盐城农科所新洋试验站进行抗枯萎病性鉴定，鉴定结果泗阳 263 对棉花枯萎病的抗病性，达到或超过了国家"八五"攻关抗枯萎病品种的抗性指标，区域试验与抗性鉴定结果是产量与抗性双突破，从而实现了抗病棉品种产量超过常规棉高产品种、抗病性超过抗病棉推广品种的选育目标。

（三）育种技术队伍

人是科研育种工作的主体，在品种选育研究中起关键决定性作用，育种条件本身也要靠人来创造，再好的育种条件也代替不了人的作用，泗棉育种始终注重育种科技队伍的建设，注重保持主要科研骨干及其科研技术队伍的长期稳定，注重在长期育种实践中加强科研技术队伍的培养，在育种实践中培养锻炼科研人员的工作能力及科研创新能力，训练育种人员从事田间管理及材料鉴定评判的能力，提高长期从事育种科研的耐心。稳定而有活力的科研技术队伍，保证了科研工作的成效。

（四）增强创新意识

科研育种是一项技术性很强的创新活动，科研育种能否取得成效，创新意识至关重要，他人的成功经验可以学习借鉴，但不能原样仿制；自己已有的经验可以参考，而不能照搬硬套，不能妨碍影响新的创造。科研工作的生命力在于创新，离开创新，科研就失去了活力。泗棉 3 号的选育研究过程，既注重参考借鉴已有的成功经验，更加注重探索、创新。具体创新内容详见第 3 章：创新育种技术。

第三节　品种特征特性

一、形态特征

泗棉 3 号植株高度中等，一般 100cm 左右。株型疏朗呈塔形。叶片中等偏小，叶色偏淡，叶片缺刻较深，折褶明显，向光性强。叶片空间排列合理，层次清晰，冠层结构好，节间匀称，消光系数小，中下部叶层受光条件好，花蕾外露，通透性好。茎秆及叶片茸毛较多。果枝上举，弹性较好，外围果节成铃后果枝自然下垂，棉花行间由下而上自然封行，这样的株型结构，使棉花生长中后期不仅可以减轻果枝间因交叉、干扰造成的田间郁蔽，又能使田间呈现波浪状、动态式光合结构，达到立体受光的效果，增加群体有效受光面积，提高棉田群体光能利用率。铃卵圆形，中等大小，铃形整齐，铃面光滑，铃壳薄，吐絮畅。

二、生物学特性

（一）出苗

泗棉 3 号出苗较好，特别是在适期播种的情况下，晴好天气、气温较高时出苗快，出苗率高，棉苗长势强。江苏省启东市希士乡 1992 年 4 月 5 日播种，5 月 13 日调查，泗棉 3 号真叶数及单株叶面积均高于其他试验品种，其中叶面积 73.08cm^2，比其他品种高 12.67 ~ 20.8 cm^2（表 1 – 2）。

表 1 - 2　不同品种苗期长势比较

品种	株高（cm）	真叶（片）	叶面积（含子叶）（cm²）
泗棉 2 号	18.4	3.6	60.41
泗棉 3 号	18.8	3.7	73.08
苏杂 16F₁	14.8	3.4	54.29
盐棉 48	22.1	3.6	52.22

据江苏省兴化市农作物良种繁育中心 1992 年调查，泗棉 3 号还具有苗病轻、成苗率较高的特点（表 1 - 3）。

表 1 - 3　不同品种（系）出苗率及成苗率（1992）

品种名称	苏棉 5 号	泗棉 3 号	苏棉 4 号	苏杂 16 F₁	苏棉 1 号
出苗率（%）	88.66	83.85	63.24	92.48	83.98
成苗率（%）	87.11	82.82	57.11	77.44	79.86

（二）耐肥水

泗棉 3 号对肥水反应弹性较宽，高肥条件下，叶片稳而不披，增施肥料，特别是后期增施花铃肥，补施桃肥，增产作用更为显著。江苏省邳州市农业局 1992 年调查，泗棉 3 号不仅单株结铃数随施肥量增加而增加，而且铃重也能明显提高，在高肥水平下，泗棉 3 号铃重一般可以提高到 5~6g（表 1 - 4）。1993 年江苏省兴化市农业技术推广中心调查，泗棉 3 号繁殖田花铃期每公顷施 225kg 纯氮不早衰，每公顷施 300kg 纯氮不恋青。

表 1 - 4　不同肥力条件下棉花铃重调查（g）

地点	土壤肥力	品种名称		
		泗棉 3 号	苏棉 6 号	苏棉 4 号
原种二场	低	3.77	4.30	4.05
邳城	中	4.54	4.35	4.58
八路	高	5.95	6.03	5.13

从泗棉 3 号的耐肥性能，也反映该品种是一个高产稳产的品种。以往的棉花品种往往是高产而不稳产，高产栽培及实现大面积平衡增产的难度较大，主要是其对肥水条件的反应高度敏感，施肥的"适度"难以掌握，缺肥与施肥过量之间的阈值很窄。而泗棉 3 号品种耐肥水的性能好，是一个投入多、产出也多、产量潜力大的品种。泗棉 3 号的耐肥性能同它的发育特性及株型结构有关，主要是由于该品种生殖生长势强，生育转换快，养分优先供给生殖器官，不易造成营养体的疯长；其次是结铃性强，棉铃消耗吸收养分多；另外该品种叶色浅，叶形稳，不易形成肥大披垂的长势。

（三）早熟性好

泗锦 3 号生育转换快，生殖生长势强，现蕾开花早，一般比泗棉 2 号及盐棉 48 等中熟品种提早 4 ~ 5d，而且第一果枝着生节位较低。开花、成铃、吐絮集中，成熟早。1991 年湖北省三湖农场 4 月 21 日油菜茬直播，泗棉 3 号全生育期 118d，比中棉所 12 提早 4d，霜前花率 88%，比中棉所 12 高 10%。1990—1991 年江苏省棉花品种区域试验，泗棉 3 号全生育期比对照品种泗棉 2 号提早 4d，10 月 31 日前收花率 88.38%，居各参试品种首位。1992 年江苏省棉花品种生产试验，泗棉 3 号早熟性亦最好，生育期 135d，比泗棉 2 号及盐棉 48 分别短 4d 与 5d；10 月 31 日前收花率为 80.4%，比泗棉 2 号和盐棉 48 分别高 3.7% 和 1.49%。1992—1993 年长江流域棉花品种区域试验，泗棉 3 号生育期比其他参试品种短 1 ~ 2d。1991 年上海市宝山区在油菜收获后直播种植，泗棉 3 号皮棉每公顷产量仍然达到 1 500kg。1992 年浙江省慈溪市棉花研究所在油菜茬直播种植，泗棉 3 号皮棉产量为 1 092.6kg/hm²，比中棉所 12 增产 14.6%。泗棉 3 号属中熟偏早类型品种，适宜播种期幅度较宽，因而是麦套移栽、麦（油）后连作移栽及早熟油菜连作直播的兼用品种，因此在茬口选择上具有广泛的适应性。

三、产量表现

泗棉 3 号 1989 年在江苏省泗阳棉花原种场新品种（系）比较试验中，皮棉产量居 6 个参试品种首位，比对照品种苏棉 3 号增产 30.7%，同年在盐城市郊区郭猛乡试验，比对照品种盐棉 48 增产 25.1%。

1990—1991 年连续两年参加江苏省常规棉品种区域试验，两年平均皮棉每公顷产量 1 346.1kg，居各参试品种之首，高于常规棉对照品种泗棉 2 号，比其余 3 个常规棉参试品系（徐州 184、盐 1115 和省 H87 – 14）平均增产 11.3%。首次实现抗病棉品种产量超过常规棉高产品种，也是 1982—1991 年江苏省棉花品种连续 10 年 5 轮区域试验中，皮棉产量首次超过泗棉 2 号的高产品种。

1992—1993 年长江流域棉花品种区域试验，两年 26 个试验点次泗棉 3 号有 13 个点次皮棉产量位居第一位，8 个点次皮棉产量位居第二，80% 以上的试验点泗棉 3 号皮棉产量居第一、第二位，两年各个试验点平均泗棉 3 号每公顷产皮棉 1 277.5kg，比对照品种（泗棉 2 号）增产 5.81%，经统计分析，增产达极显著差异水平。

1992 年参加江苏省棉花品种生产试验，泗棉 3 号平均每公顷产皮棉 1 471.9kg，比抗病棉对照品种（盐棉 48）增产 18.53%，比常规棉对照品种（泗棉 2 号）增产 9.68%。

泗棉 3 号育成后，除参加江苏省棉花品种区域试验、长江流域棉花品种区域试验（表 1 – 5）以外，在省内外各地棉花品种比较鉴定中，均表现出较高的产量水平及较大的增产幅度。

表 1 – 5 泗棉 3 号在区试中的产量表现

试验名称	皮棉产量（kg/hm²）	比对照泗棉 2 号增长（%）	比对照盐棉 48 增长（%）
1992—1993 年长江流域区试	1 277.5	5.81	

（续表）

试验名称	皮棉产量 （kg/hm²）	比对照泗棉 2 号 增长（%）	比对照盐棉 48 增长（%）
1992 年江苏省生产试验	1 471.9	9.68	18.53
1993 年安徽省区域试验	1 546.8	13.36	

泗棉 3 号是江苏省及其长江流域棉花品种区域试验，1982—1991 年，首次出现的皮棉产量超过泗棉 2 号的高产品种，泗棉 3 号抗病高产品种的育成，打破了泗棉 2 号在江苏省及长江流域棉花品种区域试验中皮棉产量连续 10 年独占鳌头的局面，同时还将江苏省及长江流域抗病棉品种的产量提高到一个新的水平，即首次实现了抗病棉品种产量超过常规棉高产品种的水平，这就改变了棉花育种中长期存在的高产品种不抗病，抗病品种不高产的现象，实现了棉花品种高产、抗病、抗虫兼优质性状相统一的目标。

四、纤维品质

1990—1991 年由承担江苏省棉花品种区域试验的徐州、靖江两个试点提供棉样，经中国纺织品进出口公司无锡纺织丝绸检验所测定，泗棉 3 号的总体纤维品质优于对照品种泗棉 2 号（表 1-6）。

表 1-6　泗棉 3 号纤维品质检测结果

年份	品种名称	主体长度 （mm）	品质长度 （mm）	单强 （g）	细度 （m/g）	断长 （km）	成熟度	短绒 （%）
1990	泗棉 3 号	28.88	31.74	4.03	5 369	21.63	1.90	14.42
	泗棉 2 号（对照）	27.26	30.03	3.81	5 434	20.33	1.78	17.17
1991	泗棉 3 号	32.2	35.0	4.30	5 634	24.25	1.61	11.2
	泗棉 2 号（对照）	29.3	32.4	3.65	5 958	21.75	1.52	15.2

1990—1991 年原江苏省泗阳棉花原种场先后提供 40 个棉样，经江苏省农业科学院经济作物研究所 HVI900 系列仪测定，泗棉 3 号比强度为 23.36g/tex，马克隆值 4.77；1992 年取自 190 个株行的棉样，经农业部棉花品质监督检测中心 HVI900 系列仪测定，泗棉 3 号比强度为 21～23 g/tex，平均为 22.4g/tex，马克隆值 4.4～4.7，平均 4.52。

1991—1993 年由长江流域棉花品种区域试验点提供棉样经上海市纺织纤维检验所（1992）和中国农业科学院棉花研究所品质检测中心（1993）检验结果平均，2.5% 跨距长度 30.4mm，整齐度 49.5%，比强度 21 g/tex，伸长率 7.6，马克隆值 4.9。1992 年江苏省泗阳棉花原种场棉样经泗阳县纺织厂试纺及物理指标测试，泗棉 3 号各项指标均达优质棉标准，其中主体长度 34.34mm，品质长度 35.73mm，基数 39.56，均匀度 1 358，短绒率 8.1%，细度 5 900m/g，成熟系数 1.57，品质指标 2840。

1993—1994 年黄河流域品种区域试验棉样连续两年经农业部棉花品质监督检测中心检验，泗棉 3 号比强度 20.9 g/tex，马克隆值 4.6，与中棉所 12 比强度 20.7 g/tex，马克隆值 4.4 相当。

泗棉 3 号不仅内在品质优良，而且外在品质也较好。主要表现为吐絮早、霜前花比例高，色泽白，纤维丝光上乘。江苏省邳州市农业局 1993 年统计，泗棉 3 号比其他品种综合价值高 15%，每千克子棉售价高 0.56 元，仅品质因素每公顷增值 1 800 ~ 1 950 元。

五、抗逆性

泗棉 3 号在多年多点的试验中还表现出较强的抗逆性及广泛的适应性。在旱、涝、高温、病虫等多种灾害频繁发生的情况下，都能取得稳产高产。江苏省 1990—1992 年棉花生长中期均遇特大雨涝灾害，泗棉 3 号均表现稳产高产。1992 年除前期干旱，中后期连续阴雨以外，7 月 12 ~ 23 日连续 10d 平均气温高达 36 ~ 38℃，多数品种蕾铃脱落严重，成铃率低，泗棉 3 号成铃率仍达 37.7%，比苏棉 1 号（20.4%）高 17.3%（表 1 - 7）。

表 1 - 7　泗棉 3 号与苏棉 1 号不同时期开花成铃比较（1992）

时间（月/日）	7/20 前		7/21 ~ 7/31		8/1 ~ 8/10		合计	
品种名称	泗棉 3 号	苏棉 1 号	泗棉 3 号	苏棉 1 号	泗棉 3 号	苏棉 1 号	泗棉 3 号	苏棉 1 号
开花数	54	64	151	162	195	184	400	410
成铃数	41	45	57	33	50	69	148	147
成铃率（%）	75.9	70.3	37.7	20.4	25.6	37.5	37.0	35.6

江苏省泰县沈高乡 1993 年 7 月 28 日大面积棉田遭受冰雹袭击，主茎生长点折断 64%，单株果枝折断 9.1 台，掉花蕾 5.6 个，灾后加强管理，皮棉每公顷产量仍达 1 080kg，比相邻田块的其他品种增产 21.6%，表现了较强的抗逆性。1992 年江苏省棉花品种生产试验，泗棉 3 号烂铃率仅 3.55%，比对照（泗棉 2 号、盐棉 48）减轻 33.6% ~ 41.6%。1990—1991 年江苏省棉花品种区域试验，泗棉 3 号烂铃率仅 5.25%，也是参试品种中最少的。烂铃少，是品种抗铃病，吐絮畅，抗逆性好的综合表现。

江苏省 1994—1995 年大面积棉花生产上以泗棉 3 号为当家品种，在连续两年严重干旱，棉铃虫严重暴发的情况下，入库皮棉产量连续两年居长江、黄河两大流域棉区之首，更充分显示了该品种的抗逆性及高产稳产性能。

泗棉 3 号育成之后，在浙江、上海、湖南、江苏、湖北、安徽、江西、山东、山西、河南、四川及新疆维吾尔自治区（以下简称新疆）南疆等不同棉区进行种植，均具有良好的适应性及较高的产量水平。

六、抗枯萎病

泗棉 3 号自 1989 年育成之后，在各地的小面积试验及大面积枯萎病田示范种植，均表现出良好的抗枯萎病性能。江苏省盐城市新洋试验站 1991 年于棉花蕾期进行抗病鉴定，泗棉 2 号枯萎病发病率及病指为 75.61% 和 33.54%，而泗棉 3 号发病率及病指均为 0。1991 年江苏省淮阴市抗枯萎病棉花品种比较试验中，蕾期调查，泗棉 3 号发病率仅为 0.15%，低于其他参加试验的抗病品种。江苏省兴化市农作物良种繁育中心

1992 年试验，泗棉 3 号在重病地种植，表现为高抗枯萎病，无论在苗床还是在大田蕾期调查，泗棉 3 号发病率和病指都是最低，在苗床上，泗棉 2 号死苗率为 25.95%，苏棉 4 号、苏棉 1 号发病率分别为 19.77% 和 9.81%，而泗棉 3 号发病率仅为 4.89%；蕾期苏棉 1 号发病率、病指为 1.04% 和 0.26，泗棉 2 号发病率、病指为 83.6% 和 73.6，而泗棉 3 号发病率、病指均为 0（表 1 − 8）。

表 1 − 8　不同棉花品种（系）枯萎病发生情况（1992. 兴化）

品种名称	苗床		蕾期	
	发病率（%）	死苗率（%）	发病率（%）	病指
苏棉 5 号	11.92	1.74	0	0
泗棉 3 号	4.89	1.22	0	0
苏棉 4 号	19.77	9.69	2.86	1.95
苏杂 16 F_1	24.12	16.26	19.79	8.07
苏棉 1 号	9.81	4.90	1.04	0.26
泗棉 2 号	34.95	25.95	83.90	73.6

江苏省宿迁市鉴定结果，蕾期盐棉 48 发病率为 7.81%，泗棉 3 号发病率为 0。1992 年在参加江苏省棉花品种生产试验的同时，又在江苏省沿江地区农业科学研究所及江苏省农业科学院经济作物研究所人工病圃对泗棉 3 号抗枯萎病性状进行鉴定，两点鉴定结果平均泗棉 3 号发病率为 34.02%，病指为 6.13，符合国家和江苏省"八五"农业科技攻关抗枯萎病棉指标（枯萎病指小于 10）。1992—1993 年长江流域棉花品种区域试验，江苏省农业科学院经济作物研究所及湖北省荆州地区农业科学研究所鉴定，泗棉 3 号发病率为 11.41%，病指为 5.4。1993—1994 年黄河流域棉花品种区域试验点的中国农业科学院棉花研究所植保研究室、陕西省棉花研究所和河北省农业科学院植物保护研究所对泗棉 3 号进行抗枯萎病性鉴定，两年 6 点次鉴定结果平均，泗棉 3 号枯萎病发病率为 6.4%，病指为 1.75，达高抗标准。抗病性优于中棉所 12（枯萎病率 7.8%，病指 2.35）及其他参试品种。

七、抗虫性

1993 年黄河流域抗枯萎病棉花品种区域试验，中国农业科学院植物保护研究所对参加试验的品种（系）进行抗棉铃虫鉴定，泗棉 3 号蕾铃受害率是 9 个参试品种（系）中最低的，仅 8.18%，比当时美国抗棉铃虫对照种 HG − RB − 8（蕾铃受害率 15.32%）减轻 46.81%。据当时我国抗虫品种分类标准，泗棉 3 号抗级达 I，属高抗棉铃虫品种（表 1 − 9）。

表 1 − 9　1993 年黄河区试棉花品种棉铃虫抗性鉴定

品种名称	蕾铃受害率（%）	比对照减轻率（%）	抗级
泗棉 3 号	8.18	46.81	I（高抗）

（续表）

品种名称	蕾铃受害率（%）	比对照减轻率（%）	抗级
中棉所 12	15.30	0.52	Ⅱ（抗）
HG – BR – 8（对照）	15.32	0	

1994 年江苏省兴化市农作物良种繁育中心以苏棉 1 号为对照品种，设置了喷药防治与空白对照（喷清水）两个处理，通过田间落卵量、田间幼虫量、蕾铃受害率和理论产量测算等四项指标，系统地研究了泗棉 3 号对棉铃虫的抗性能力。主要试验结果如下：

（一）田间落卵量

6 月 10 日开始调查田间落卵量，每 2 天查 1 次，双行取祥，定点定株调查，二代每行 50 株，三代每行 25 株，四代每行 10 株，主要调查棉株的幼嫩部位，查后去卵。调查结果列于图 1 –2、图 1 –3、图 1 –4。

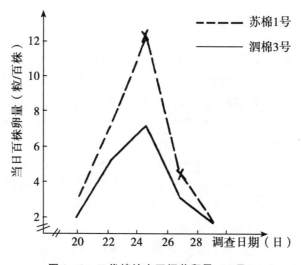

图 1 –2　二代棉铃虫田间落卵量（6 月）

从图 1 –2、图 1 –3、图 1 –4 可以看出，棉铃虫田间落卵量的变化规律都呈单峰曲线，泗棉 3 号的单峰曲线都明显低于苏棉 1 号，这表明泗棉 3 号的棉铃虫发生卵量显著低于苏棉 1 号。而且，棉铃虫在两品种上发生的始末时间相同，并没有出现因品种原因导致棉铃虫生长发育发生变化的现象。

（二）田间幼虫量

始见卵（6 月 20 日）10d 后查虫，取样方法同卵量调查，查后去虫。调查结果列于表 1 –10。

由表 1 –10 可知，泗棉 3 号各代棉铃虫发生量显著低于苏棉 1 号。如果将各代虫量与累计卵量进行比较，各代虫卵比在两品种间没有显著差异，即两品种对棉铃虫的孵化、幼虫成活率没有显著影响，而田间幼虫量与田间落卵量的调查结果一致，说明田间

14

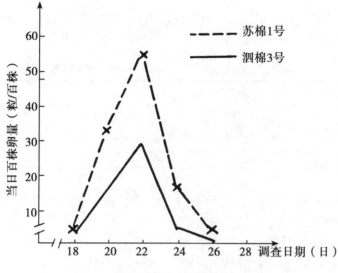

图 1-3 三代棉铃虫田间落卵量（7 月）

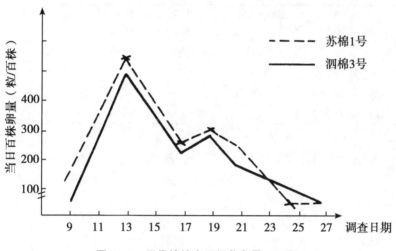

图 1-4 四代棉铃虫田间落卵量（8 月）

幼虫量的多少主要是由卵量的差异引起的。

表 1-10 不同品种间棉铃虫幼虫量与虫卵比

项目 代别	幼虫量（头/百株）							虫卵比（%）		
	二代		三代			四代		二代	三代	四代
查虫次数	1	2	3	4	5	6	7			
泗棉 3 号	5	6	20	20	80	105	40	61.1	66.7	14.4
苏棉 1 号	7	9	36	46	95	145	50	59.3	66.1	14.6

注：虫卵比（%）＝累计百株幼虫量/田间卵量×100

15

（三）蕾铃受害情况

根据田间幼虫的消长情况进行 5 点取祥，二、三代每点 10 株，共 50 株，四代每点 5 株，共 25 株，取样不重复，查后不去虫，结果列于表 1 – 11。

表 1 – 11　两品种间的蕾铃受害率及相对减退率

品种	二代	三代	四代
泗棉 3 号	1.649	6.080	18.25
苏棉 1 号	3.680	8.933	22.87
相对减退率（%）	55.19	31.94	20.20

泗棉 3 号的蕾铃受害率显著低于苏棉 1 号，以苏棉 1 号作对照，泗棉 3 号的受害率各代其减退率均在 20% 以上，达高抗水平。

（四）理论产量测算

9 月 20 日对两品种的不同处理进行测产，得理论产量如表 1 – 12 所示。

表 1 – 12　两品种不同处理产量对照

项目		密度（株/hm²）	单株结铃（个）	亩总铃（个/hm²）	单铃重（g）	亩产皮棉（kg/hm²）	衣分（%）
泗棉 3 号	喷水	35 550	19.15	677 790	3.6	927	38.0
	喷药	35 700	24.85	880 155	3.6	1 204.5	38.0
苏棉 1 号	喷水	27 780	17.65	490 320	4.0	706.5	36.0
	喷药	31 365	23.10	724 530	4.0	1 044	36.0

因棉铃虫发生的喷水处理的产量损失，泗棉 3 号为 22.99%，而苏棉 1 号为 32.35%，明显高于泗棉 3 号，说明在同等自然生长条件下，泗棉 3 号对棉铃虫为害轻、为害后的补偿能力比苏棉 1 号强。

通过上述系统调查与研究，江苏省兴化市农作物良种繁育中心认为，在同等田间生长条件下，泗棉 3 号田间棉铃虫发生量小，为害轻，受害后补偿能力强，表现为田间落卵量、幼虫量、蕾铃受害率、产量损失都显著低于苏棉 1 号；泗棉 3 号表现出高抗水平，其蕾铃受害率的相对减退率在 20% 以上；从抗性机制上分析泗棉 3 号的抗棉铃虫性为形态抗性，这是因为棉铃虫在两品种间发生始末时间相同，生长发育一致，只是泗棉 3 号田间落卵量少，孵化率和存活率一致，导致田间虫量少、危害轻、受害后补偿能力强；生理上表现为泗棉 3 号叶色较淡，与棉铃虫产卵的趋嫩性相悖。

泗棉 3 号对蚜虫抗性也较明显。据江苏省泗阳县植保站鉴定，泗棉 3 号蚜害率比泗棉 2 号、盐棉 48、中棉所 12 分别减轻 81.3%、81.2% 和 80.4%。蚜害指数分别减轻 83.3%、85.4% 与 81.6%，抗蚜虫性能显著。

中国农业科学院棉花研究所植物保护研究室鉴定结果，泗棉 3 号蚜害指数比非洲 E40（高抗）减退 50.9%，达中抗水平。

在浙江省杭州湾沿岸海涂棉区，张春芳等（2000）于棉花苗期、蕾铃期（棉蚜、红蜘蛛发生期）调查泗棉 3 号田间抗虫性。结果指出，棉铃虫在泗棉 3 号与中棉所 12 上发生量比较，前者落卵量相对降低，幼虫量相应减少，为害也相应减轻。泗棉 3 号上 3~5 代棉铃虫百株落卵量比中棉所 12 降低 37.5%~100%，平均降低 61.7%；百株幼虫量降低 18.8%~100%，平均减少 53.6%。蕾铃受害率泗棉 3 号受害率比中棉所 12 降低 1.4%~100%，平均减轻 36.3%；铃受害率降低 35.0%~44.0%，平均降低 39.5%。可见泗棉 3 号对棉铃虫具有较好的抗性。

泗棉 3 号对红铃虫、蚜虫的抗性，泗棉 3 号青铃中红铃虫总虫口数比中棉所 12 上减少 50%，其中活虫减少了 37.5%，死虫减少了 56.3%，虫道减少了 30.4%。泗棉 3 号对红铃虫具有一定的抗性。苗蚜、伏蚜在泗棉 3 号上的发生量略低于中棉所 12，但差异不显著。泗棉 3 号对红蜘蛛的抗性，红蜘蛛在泗棉 3 号上的发生明显重于中棉所 12，平均螨害株率增加 4.44 倍；百株 3 叶虫量平均增加 3.69 倍。可见泗棉 3 号对红蜘蛛不但不表现抗性，反而有加重发生趋势。根据泗棉 3 号上棉铃虫落卵量与幼虫量同步下降分析，泗棉 3 号对棉铃虫属形态抗虫。这可能是由于泗棉 3 号叶片绒毛较中棉所 12 长而密，叶色较黄，对棉铃虫产卵有忌避作用。

第二章　品种应用情况

　　泗棉 3 号品种选育研究，率先实现了高产与多抗、高产与优质等性状的良好结合，是棉花育成研究上的一个重大突破。该品种既高产又优质多抗的良好特性，使其刚一问世，就深受农业科研部门、生产管理部门、技术推广部门、广大棉农及纺织行业的重视，为加速其推广应用，该品种育成以后，采取边鉴定、边示范、边进行种子繁殖及应用配套技术的研究推广，使其在生产上的应用面积迅速扩大，1993 年在通过江苏省品种审定的当年，推广面积即达到 3.8 万 hm^2，1994 年在通过全国品种审定的当年，年推广应用的面积已达到 40.53 万 hm^2，超过了泗棉 2 号成为长江流域年推广面积最大的棉花品种。1995 年被原国家科学技术委员会（现国家科技部）列入"国家级科技成果重点推广计划"，农业部列入"发展棉花生产专项资金"项目，进一步加速了该品种在全国范围内的推广应用。1995 年推广应用 77.07 万 hm^2，1996 年推广面积达 86.35 万 hm^2，超过中棉所 12 成为全国当年推广面积最大的棉花品种，当年种植面积占长江流域棉花种植面积的 40% 以上，在江苏、江西两省均超过当年棉花种植面积的 75%，安徽省超过当年棉花面积的 60%，而且推广应用时间长，直到 21 世纪初还是长江中下游棉区的主要推广品种。

　　泗棉 3 号是 20 世纪 90 年代以来，我国新育成的棉花品种中，推广种植面积最大、推广速度最快、应用范围最广、推广应用时间最长的品种；也是新中国成立以来我国自育棉花品种在长江流域推广应用面积最大的。泗棉 3 号除了在棉花生产上推广应用，促进棉花生产水平的提高以外，泗棉 3 号品种审定以后长期作为多个省及国家棉花品种区域试验的对照品种，在提高品种审定质量方面也发挥了重要作用，同时还被众多育种科研单位作为种质资源材料用于新品种选育，作为生物技术及其他科学研究的材料进行利用，在遗传育种及科学研究利用等多个方面都发挥了重要作用。

第一节　高产多抗　适应性广

　　泗棉 3 号 1990—1992 年参加江苏省棉花品种区域试验及生产试验，1992—1993 年参加长江流域棉花品种区域试验，试验平均皮棉产量超过常规棉高产品种，抗枯萎病达到国家抗病品种选育攻关目标，1993—1994 年黄河流域品种试验，抗枯萎病性优于黄河流域推广面积最大、性状表现最好的中棉所 12，经过试验鉴定还具有抗棉铃虫、抗红铃虫及抗蚜虫等性状，具有早中熟、耐肥水、抗灾性强的特性，因此，具有广泛的适应性及良好的应用价值，为了加速该品种的推广，各地先后组织引种试验及大面积试验示范，加强栽培配套技术的研究，加速了品种的推广。

一、引种试验表现优异

泗棉 3 号在区域试验中农艺性状表现突出，各级技术推广部门为促进推广，先后进行多年多点次引种试验，并且在引种试验中也表现优异，在长江流域试验鉴定表现高产稳产，在黄河流域试验亦高产稳产，特别是在土壤肥力好、中等以上产量水平的试点上，增产效果更加显著。

1994 年在黄河流域的河南省郑州、商丘，江苏省徐州，山东省菏泽、潍坊、宁阳、济南、郓城，河北省沧州，山西省运城等地区的品种试验点上均比黄河流域高产品种中棉所 12 增产 15%以上。1994 年山西省农业科学院棉花研究所引进泗棉 3 号在运城地区进行品种比较试验，小区试验泗棉 3 号每公顷产皮棉 1 456.2kg，比中棉所 12 和晋棉 12 号分别增产 29.45%和 30.45%；大区对比试验，泗棉 3 号每公顷产皮棉 1 339.8kg，比中棉所 12 和晋棉 12 号分别增产 29.6%和 28.7%。1994 年山东省农业科学院试验农场试验，泗棉 3 号皮棉产量比中棉所 12 增产 29.9%（表 2 - 1）。

表 2 - 1　泗棉 3 号在各地试验中的产量表现

试验名称	品种	皮棉产量 （kg/hm²）	次数	比 CK1 增长（%）	比 CK2 增长（%）
1992 年江苏省扬州市	泗棉 3 号 苏棉 3 号（CK1）	1 208.7 969.8	1	24.65	
1992 年江苏省农垦	泗棉 3 号 苏棉 1 号（CK1）	1 344.2 1 002.2	1	34.13	
1992—1993 年 江苏省苏州市	泗棉 3 号 苏棉 3 号（CK1）	1 266.8 1 040.1	1	21.79	
1991—1992 年 江苏省淮阴市	泗棉 3 号 中棉所 12（CK1） 盐棉所 48 号（CK2）	1 402.1 1 159.9 1 147.2	1	20.87	22.22
1992 年江苏省徐州市	泗棉 3 号 盐棉所 48 号（CK2）	1 069.5 941.3	1	13.62	
1991—1992 年 湖北省三湖农场	泗棉 3 号 中棉所 12（CK1）	1 810.1 1 548.3	1	16.91	
1994 年浙江省 慈溪市棉科所	泗棉 3 号 苏棉 1 号（CK1）	1 107.6 953.4	1	14.60	
1992—1993 年 安徽省宿县地区	泗棉 3 号 苏棉 2 号（CK1）	1 680.0 1 409.0	1	19.30	
1994 年安徽省淮北市	泗棉 3 号 苏棉 5 号（CK1） 中棉所 19（CK2）	1483.2 1 211.3 1 373.3	1	22.60	8.10
1992 年江西省彭泽县	泗棉 3 号 苏棉 2 号（CK1）	1 722.0 1 548.6	1	11.20	
1994 年湖南省华容县	泗棉 3 号 湘棉 10 号（CK1）	1 890.0 1 635.0	1	15.60	

（续表）

试验名称	品种	皮棉产量（kg/hm²）	次数	比 CK1增长（%）	比 CK2增长（%）
1994 年山东省农科院试验农场	泗棉 3 号	960.0	1	29.90	
	中棉所 12（CK1）	724.5			
1994 年山西省农科院棉花所	泗棉 3 号	1 465.2	1	29.45	30.45
	中棉所 12（CK1）	1 131.8			
	晋棉 12（CK2）	1 123.2			

1997 年西北内陆棉区新疆南疆阿瓦提县引进泗棉 3 号示范种植，在包括中棉所 12、中植 372、冀 492、苏棉 10 号、石远 321、系—5 等 10 个参加试验的品种中，泗棉 3 号皮棉产量也居第一位。试验于 4 月 18 日出苗，5 月 22 日现蕾，6 月 22 日开花，9 月 5 日吐絮，全生育期 138d，每公顷种植密度 148 500 株，株高 58cm，每公顷成铃数 804 000 个，单铃籽棉重 6.12g，果枝 11.1 台，衣分 44.3%，籽指 12.35g，平均纤维长度 30mm，纤维整齐度 95%，每公顷皮棉产量 2 191.5kg，高于所有参试品种居第一位，比产量水平较高的中棉所 12 增产 25.7%。大面积生产种植亦均表现较高的产量水平。

表 2 - 1 表明，泗棉 3 号 1991—1994 年在从江苏省内到省外，从长江流域到黄河流域的棉花品种引种试验中，产量表现均较为突出，在各地试验中的产量位次均超过对照并且均居于参试品种的第一位，比对照品种增产幅度超过 10%，最高增幅达到 34.5%，各个试验平均增幅超过 20%，这样的增产幅度在多年的品种试验中是极为少见的。

二、示范种植高产稳产

泗棉 3 号育成之后，在省内外大面积示范种植亦均表现出良好的丰产性能。江苏省泗阳棉花原种场 1991 年第一年连片种植 13.5hm² 泗棉 3 号，每公顷产皮棉 1 650kg 以上。1992 年江苏省宿迁市示范种植 8.2hm²，平均每公顷产皮棉 1 736kg，比对照品种冀棉 327 增产 37.7%。江苏省启东市希士乡柳前村种植 12hm²，每公顷铃数达 1 174 860 个，每公顷产皮棉 2 084.7kg。江苏省兴化市农作物良种繁育中心种植 3.7hm²，平均每公顷产皮棉 1 704kg，比苏棉 1 号增产 15.4%，霜前花率 90% 以上。1993 年统计，江苏省当年种植泗棉 3 号面积 3.8 万 hm²，平均皮棉单产比其他品种增产 10%～20%。江苏省邳州市 0.158 万 hm² 泗锦 3 号繁殖田，平均每公顷产皮棉 1 297.5kg。江西省九江市种植 85.3hm²，每公顷产皮棉一般在 1 575～1 725kg。湖南省涔澹农场种植 133.3hm²，每公顷产皮棉 1 875kg，其中 0.2hm² 高产田块每公顷产皮棉 2 400kg。安徽省宿县地区棉花原种场 33.3hm² 泗棉 3 号平均皮棉每公顷产 1 650kg，比其他品种增产 15%～20%。安徽省泗县、无为县，湖北省三湖农场 6.67hm² 连片种植皮棉产量亦均在 1 500kg/hm² 左右。

1994 年江西省泗棉 3 号种植面积为 7.73 万 hm²，平均每公顷产皮棉 1 530kg。其中江西省都昌县万户乡唐美村 0.173hm² 泗棉 3 号高产田，每公顷皮棉 3 060kg，创长江流域棉花皮棉单产的最高纪录。江苏省 1994 年大面积生产以泗棉 3 号为当家品种，尽管遭受严重旱灾与棉铃虫大暴发的危害，入库皮棉仍达 38 100 万 kg（38 100 万 kg），入库量居长江、黄河两大流域棉区之首。江苏省产棉大县兴化、射阳、邳州、大丰等县

（市），以泗棉 3 号为主体品种，入库皮棉 hm^2 产量均在 1 125～1 200 kg，并有一批 15 hm^2 高产田、150 hm^2 丰产方，每公顷皮棉达到 2 250 kg 以上。为在大灾之年夺取棉花丰收发挥了重要作用。

三、生产应用　适应性广

泗棉 3 号是新中国成立以来，我国长江流域棉区育成的棉花品种中推广种植面积最大的。1949 年以前，我国陆地棉品种的改良，主要是品种的引进和试种。新中国成立以后，开始逐步加强新品种选育，虽然以产量为主的育种研究进展较快，但是由于育种科研基础较差，新中国成立之初的 20 多年间，我国棉花生产上大面积推广的品种主要是以引进品种为主，其中推广面积最大、生产表现最为突出的是岱字棉 15。

岱字棉 15 为美国密西西比州滩松种子公司 1911 年开始用包克、美本、福字棉 11 及快车棉 15 等品种进行单交、回交、复交，经多年选择于 1944 年育成岱字棉 14，之后又从岱字棉 14 中连续选择，1947 年育成岱字棉 15，1950 年由我国华东农林部引进，在江苏南通、如东、南汇，浙江平湖，江西彭泽等地试验示范，岱字棉 15 比德字棉 531 和退化洋棉（小洋花）衣分高 6%，产量增加 25%，从而在长江中下游进行推广。1956 年发展到黄河流域的山东、河南、河北及山西晋南，1957 年扩种到四川、贵州等，1958 年前后成为长江、黄河两大流域棉区主要栽培品种。生育期 137d，属中熟类型。株高中等，株型较松散，生长势强。叶片中等偏大，铃卵圆形，铃重 5g，籽指 10.3g，吐絮畅，衣分38.5%，绒长 30.4mm。纤维品质，1956 年测定：强力 4g，细度 5 727m/g，断长 22.91km，成熟度 1.9；其后 13 年测定，平均强力 3.8g，细度 6 041m/g，断长 22.9km，成熟系数1.6，强力稍减，纤维变细，其余指标没有变化。

岱字棉 15 在我国种植 20 余年之久，面积最大的 1958 年达 346.7 万 hm^2（当年全国棉花面积 490.87 万 hm^2），是我国引进品种中种植地域最广，栽培面积最大和种植时间最长的品种，这除了品种本身遗传基础丰富，适应性广以外，在主产区建立良种繁育体系也起到很大作用。该品种一般配合力好，产量和品质的遗传传递力强，以它及其衍生品种为亲本，育成了大量新品种，在我国棉花生产与科研上都发挥了重要作用。岱字棉 15 是我国棉花、也是农业上引种最为成功的典范。

20 世纪 70 年代以后我国棉花育种技术力量逐步增强，科研育种水平不断提高，自育品种推广面积不断扩大，在棉花生产上逐步占据主导地位。2001 年中国农业科学院棉花研究所宋晓轩等对 20 世纪后 20 年我国棉花生产主栽品种进行综合研究，这 20 年间我国年种植面积超过 33 万公顷的品种有 13 个，其中国内自己育成的品种为 12 个，说明国内自己育成品种已经在生产上占有主导地位。

国内自育品种推广情况看，1949 年以来我国黄河流域棉区育成，推广面积及其影响力最大的常规棉品种为鲁棉 1 号，抗枯萎病棉品种为中棉所 12；长江流域棉区育成、推广面积及其影响力最大的品种为泗棉 3 号。

鲁棉 1 号：山东省棉花研究所 1975 年育成，1977—1978 年黄河流域区试比岱字棉 15 增 36.3%，1978 年山东省生产试验比岱字棉 15 增 16.2%，生育期 125d，属中早熟类型，株型紧凑，株高中等，果枝上仰、与主茎角度小。叶片较小，肥厚深绿，缺刻深，铃卵圆，铃重 4.9g，开花成铃集中，尤以伏期开花量大，吐絮集中，籽指 9.4g，衣分 37.4%，绒长 28.6mm，强力 3.4g，细度 5 883m/g，断长 20km，成熟系数 1.6。茎叶茸毛较多，较耐蚜虫，根系较浅，中后期干旱缺水易早衰，不抗枯黄萎病，丰产、早熟、适应性广，易管理。1982 年种植 204 万 hm²，占当年全国棉花面积的 47.5%，最大年种植面积居我国棉花自育品种之首，但由于不抗病及品质偏差，1985 年推广面积被其他品种超过。

中棉所 12：中国农业科学院棉花研究所 1983 年育成，1985—1986 年黄河、长江流域抗病棉品种区试，比对照晋棉 7 号和 86 - 1 分别增产 17.5 和 11.5%，生育期 135d，属中熟类型，株高中等，株型松散，茎秆坚韧，叶片中等大，缺刻较深，第一果枝节间较长，铃卵圆，铃重 5g，铃壳薄，烂铃少，吐絮畅，籽指 10.2g，衣分 41.5%，绒长 29.9mm，强力 3.91g，细度 5 855m/g，断长 22.89km。适应性较强，抗枯萎、耐黄萎和红叶茎枯病，1991 年种植面积 170.1 万 hm²，占全国棉花面积 29.5%。1996 年推广面积被泗棉 3 号超过。

泗棉 3 号集丰、抗、优于一体，是我国 20 世纪后 20 年间，全国年推广面积超过 33 万 hm² 的 12 个国内自育品种之一，20 年间年推广面积最大的 6 个品种之一，也是长江流域育成唯一成为全国推广面积最大的棉花品种。

泗棉 3 号品种选育的成功，首先是在棉花育种研究方面，率先比较完整地提出了塑造理想株型的育种理念并且进行成功的实践的结果；该品种育成率先实现了抗病棉产量与品质超过常规棉高产品种的育种目标；率先研究应用育、繁、推一体化的技术路径，育成了集丰、抗、优及适应性广于一体的新品种，扩大了新品种的适应范围，加速了新品种的推广。泗棉 3 号的推广应用范围包括长江中下游的江苏、浙江、上海，长江中游的湖南、湖北、江西、安徽，长江上游的四川，黄河流域的河南、山东、河北、山西等省，南方棉区的福建、广西及西北内陆的新疆等部分棉区，其中集中推广种植的区域主要是长江流域，年种植面积最大的 1996 年为 83.6 万 hm²，占当年长江流域棉花面积的 40%，在江苏、江西两省均超过当年棉花面积的 70%，安徽省达到当年面积的 60%，于 1994 年、1996 年先后成为长江流域及全国推广面积最大的品种，泗棉 3 号品种的推广应用，使推广地区棉花产量水平及植棉效益有了大幅度的提高。

泗棉 3 号综合性状优良，成为我国 1949 年以来在长江流域棉区育成的棉花品种中推广面积最大，虽然全国而言，年最大推广面积没有达到鲁棉 1 号及中棉所 12 的面积，但也有一些客观方面的因素：首先从育成时间看，泗棉 3 号育成推广的时间，是在 20 世纪 90 年代我国棉花品种改良体系已经健全，棉花育种科研的技术水平已经普遍提高，新育成品种的数量已经大大增加，品种表现水平也日益提高，新品种竞争已经更加激烈，泗棉 3 号作为抗病棉品种，试验的对照是多年稳居众多试验品种首位的常规棉高产品种泗棉 2 号，比较对象已经不是 20 世纪 70 年代前的国外引进品种和一般的推广品种，最大年推广面积不仅在主要推广的长江流域领先，"九五"期间在全国应用面积也位居第一，并且从育成以来到目前为止的 20 多年间，无论是国内自育品种、还是国外引进品种，其年最大推广面积还没有超过她的，难度显而易见。其次从品种选育及主要推广的区域看，泗棉 3 号选育及主要推广区域为长江流域，泗棉 3 号集中推广的几年间，长江流域棉花面积占全国棉花面积的比例在 1/3 左右，扩大推广面积的有利条件明显不如黄河流域，鲁棉 1 号、中棉所 12 集中推广时期，黄河流域棉花在全国的面积占比超过 50%，高的年份达到 64.1%（1987 年），20 世纪后 20 年黄河流域的山东、河南、河北三省棉花种植面积稳居全国前 3 位，这当然使黄河流域育成与主推的品种（鲁棉 1 号、中棉所 12）扩大推广面积明显处于有利地位，是其他区域的品种所无法相比的。

泗棉 3 号能够在新品种竞争十分激烈的情况下，在育种区域及主要推广地区对扩大推广面积不占优势的情况下，年推广面积跃居全国第一，首先是得益于该品种高产、稳产、多抗与适应性广的优良特性。泗棉 3 号作为抗病棉品种，产量水平在全国率先超过常规棉高产品种，使其不仅在有病地种植能够获得高产，而且在无病地种植也能够取得超过常规棉高产品种的产量。泗棉 3 号的育成与推广，改变了多年间棉花生产上为了稳定与提高棉花产量，采取有病地种植抗病品种、无病地或零星发病的轻病地坚持种植常规棉品种的做法，从泗棉 3 号育成推广开始，棉花生产上首次实现了有病地、无病地统一品种布局，统一种植泗棉 3 号品种做法，减轻了推广品种多，棉花良种繁育、品种布局及统一栽培技术的众多麻烦。

泗棉 3 号品种抗病虫、早中熟、耐肥水的良好性能均使其在不同地区、对不同茬口具有广泛的适应性，也有利于扩大推广应用面积。另外，完善的良种繁育技术体系及其配套栽培技术的研究同扩大推广面积也密切相关，泗棉品种的选育研究是同良种繁育紧密结合的，泗棉 3 号育成时其良种繁育技术体系已经较为完善，健全、完善的良种繁育技术体系，使推广品种的优良特性能够在生产应用的过程中长期稳定，既可以提高在生产应用中的表现水平，也可以延长新品种的使用年限，扩大品种推广面积。再则，因地制宜、因种栽培，配套的栽培技术措施，实行良种良法结合，在不同种植区域、不同种植茬口、不同产量水平的地区种植均能采取相适应的栽培技术措施，更能够提高品种表现水平，扩大应用面积及提高植棉经济效益。

第二节　种质优异　独树一脉

种质资源是农作物品种选育的基础，是提高农作物品种核心竞争力的关键。棉花育种取得突破性进展与关键性基因的发掘利用密切相关。20 世纪 50 年代国内选育的高抗枯萎病的抗源材料 52 – 128 和 57 – 681，为以后选育抗枯萎病棉花品种打下了较好的基础，并开创了我国利用品种抗性控制棉花枯萎病危害的先河。20 世纪 80 年代育成的中棉所 12、泗棉 2 号等棉花新品种不仅在棉花生产上发挥了重要作用，而且在棉花良种选育中也被广泛应用。20 世纪 90 年代育成的泗棉 3 号，不仅是 "九五" 期间国内推广面积最大的棉花品种，而且众多育种家利用其优良特性、作为育种亲本材料育成了类型丰富的 40 多个棉花新品种（组合），对促进我国棉花生产与科研的进展同样作出了重要贡献。

据王卫军等（2015）统计，截至 2011 年，以泗棉系列品种作为种质资源育成的棉花品种（组合）计 58 个，以泗棉 3 号为亲本育成的棉花品种（组合）达 40 个（常规棉 22 个，杂交棉 18 个），其中有 6 个品种通过国家审定（表 2-2）。育成的品种分布在长江与黄河两大流域棉区，涉及江苏、安徽、山东、河北、湖北、浙江、江西等七个产棉省，部分品种在全国主要棉区实现了大面积推广应用。尤其以泗棉 3 号为授体导入 BT 基因育成的 GK1、GK12、GK22 等抗虫棉品种不仅在生产上发挥了重要作用，以其作为抗虫亲本育成的鲁棉、苏棉、泗棉、皖棉等一大批适合多个生态区域推广应用的棉花新品种（组合），既促进了棉花科研和生产的发展，又最大限度地发挥了泗棉 3 号作为优良种质资源的科研价值，拓展了该品种开发利用途径。据睢书祥等（2010）统计，利用 GK12 育成并通过国家或省级审定的转基因抗虫棉品种共 70 个（表 2-3）。因此，育成一个优良品种除了在生产上直接推广应用、创造经济价值以外，而作为优良的种质资源在科研育种中应用的意义则更为巨大。

"十五"以来，我国年推广面积在 15 万 hm² 以上的 9 个杂交棉品种中，有以泗棉 3 号为亲本育成的皖棉 13 号、鲁棉研 15 两个强优势杂交棉品种。以泗棉 3 号为亲本育成的泗棉 4 号、皖棉 13 号、鲁棉研 19 号、鲁棉研 21 号及鲁棉研 15 不仅在我国棉花生产中发挥了重要作用，而且作为省与国家级棉花品种区域试验对照品种在育种科研上亦发挥了较好的作用。其中，鲁棉研 15、鲁棉研 19、鲁棉研 21 分别被山东省及黄河流域棉花品种区域试验、早熟棉品种区域试验确定为对照品种，同样在棉花生产、棉花科研及棉花品种选育方面发挥了重要的作用。

表 2-2 以泗棉 3 号作亲本育成的棉花品种

审定区域	常规棉		杂交棉	
	数量	品种名称	数量	品种名称
江苏	7	GK22、苏棉 20 号、科棉 4 号、科棉 5 号、苏棉 25 号、中江棉 8 号、苏 2186	6	苏棉 24 号、大丰杂 312、盐杂 3 号、苏杂棉 22B、大丰 18、泗杂棉 8 号 泗杂 3 号
江西	2	棕杂 92、赣棉 13 号	2	雅杂棉 1 号、金杂 101 泗抗 3 号
安徽	5	皖棉 11 号、GK1 号、皖棉 34 号、皖棉 37 号、泗棉 4 号	8	皖棉 13 号、皖棉 16 号、宁字棉 R2、宁字棉 R6、稼元 216、绿亿棉 10 号、同杂棉 8 号、泗阳 328
山东	5	GK12、鲁棉研 19 号、鲁棉研 21 号、鲁棉研 27、鲁创棉 117	1	鲁棉研 15
湖北	1	鄂棉 24 号	1	鄂杂棉 14 号
浙江	1	慈 96-6	0	
河北	1	邯郸 109	0	
国审	4	邯郸 109、鲁棉研 19 号、鲁棉研 21、鲁棉研 27	2	鲁棉研 15 号、泗杂棉 8 号

注：统计截至 2011 年

表 2 - 3　利用 GK12 育成的转基因抗虫棉品种

编号	品种	审定组别	选育单位	组合
1	国抗杂 1 号	河南	中国农业科学院生物技术研究所	962（GK12 选系）×9610
2	国抗杂 2 号	河南	中国农业科学院生物技术研究所	962（GK12 选系）×966
3	鲁棉研 15 号	国家	山东棉花研究中心	鲁 613 系×鲁 55 系（GK12 选系）
4	鲁棉研 16 号	国家	山东棉花研究中心	中棉所 12×A 系（GK12 初始系）
5	鲁棉研 17 号	国家	山东棉花研究中心	中棉所 12 号×GK12 初始系
6	鲁棉研 18 号	山东	山东棉花研究中心	C12 系统选育而成
7	鲁棉研 19 号	国家	山东棉花研究中心	458 系×GK12 选系
8	鲁棉研 20 号	国家	山东棉花研究中心	石远 321 选系×R55 系（GK12 初始系）
9	鲁棉研 21 号	山东	山东棉花研究中心	中棉所 19×A 系（GK12 初始系）
10	鲁棉研 22 号	国家	山东棉花研究中心	抗虫品系 823×AR3（GK12 初始系）
11	鲁棉研 23 号	河南	山东棉花研究中心	石远 321×［（中棉所 19 号×鲁棉 11 号）F_1×鲁 55 系（GK12 初始系）］F_2
12	鲁棉研 24 号	国家	山东棉花研究中心	鲁 613 系×GK12
13	鲁棉研 25 号	国家	山东棉花研究中心	鲁 735 系×168 系（GK12 选系）
14	鲁棉研 26 号	国家	山东棉花研究中心	鲁 8626 系×鲁 35 系（GK12 选系）
15	鲁棉研 27 号	国家	山东棉花研究中心	XJI（中棉所 12×GK12 选系鲁棉研 16）×R26
16	鲁 RH - 2	山东	山东济阳县鲁优棉花研究所	K321×（S45×GK12）F_1
17	W8225	山东	山东省棉花工程部、山东中棉棉业公司	W - 6130×GK - 12
18	鑫秋 1 号	国家	山东省金秋种业有限公司	中棉 9418×GK12
19	冀棉 958	国家	河北省农林科学院棉花研究所	［冀棉 10 号×538（海陆野×GK12）］F_1×冀棉 22
20	冀 122	河北	河北省农林科学院棉花研究所	省早 441×GK12
21	冀 2000	国家	河北省农林科学院棉花研究所	中棉所 16×140（GK12 选系）
22	冀 H156	河北	河北省农林科学院棉花研究所	W1126×长 98（冀 668×GK12）
23	冀棉 3536	河北	河北省农林科学院棉花研究所	南 36×南 21（新陆中 8 号×GK12）
24	冀 FRH3018	河北	河北省农林科学院棉花研究所	［（506×新陆中 8 号）×GK12］×（266×中棉 12）
25	冀 1316	河北	河北省农林科学院棉花研究所	冀棉 18F_1×322（冀棉 25×GK12）
26	冀棉 616	河北	河北省农林科学院棉花研究所	冀棉 20×596（新陆中 8 号×GK12）
27	冀 3827	河北	河北省农林科学院棉花研究所	279 系（冀棉 20×GK12）×039 系
28	冀优杂 69	河北	河北省农林科学院棉花研究所	冀优 326（新陆中 8 号×GK12）×冀 947

（续表）

编号	品种	审定组别	选育单位	组合
29	冀优 768	河北	河北省农林科学院棉花研究所	3226 系（冀棉 13 × GK12）× 226 系
30	冀杂 2 号	国家	河北省农林科学院棉花研究所	258 - 1［（Z1 × GK12）选系］× 120［（冀棉 20 × 9119）选系］
31	快育 2 号	河北	河北省农林科学院遗传生理研究所	966（GK12 系）× 638
32	冀丰 106	河北	河北省农林科学院遗传生理研究所	97 - 668 × 97G1（GK12 选系）
33	冀丰 554	河北	河北省农林科学院遗传生理研究所	99 - 68 × 97G1（GK12 选系）
34	创杂棉 20 号	国家	河北省农林科学院遗传生理研究所	02N109 × 02N95（GK12 选系）
35	冀 589	河北	河北省吴桥县安陵镇谢庄谢奎功	BD18 × GK12
36	冀棉 3 号	河北	河北省农林科学研究院旱作农业研究所	衡 9273 × GK12
37	冀棉 4 号	河北	河北省农林科学研究院旱作农业研究所	衡 9273 × GK12
38	衡科棉 369	河北	河北省农林科学研究院旱作农业研究所	9273 × GK12
39	石抗 126	国家	石家庄市农林科学院	GK12 × 石抗 389
40	邯杂 98 - 1	国家	邯郸市农业科学院	邯抗 1A（GK12A）× 邯 R174
41	邯 7860	国家	邯郸市农业科学院	93 - 2 × GK12
42	邯 6208	河北	邯郸市农业科学院	邯抗 388（邯 4104 × GK12）× 邯 4608
43	邯 5158	国家	邯郸市农业科学院	93 - 2 × GK12
44	邯郸 109	国家	邯郸市农业科学院	邯 4104 × GK12 选系
45	邯 685	河北	邯郸市农业科学院	邯郸 284 × 邯 97HS - 62（GK12 选系）
46	邯棉 103	河北	邯郸市农业科学院	邯 333 × GK12
47	国欣 4 号	河北	河间市国欣农村技术服务总会	0106（GK12 选系）× 82 系
48	欣抗 4 号	河南	河间市国欣农村技术服务总会	自选 82 系 × GK12 - 01（GK12 选系）
49	GK99 - 1	河北	河间市国欣农村技术服务总会	GK12 - 01（GK12 选系）× 82 系
50	国欣棉 6 号	国家	河间市国欣农村技术服务总会	0106（GK12 选系）× 82 系
51	万丰 201	河北	石家庄市万丰种业有限公司	冀棉 20 × GK12
52	合丰 202	国家	石家庄市万丰种业有限公司	145 系（农大 326 × GK12）× 206 系
53	希普 3	河北	石家庄市万丰种业有限公司	｛［｛DK（冀棉 20 × GK12）× 冀棉 20｝× 冀棉 20｝×｛［（冀 668 × GK12）× 冀 668］× 冀 668｝

（续表）

编号	品种	审定组别	选育单位	组合
54	希普 6	河北	石家庄市万丰种业有限公司	（冀棉 20×GK12） ×（冀棉 20×冀668）
55	新陆棉 1 号	国家	新疆农业科学院经济作物研究所	1772×GK12
56	GK164	河北	中国农业大学	冀 1041×（GK12×SGK321）
57	金杂棉 3 号	浙江	浙江省金华市婺城区三才农业技术研究所	H–2×K97–1（GK12 选系）
58	大丰 30	江苏	江苏大丰市棉花原种场	303×GK12 选系
59	邓杂一号	河南	河南先天下种业有限公司	W98×F97（GK12 选系）
60	郑杂棉 3 号	河南	郑州市农林科学研究所	郑杂 4104×GK12 选系
61	郑杂棉 4 号	河南	郑州市农林科学研究所	英华棉 1 号×D4（豫 668×GK12）
62	开棉 27	河南	开封市农林科学院	开 0422×开抗 028（GK12 选系）
63	秋乐 8 号	河南	河南农科院种业有限公司	QL16×GK12
64	秋乐 9 号	河南	河南农科院种业有限公司	923×9608（GK12 选系）
65	富棉 289	河南	开封市福瑞种业有限公司	石远 321×GK12
66	SGK958	河南	河南新乡市锦科棉花研究所	锦科 970012×锦科 19（GK12 选系）
67	川杂棉 15 号	四川	四川省农业科学院经济作物研究所	A3（A2×GK12） ×ZR5
68	川杂棉 50 号	四川	四川省农业科学院经济作物研究所	S2–28A×CH255（GK12×川 73–27）
69	川杂棉 23 号	四川	四川省农业科学院经济作物研究所	A3（A2×GK12） ×ZR6
70	川杂棉 29 号	四川	四川省农业科学院经济作物研究所	A4〔（A2×GK12） ×ZR5〕×ZR16

以泗棉 3 号为亲本育成的品种具有以下特点。

一、综合丰产性好

高产稳产是泗棉 3 号品种的主要特点之一。泗棉 3 号作为亲本使用，主要优良性状遗传传递力强，育成的品种普遍具有综合丰产性好，产量高的特点。以泗棉 3 号为亲本育成的 40 个棉花品种（组合）皮棉产量比对照平均增产 10.3%。从表 2–4 可见，以泗棉 3 号为亲本育成的常规棉 22 个，皮棉产量比对照平均增产 10.2%，其中有 8 个品种皮棉产量比对照增产 10%以上。从表 2–5 可见，以泗棉 3 号亲本育成的杂交棉品种18 个，皮棉产量比对照平均增产 10.4%，表现杂种优势强，产量水平高。

二、纤维品质较好

以泗棉 3 号作亲本育成的 9 个纤维品质较好的品种（系），平均绒长 30.9mm，比强度 32.7cN/tex，麦克隆值 4.8，其中科棉 5 号的纤维品质表现尤为突出，各项品质指标均达到高品质棉标准。

三、组配的杂交组合优势强

以泗棉 3 号作亲本组配的杂交棉品种 18 个，占审定品种的 45.0%，其中皮棉产量比对照增产 10% 以上的品种 10 个，平均增产 12.4%（表 2 - 5）。皖棉 13 号、鲁棉研 15、泗杂棉 8 号等强优势杂交棉不仅在各级棉花品种试验中产量表现突出，而且在生产应用中增产优势更强。

表 2 - 4　以泗棉 3 号为亲本育成的常规棉品种在区域试验中皮棉产量表现

品种名称	审定年份	对照品种	增产（%）	品种名称	审定年份	对照品种	增产（%）
皖棉 11 号	1997	泗棉 3 号	3.9	科棉 5 号	2005	泗棉 3 号	- 0.1
棕杂 92	1997	泗棉 3 号	13.0	鲁棉研 19	2005	中棉所 30	18.1
GK1	1998	泗棉 3 号	38.9	邯郸 109	2005	中棉所 29	9.8
GK12	1999	中棉所 19	17.5	鲁棉研 21	2005	中棉所 41	10.4
GK22	2000	泗棉 3 号	6.5	鲁棉研 27	2006	中棉所 19	19.2
泗棉 4 号	2000	泗棉 3 号	7.6	皖棉 34 号	2006	泗棉 4 号	5.8
慈 96 - 6	2001	中棉所 12	7.8	皖棉 37 号	2006	泗棉 4 号	9.2
苏棉 20 号	2002	泗棉 3 号	3.4	苏 2186	2007	苏棉 9 号	1.9
赣棉 13 号	2002	泗棉 3 号	5.6	苏棉 25 号	2008	泗抗 1 号	6.1
科棉 4 号	2004	泗棉 3 号	8.3	鲁创棉 117	2010	鲁棉研 21	3.7
鄂棉 24	2004	鄂抗棉 9 号	14.7	中江棉 8 号	2011	泗抗 1 号	4.2

表 2 - 5　以泗棉 3 号为亲本育成的杂交棉在区试中皮棉产量比对照增产情况

品种名称	审定年份	对照品种	增产（%）	品种名称	审定年份	对照品种	增产（%）
皖棉 13 号	1998	泗棉 3 号	11.0	金杂 101	2007	皖棉 13 号	7.4
皖棉 16 号	2000	泗棉 3 号	15.0	大丰杂 312	2007	苏棉 9 号	12.2
苏棉 24 号	2004	泗棉 3 号	6.1	大丰 18	2007	苏棉 9 号	11.6
宁字棉 R2	2005	皖棉 13 号	10.1	苏杂棉 22B	2008	苏棉 9 号	9.1
鄂杂棉 14 号	2005	泗棉 3 号	9.0	盐杂 3 号	2008	苏棉 9 号	5.1
鲁棉研 15	2005	中棉所 29	9.2	稼元 216	2009	皖杂 40	12
雅杂棉 1 号	2006	中棉所 29	11.7	绿亿棉 10 号	2009	皖杂 40	8.7
宁字棉 R6	2006	中棉所 29	10.9	同杂棉 8 号	2010	（未查明）	16.4
泗阳 328	2007	皖棉 13 号	13.3	泗杂棉 8 号	2011	鄂杂棉 10 号	7.8

　　泗棉 3 号除了被育种专家作为亲本材料利用培育新品种、新的杂交组合以外，其他如在棉花柱头外露等性状研究中也被许多学者进行利用。柱头外露是指植株现蕾 7 ~ 15d 后，柱头伸出花冠，而雄蕊仍被花瓣包裹在花冠内，直到开花才散粉的一种性状，柱头外露性状是棉花杂交优势利用研究的内容之一。自肖杰华（1991）育成柱头外露性状稳定的"陆异 1 号"，并指出可作为棉花杂种优势利用新途径以来，引起了棉花育种家的关注。李治华等（1990）、纪家华等（1992）、张天真（1992）、张金发（1993）、李育强等（1996）和黄完基等（1998）先后报道获得这类材料，并进行了研究。

　　黄完基等（2002）报道，于 1997 年用矮秆柱头外露种质 Ys_5 与高产、优质、抗枯萎病的泗棉 3 号配组杂交（正反交），1998 年和 1999 年进行 F_1 和 F_2 代自交，2000 年种植 F_3 代。据调查，泗棉 3 号柱头外露株率达 90% 以上，植株农艺、经济性状较原种质（Ys_5）有很大改进。初步育成两个稳定的柱头外露系，即 35 系（泗棉 3 号 × Ys_5）和 53 系（Ys_5 × 泗棉 3 号）。这两个泗棉 3 号柱头外露株（系）的蕾、花形态特征与亲本 Ys_5 的蕾花形态相似，而与泗棉 3 号亲本的蕾花形态有明显差别。①泗棉 3 号柱头外露株的苞叶长和宽与泗棉 3 号差别不大，仅齿数较少、裂口较浅，苞叶围铃状况较松。萼片上单位面积的油腺较泗棉 3 号多，少于 Ys_5。②泗棉 3 号柱头外露株的上部花药有 27.93% ~ 35.5% 的花药退化或坏死，与 Ys_5 相似，而泗棉 3 号无花药退化现象。③泗棉 3 号柱头外露株的每朵花开花时，柱头到花药的距离长达 6 ~ 15mm，且花冠较小、呈淡黄色，花瓣基部有红斑或无红斑，花冠开度小。上述性状偏向 Ys_5，与泗棉 3 号有明显差别。

　　棉花柱头外露 35 系和 53 系的蕾花形态发育过程与 Ys_5 相同，而与泗棉 3 号有明显的差别。其特点是在花器形态发育过程，可分为 4 个不同的阶段：①开口期。现蕾后 5 ~ 7d，蕾的顶部出现一小孔，且只见绿色的萼片，白色的花瓣尚未露出。这一形态特征可作为该类种质在现蕾初期判断是否是柱头外露的一项指标。②开放期。现蕾后 8 ~ 12d，小孔不断扩大，直至花蕊顶部的粒状花药可以被看到，即露而不出。③柱头伸长期。现蕾后 12 ~ 20d，柱头开始外露，当柱头外露长度为 3 ~ 10mm 时，花药仍被花萼、花瓣紧紧包裹，雄蕊管上部露而不出的花药颜色，由外露时的青黄色向红、黑色转变。④开花期。现蕾后 22 ~ 30d，花冠开放，柱头高于雄蕊 6 ~ 15mm，此时花药才全部露出散粉，但上部原露而不出的花药多数已退化或坏死，数量约占每朵花药总数的 10% ~ 40%。

　　35 系和 53 系的农艺性状，在横向生长上，前中期生长较慢，在中后期其株高和果枝的分化生长与泗棉 3 号亲本无明显差别，而明显高于和多于矮秆的亲本 Ys_5。在横向生长上，35 系和 53 系果节的分化数量都超过双亲。因此，要求有较大的横向空间。棉株地上部与地下部的载铃量，这两个泗棉 3 号柱头外露系的果枝与根系的载铃量分别达到 1.24 ~ 2.27 个和 0.96 ~ 2.11 个，已接近或超过泗棉 3 号的 1.54 个和 1.3 个，且显著高于 Ys_5 的 0.87 个和 0.84 个。特别值得指出的是两个柱头外露系的大型第 1 次侧根数均超过双亲，小型侧根数在两个亲本之间，即克服了 Ys_5 大型侧根数少易倒伏，不利多结铃和泗棉 3 号小型侧根数少，棉株后期易早衰的缺点。

　　在稀植条件下，35 系和 53 系柱头外露系的成铃数接近或超过泗棉 3 号，优于 Ys_5，单铃重为 2.5～3.7g，在两个亲本之间，较 Ys_5 有很大的改进，但仍属小桃类型。纤维长度和衣分 35 系和 53 系柱头外露系的纤维长度达到 26～27mm，较 Ys_5 的 22.9mm 有很大改进；衣分在两个亲本之间，为 39.2%～40%，接近陆地棉常规品种的衣分，较 Ys_5 也有明显的改进，进一步加强研究可望在杂交棉选择上能够得到利用，减少杂交棉人工去雄、制种成本过高的缺陷，促进我国杂交棉的研究与利用。

第三节　区试对照标准严　品种审定质量高

泗棉 3 号选育审定以后，即被江苏省、安徽省、浙江省、江西省及全国长江流域棉花品种区域试验定为对照品种，由于泗棉 3 号品种各项经济性状的表现水平较高，特别是丰产性较为突出，客观上提高了品种审定的标准，作为对照种使其参加试验品种在产量上很难超过对照，一方面对育种单位来说是增加了新品种审定的难度，另一方面也是提高了品种审定的标准，倒逼品种选育水平的提高，使通过审定的品种数量减少而质量提高，同样也是在品种改良中也发挥了积极的作用。

泗棉育成的推广品种中有多个品种都被定为省与国家品种区域试验的标准对照种，泗棉 1 号 1973 年开始成为江苏省棉花品种区试对照，泗阳 78—18 早熟品种 1982—1984 年被定为全国长江流域耕作改制棉花品种区域试验的对照品种，泗棉 2 号 1984—1992 年被定为江苏、安徽、江西等省及全国长江流域区域试验的对照品种；泗棉 3 号 1993—2003 年作为江苏、安徽、浙江、江西及全国长江流域品种区试的对照品种；泗抗 1 号、泗杂 3 号 2005 年以后一直到目前（2016 年）都是江苏省抗虫棉区试及杂交棉区试的对照种；泗抗 3 号曾经作为江西省棉花品种区域试验对照品种，泗棉 4 号长期是安徽省棉花品种区试的对照品种。1973 年以来的 40 多年间，泗棉有 8 个品种先后成为省与国家棉花品种区域试验的对照品种，其中泗棉 2 号、泗棉 3 号、泗抗 1 号、泗杂 3 号等 4 个品种作为对照的时间超过 10 年，为我国棉花新品种的审定发挥了较大作用。作为对照在试验中表现最为突出的是泗棉 2 号，泗棉 3 号两个品种，泗棉 2 号在江苏省及长江流域棉花品种区域试验中，1982—1991 年连续 10 年皮棉产量位居第一，10 年间一般的参试品种很难通过品种审定，从 1982—1992 年泗棉 3 号参加试验以后，试验中才出现在产量、抗性、品质等方面真正超越泗棉 2 号的品种，并且通过了省与国家的品种审定，这虽然增加了育种单位审定品种的难度，但也提高及保证了审定品种的质量，倒逼育种技术水平的提高，避免了水平相当、或类型相近品种的低水平重复审定。

第四节　在棉花生物技术研究中的应用

生物技术是 20 世纪 70 年代初在分子生物学、细胞生物学基础上发展起来的一个新兴领域，是人类应用生命科学的最新成就，是利用生物技术和工程技术原理定向和高效地组建有特定性状的新物种、新品系，改造生物、生产生物产品的现代化技术。它主要包括基因工程、细胞工程、发酵工程和酶工程 4 个部分。其中，核心内容是基因工程，也就是常说的遗传工程。当前，农作物生物技术主要是指细胞工程和基因工程。

棉花细胞工程是指离体的棉花组织、器官或细胞在人工培养基上繁殖、分化和发育的过程，是棉花生物技术在育种上应用的重要技术手段。大致包括胚培养、花药培养、原生质体培养与细胞杂交等。

棉花组织培养研究自 Beasley（1971）开始进行受精胚珠离体培养并获得愈伤组织以来，棉花下胚轴和叶片离体培养的植株再生均以愈伤组织诱导、悬浮培养、体细胞胚胎发生和植株再生为最理想的培养途径，然而染色体的变异，产生的畸形胚影响植株再生问题，未得到解决。吴敬音等于1994年年初进行文献检索，其结果，国内外尚无棉花叶片离体培养直接再生植株的报道。为此，吴敬音等（1994）以泗棉3号为材料开展这方面研究。研究结果表明，泗棉3号无菌苗子叶切块在丛生芽诱导培养基中培养20余d，直接形成芽丛，且继续长成幼枝。转移到生根培养基中的幼枝能生根，完成植株再生过程所需时间最短为70d。该项研究不仅在棉花组织培养上创造了一条新的植株再生途径，还鉴于其遗传变异较来自悬浮培养的再生植株小，培养周期短，故也适于遗传转化的研究。

张宝红等（1995）选择泗棉3号进行组织培养，获得了具有高频胚胎发生的愈伤组织、胚状体和小植株。在附加 ZT 的 MS 培养基上，泗棉3号的下胚轴、子叶、根均诱导获得了愈伤组织，但其形成率和形成量不同，其中下胚轴较易诱导获得愈伤组织，根和子叶较差，ZT 对愈伤组织形成和生长影响较大，其在愈伤组织诱导中较适宜的使用浓度为 3.0mg/L 或 5.0mg/L，诱导获得的愈伤组织不经继代培养，70d 后可形成两类性质不同的愈伤组织：胚性愈伤组织和非胚性愈伤组织。将胚性愈伤组织转入不含任何激素的培养基上，20d 后可形成不同发育时期的体细胞胚，不同外植体体细胞发生的能力不同，根较易，胚轴次之，子叶较差，低浓度的 ZT 有利于胚性愈伤组织的产生。不同培养基对泗棉3号胚性愈伤组织增殖、体细胞胚形成和萌发的影响不同，2，4 - D 有利于胚性愈伤组织的增殖，但不利于体细胞胚形成和萌发；活性炭的添加或 ZT 与 IAA 的合理配合可促进体细胞胚形成和萌发。该试验中最有利于胚性愈伤组织增殖的培养基为 ZH + 1.0mg/L，2，4 - D + 0.5mg/L，KT + 0.5mg/L ZT1；最有利于体细胞胚形成和萌发的培养基为 MS + B$_5$ + 0.1mg/L，ZT + 2g/L 活性炭。胚性愈伤组织不断在 MS + B$_5$ + 0.1mg/L，ZT + 2g/L 活性炭的培养基上筛拜选，可挑选出具有高频胚胎发生能力的细胞系。在上述研究结果基础上，建立了棉花优良新品种泗棉3号高频体细胞胚发生和植株再生的培养程序。

根据细胞全能性学说，构成植物体的每一个细胞均含有能产生植株的整套遗传信息。由此可见，棉花的每一个品种经过培养均能产生出植株；而且以前棉花组织培养植株再生之所以受基因型限制，是因为不同品种对外界调控的要求不同。在一般情况下，棉花组织培养胚胎发生都需要 2，4 - D 的参与才能顺利地进行，而张宝红等（1995）以泗棉3号为材料的实验在只用 ZT 的情况下也能诱导出胚性愈伤组织、胚状体和再生出植株；且其诱导胚状体的最佳外植体为胚根。这些均说明泗棉3号在棉花生物技术研究中的特殊性。植物组织培养的最终目的是改良植物并使之为人类服务，因而从棉花品种改良的目的来考虑，努力建立起优良品种的植株再生体系具有十分重要的意义。泗棉

3 号组织培养植株再生的成功必将加速现代高新技术尤其是基因工程技术在棉花品种改良中的应用。

　　棉花的遗传转化依赖于两个紧密相关的过程——转化和再生。转化技术的创新和进步使棉花的基因工程获得了巨大的成功，但是再生的频率和基因型的限制仍是棉花转基因的限制因素。相对于其他方法而言，棉花农杆菌介导的遗传转化和再生经历体细胞胚胎发生，遗传较稳定，不存在嵌合植株，一直是产生转基因棉花的首选方法。棉花的转化组织经由胚胎发生再生出植株很困难，属于比较难以组培的物种，即胚胎发生潜力具有遗传多样性、低的遗传率和高的基因型依赖性。以 Coker312 等已淘汰的但具有高再生能力的品种为受体，为棉花转基因研究做出了巨大的贡献（Onma 等，2004）；但依赖于这些过时品种的高效转化体系，获得转基因植株后，目的基因需要通过杂交导入别的优良品种，才能获得新的转基因棉花品种（系），大大增加了育种家的工作量。我国 20 世纪 80～90 年代主要集中于冀合 713、冀合 321、Coker201、Coker312、晋棉 7 号和一些主栽品种的再生体系，但成功转化的报道不多。

　　泗棉 3 号农艺性状优良，是 20 世纪 90 年代长江中下游推广面积最大、应用范围最广的品种，曾经是全国长江流域棉花品种区域试验的对照种。利用基因工程导入外源基因，对这样的常规品种进行有目的的直接改良，可以迅速获得优良的育种材料或品种。泗棉 3 号的组织培养和植株再生已经有过许多报道（罗晓丽等，2002；迟吉那等，2005；张宝红等，1995；刘方等，2004；蔡小宁等，1997；郭余龙等，1999），也曾有研究报告提及获得了泗棉 3 号农杆菌介导的转化植株（罗晓丽等，2002），但没有农杆菌介导法转化泗棉 3 号成功的专门报道和提供相关的分子佐证。吴慎杰等（2007）以泗棉 3 号的下胚轴为外植体，建立了高效的转化体系，得到了大量的转基因植株。泗棉 3 号的出愈率和分化率显著高于模式品种 Coker 312，同时它出现分化中心的主要形态不同于 Coker312，其胚性愈伤组织主要来源于两类初生愈伤组织。对泗棉 3 号的胚性愈伤组织进行 GUS 检测，以及对再生植株叶片进行 PCR 检测后，阳性植株嫁接于温室。在温室用 2 063.98μmol/L 的卡那霉素点涂叶片检测 mpt Ⅱ基因的表达和取叶片进行 gus 基因的组织化学检测，同时通过 Southern blot 分析检测，证明目的基因成功地整合到泗棉 3 号基因组中。这一研究结果为利用基因工程对泗棉 3 号进行改良提供了可靠的技术支持。

　　20 世纪 90 年代中后期以来，我国除了西北内陆新疆棉区以外棉花生产上大面积推广应用的转 BT 基因抗棉铃虫棉花品种，均是棉花基因工程研究的重要成果，其中 GK1、GK12、GK22 等抗棉铃虫品种均是以泗棉 3 号品种为载体，由中国农业科学院生物技术研究所、江苏省农业科学院经济作物研究所等单位利用花粉管通道技术等等，将我国自主研究的抗棉铃虫 BT 基因 导入到泗棉 3 号品种中，又经过多世代种植鉴定筛选育成的，而后众多育种单位又利用品种（系）间杂交等技术，把转基因抗虫棉 GK1、GK12、GK22 同其他新育成的品种（品系）进行杂交、回交转育及杂种优势利用等技术，育成了一大批新的转基因抗虫棉新品种、新组合在棉花生产上大面积推广应用，为减轻棉花生产上棉铃虫为害、减少农药使用量、减轻植棉劳动强度、减少棉花生产对自然环境的污染发挥了重要作用。

目前我国棉花生产上除了新疆部分地区尚有常规棉品种种植以外，大面积生产上推广应用的棉花品种几乎全部以转基因抗虫棉花品种为主，充分显示了现代生物技术研究应用的生命力及其广阔前景。转基因抗虫棉的推广，由于抗虫亲本与常规不抗虫亲本存在个别微小基因的差异，加大了杂交优势的强度，又带动了杂交优势利用研究的开展，推动了杂交抗虫棉品种的选育与应用。

第三章 创新育种技术

泗棉 3 号集丰、抗、优、早熟和广适于一体。1994 年 11 月 4 日由全国种子总站、江苏省农林厅组织"泗棉 3 号品种选育与应用鉴定会",与会专家认为,"泗棉 3 号的选育,在同类研究项目中居国内领先,其丰产性与枯萎病、棉铃虫抗性达国际水平。"它的育成与推广,标志着我国棉花丰产、抗性育种水平已上一个新台阶,而创新育种技术是泗棉 3 号品种选育成功的关键,其核心是在泗棉 1 号、泗棉 2 号选育的基础上,注重丰富新品种的遗传基础、塑造理想株型和协调综合丰产性。

第一节 丰富品种遗传基础

泗棉 3 号是采用品种(系)间杂交育种的方法育成的。在杂交育种中,通过人工有性杂交,可将不同亲本的优良基因聚合在 F_1 的杂种个体中,由于这时的基因组合(基因型)是杂合体,F_1 个体自交所形成的 F_2 及其后代因基因分离重组而产生各种变异类型,即出现具有不同性状组合的变异个体,再经反复选择,多代自交纯化,并经多次进行人工选择鉴定,就有可能获得综合性状优良一致的新品种(系)或超越双亲的新类型,实现预定的新品种选育目标。经此法培育的品种属纯系品种类型。

1950 年以后,在我国棉花生产上年推广面积 6 700 hm² 以上的自育陆地棉品种中,采用杂交方法育成的,20 世纪 50 年代占 13%,60 年代占 21.2%,70 年代占 38.3%,80 年代占 54.9%,90 年代占 73.2%;80—90 年代,年推广面积在 34 万 hm² 以上的 12 个自育陆地棉品种中,杂交育成的有 11 个,占 91.6%,且年度推广面积最大的 5 个品种全部为杂交方法育成,杂交育种已经成为主要育种方法,并且当前仍是国内外作物育种中应用最普遍、成效最大的育种方法,是现代作物育种最基本的方法与途径。然而,这一育种方法也有其不足之处:第一,育种材料及当选品系的遗传基础往往比较贫乏。这样的杂交育种途径,从 F_2 代开始进行连续的个体选择,每一世代都只保留株系中由目测鉴定表现较好的个体,而将其余材料淘汰。在这些过程中不再进行杂种品系间杂交,也没有使杂种品系和其他优良品种或种质材料杂交,缺乏优良种质基因汇集的机会。在这种情况下,连续个体选择,其结果和原来设想的优中选优适得其反,只会使育种材料的种质基础越来越贫乏,产生所谓"遗传冲刷"的后果,表现在新品种的生产潜力不够突出,而抗病性和抗逆性偏差。新品种推广几年时间即丧失与其他品种竞争的优势。第二,品种经济性状间的负相关难以打破。连续个体选择法由于缺乏同源染色体对的染色单体之间的交叉,与连锁基因间交换的机会,经济性状不利的负相关现象无法改变,育成的新品种虽然比亲本及当地推广品种有所提高,但是仍然存在棉花品种经济性状之间相互矛盾的缺点。泗棉 3 号从确定育种目标，到选育过程中始终关注这些问题，尤其在亲本选配上十分重视丰富品种选择群体的遗传基础。因为任何一个作物的品种改良决定于该群体中所存在遗传变异性的大小和性质。在杂交育种时，所选亲本的遗传基础是否丰富，遗传变异潜力是否广阔，都关系到杂交成效的大小，只有在变异型大的群体中进行选择，才有可能获得较好的选择效果，即从中选择优良个体的机会较多。

泗棉系列作物育种历来都十分重视杂交亲本的选配，尤其在亲本选配过程中注重丰富杂交后代的遗传基础，注重扩大杂交后代分离变异的范围，扩大优异变异出现的几率，提高突破性品种育成的机会。扩大杂交后代遗传变异、丰富品种遗传基础的方法主要是扩大亲本材料间的遗传差异，包括生态类型的差异、有关形态特征及其主要经济性状、生物学性状间表现型的差异、生理生化类型的差异，这些育种材料性状间的差异包括个别微小的、并不显眼的差异往往会在杂交后代遗传群体的表现中产生巨大的、决定性的作用，从而育成新的突破性品种。

例如，泗阳棉花原种场 20 世纪 80 年代育成的棉花新品种泗棉 2 号亲本为泗阳 437 与墨西哥 910；大豆新品种泗豆 11 号亲本是泗豆 2 号与葳莱姆斯；小麦新品种泗麦 117 的亲本包含欧柔、早熟一号、毛颖阿夫等；泗稻 7 号是采用日本晴与千重浪，等等，都是利用本地育成推广的品种与国外引进（具有生态远缘或者血缘关系较远）的种质资源进行杂交，因此遗传基础比较丰富，选育而成的几个品种都成了当时生产上表现突出的优良品种，泗棉 2 号、泗豆 11 号都成为当时省或国家品种区试的对照品种，泗麦 117 在江苏省淮北麦区大面积推广，创造了小麦单产新纪录，并获江苏省科技进步奖二等奖。

泗棉 3 号选育成功的关键技术之一，就是从亲本选配着手，丰富杂交后代遗传群体的生态类型及其遗传基础，母本为新洋 76 – 75，系江苏省盐城农业科学研究所新洋农业试验站从陕 112 × 泗棉 1 号杂交组合中选育成的抗枯萎病棉花新品系，父本泗阳 791 是原江苏省泗阳棉花原种场选自河南 79 中的早熟优质新品系。父母本血缘关系见图 3 – 1，从亲本血缘关系图可以看出，泗棉 3 号的亲本来源包含了来自美洲的福字棉、斯字棉、德字棉、岱字棉等四大系统和来自非洲的乌干达棉的血缘。

福字棉 6 号→彭泽 1 号
× → 陕棉 3 号
斯字棉 2B →徐州 209 × → 陕 112
德字棉 531 →川 52-128 × → 新 76-75
岱字棉 15 号 → 泗棉 1 号
× → 泗棉 3 号
斯字棉 2B→徐州 142
× → 河南 79 → 泗阳 791
乌干达棉→中棉所 7 号

图 3 – 1　泗棉 3 号亲本血缘关系

其中：斯字棉 2B 为美国密西西比州斯通维尔种子公司从斯字棉 2A 中选育，1938年发放，1947 年引入我国，主要在黄河流域部分地区种植，生育期 135d，耐旱、耐肥，不抗枯黄萎病，1955 年种植 106.6 万公顷（1 600 万亩），在我国系统选择育成徐州 209，徐州 1818，徐州 142 等品种。

德字棉 531：美国密西西比州农试场 1923 年育成，1933 年引入我国，1954 年全国种植 360 万亩，是当时长江流域引进种植面积最大的品种，四川省射洪县在德字棉 531重病田选出抗病株，育成我国第一个抗枯萎病材料 52 - 128。

乌干达棉：纤维品质优良，绒长 30.9mm，强力 4.0g，细度 6 000m/g，断长 24km。皮棉色泽白，有丝光，1959 年引入我国黄河、长江流域种植，表现优质，后期青绿不衰，累计种植 100 万亩，中国农科院棉花研究所 1971 年从中系统选育育成中棉所 7 号。

彭泽 1 号选自福字棉 6 号，泗棉 1 号选自岱字棉 15 号，岱字棉 15 在我国年推广面积最多达 346.7 万 hm²，是我国棉花种植历史上推广面积最大的品种，能够适应多种生态型，从中系统选育育成多个推广品种，遗传类型非常丰富。

从国外不同生态型棉区引进的品种到国内种植，在国内多个生态类型的地区进行选择，育成彭泽 1 号、陕棉 3 号、陕 112、川 52 - 128、河南 79、中棉所 7 号、徐州 209、徐州 142、泗棉 1 号等作为亲本材料，这些品种材料在国内跨越沿海与内陆两大区域、长江与黄河两大棉区，代表了四川、陕西、江苏、河南等省区的不同生态型，遗传基础极为丰富，使从中选出的泗棉 3 号品种能够集高产、优质、多抗和广适于一体。

第二节　塑造理想株型

作物干物重的 95% 来源于光合产物，就目前大多数作物的光能利用率来看都在 1%左右，高的也只有 3%。棉花的光能利用率（生物产量）只有 0.8%，而根据理论上的计算，作物利用太阳有效辐射的能力可达 12% ~ 18%。如棉花的光能利用率能达到目前作物的最大光能利用率水平（3%），则皮棉产量可达 2 175kg/hm²。目前棉花光能利用率不高的原因主要有 4 个方面：①漏光：主要是苗蕾期个体小，截获光能的面积小所致；②反光：地面和叶片的反光；③遮光：主要指后期个体充分发育后，群体大、荫蔽造成叶层之间相互遮光；④生理原因：主要受棉株光合及转化能力的限制。由此可知，提高棉花群体的光能利用率是提高产量的突破口，而株型育种是其最重要的途径之一。株型育种是改善植株形态特征，使其适于合理密植等栽培措施，进而提高棉花群体有效叶面积和光能利用率的有效途径。

不同品种间株型和叶型差异很大。正常的陆地棉株型一般都是每一果枝上有若干果节，每一节上着生一个棉铃。果枝由下向上而逐渐缩短，棉株呈塔形，比较松散。另外有短果枝棉铃丛生的类型，果枝相对较短，大部分棉铃丛生，株型较紧凑。丛生型的果枝，有的只有一个节，顶端着生两个或更多个棉铃，显然是由同一节位发生的棉铃，看上去好像直接着生在主茎上面似的；有的仍有几个果节，但节间显然比正常型的短而紧凑，或者节间正常的果枝和节间较短的果枝在主茎上交替生长。据研究，陆地棉短果枝丛生型在遗传上是单基因隐性遗传（Cl_1Cl_1），由于受其他基因的影响，丛生棉铃排列形式可达千余种之多。丛生型一般株型较紧凑，叶较厚，叶色较深，棉铃发育常有大小不均匀现象，而且受病虫为害较正常型严重。据研究，从丛生型和正常型杂交的后代群体中可以分离出比较理想的类型。近年来，为了适应高密度种植和机械收花的需要，有的丛生型引起人们的重视。有人对短果枝和一般株型品种的产量分析比较，发现短果枝品种的经济系数高，单位吸收氮量的子棉产量较高（营养分配利用效率高）。

　　一般认为宽叶形是不完全显性，受一个主基因的控制。据研究，鸡脚叶型与普通叶型的品种相比，无论在稀植（行距90cm）还是密植（行距45cm）条件下，株体较矮，营养体较小，单株叶面积较小，铃数较多，经济产量指标高，烂铃较少，早熟，衣分增高，而对纤维长度、强度和整齐度无影响。有一种意见认为，改变株型和叶型是突破产量限制的主要途径。一般认为应着眼于改进叶冠，也就是要改变叶形、叶大小、厚度以及叶片在棉株上的排列分配和倾斜度等，以达到叶片的总面积能截取日光的95%。

　　泗棉3号棉花品种的选育，是在国内水稻、小麦进行矮秆育种并且取得成功的基础上，率先提出棉花株型育种的概念，通过塑造棉花理想株型提高光能利用率，提高生物产量及其经济系数，其棉花理想株型的塑造主要是在株型结构的设计上实现3个转变，即由宽叶水平型向中叶倾直型转变，果枝平伸型向上仰型转变，株型紧凑型向疏朗型转变。

　　植株形态上三个转变概念的提出，不仅在国内棉花育种上率先定义了棉花株型育种，并在泗棉3号等品种的选育中进行了成功实践，也可以说泗棉3号是棉花株型育种取得成功的典范。

一、叶片从宽叶水平型向中叶倾直型转变

　　棉花光能利用率低的重要原因，是有效叶面积系数低（3～3.5），只为水稻、小麦的一半。而当代稻麦品种生产力的提高，首先在于有效叶面积系数的扩大。提高有效叶面积系数的途径：一是叶片倾直，这就要选择向光性强，叶柄较长，叶片上翘的类型；二是相互排开，选择层次分明，叶层间隙大，叶片疏散的类型；三是适当缩小单叶面积。据研究一个棉铃的发育需要超过$100cm^2$的果枝叶片在强光下供给光合产物，还需要主茎叶支援一部分。因此，叶片不宜宽大，似又不宜过小。一般应选择叶片中等大小、叶波大、叶裂深的类型，这样叶面积不小而又透光性好。

　　20世纪50～60年代我国棉花生产上推广的陆地棉品种，以岱字棉15号为代表，叶片肥大，叶型平展，叶姿披垂，冠层透光性能差，因而适宜叶面积指数不高，泗棉3号的叶片在原来推广品种的基础上，从宽叶水平型向中叶倾直型转变。安徽省淮北市农业局（1994）测定，泗棉3号叶长是苏棉2号的90%，而叶宽只有其70%。同苏棉5号相比，叶长相等，而叶宽只有其82%。叶片较窄，具有叶片中等大小，叶面皱褶明显，叶裂片缺刻深，向光性强，叶姿挺的特点。在正常生产条件下，最大叶片面积$100cm^2$左右，比岱字棉15号小$20cm^2$。冠层叶片叶角（与水平面的夹角）为5°～79°，其中大于40°的叶角总数在67%以上。叶片上倾挺立，冠层透光性好，有利于改善中下部叶片及结实器官的受光条件，适宜叶面积指数较高，为高产栽培创造了有利条件。适宜叶面积指数一般为3.5～4.5，并且群体内叶层分布比较均匀。1993年原江苏农学院

（现扬州大学农学院）测定，泗棉 3 号在 1916.4kg/hm² 产量水平下，最大叶面积系数为 4.01，上、中、下 3 个部分分别为 1.21、1.52 和 1.28，且在生长后期，叶面积系数下降速度较慢，至 9 月 4 日测定，叶面积系数仍保持在 3.58，后期叶面积系数下降慢，叶片功能期长，对于增加上部铃重与提高早秋桃及秋桃的铃重有着重要作用。

纪从亮等（1996）对泗棉 3 号冠层叶片与水平面夹角和叶面积系数（LAI）进行了测量，结果表明：9 月 1 日测定的叶角大于 20°的占 79.5%，其中大于 40°的占 65%。10°~20°之间的叶片较少。可见泗棉 3 号棉株的上部叶片比较直立，有利于下部叶片接受光照，有利于群体光合效能的提高。叶面积系数测量结果为，8 月 16 日和 9 月 1 日泗棉 3 号的 LAI 分别为 3.501 和 3.337，其叶面积系数符合高产棉花结铃期要求（表 3 – 1）。无论是 8 月 16 日还是 9 月 1 日，叶面积分布都相对均匀，上部叶片 LAI 略小，而中下部稍大。这表明泗棉 3 号在叶层分布上有利于植株通风透光，减少烂铃的形成。

表 3 – 1　不同时期泗棉 3 号上、中、下部位的叶面积系数

测定日期（日/月）	上部	中部	下部	总
16/8	0.857	1.354	1.290	3.501
1/9	0.905	1.359	1.073	3.337

棉花叶片的大小、排列方式直接影响到阳光在棉田群体中的分布及光合功能的高低，进而影响到光合产物的运输和分配。据研究，泗棉 3 号的主茎叶与果枝叶均较小（表 3 – 2）。泗棉 3 号和苏棉 5 号两个品种主茎叶在不同生育阶段仍以盛花期最大，但泗棉 3 号比苏棉 5 号低；果枝叶则以结铃盛期达到最大值，但苏棉 5 号大于泗棉 3 号。由此可见，泗棉 3 号的叶片相对较小，这对于改善光的通透性具有良好的作用。在结铃盛期，植株的叶片主要以果枝叶为主，而泗棉 3 号果枝叶的大小低于苏棉 5 号 10.37cm²，这样叶层之间的透光能力会明显加强。表 3 – 2 进一步表明，冠层叶片与水平面的夹角以泗棉 3 号最大，比苏棉 5 号大 3.20°。这表明泗棉 3 号的叶片着生相对直立，有利于阳光透射进入棉田的内部，改善群体内光照条件，促进群体光合功能改善和结铃能力的提高。而且由于叶片相对直立，可扩大群体适宜叶面积指数，增加光合面积量，提高光合总量。泗棉 3 号不同层次的消光系数都低于苏棉 5 号，而苏棉 5 号由于 13~16 台果枝层次叶片大而重叠多，使消光系数明显高于泗棉 3 号（表 3 – 3）。在第 9 台果枝以下，泗棉 3 号消光系数为 0.76，而苏棉 5 号已达 0.91，由此进一步表明了泗棉 3 号株型疏朗，使植株内部的光照条件改善。1~4 台果枝及 5~8 台果枝的干物重分别与 9~12 台及 13~16 台果枝下的消光系数呈负相关（r = 0.7098 *，r = – 0.7107 *），因此消光系数的高低，直接与棉株干物质积累有关，特别是中上层果枝层次的消光系数高低，直接影响到下层果枝的生长，从而影响到干物质的积累和分配。不同果枝层次的成铃率（9 月 20 日）也进一步表明，消光系数的高低，直接影响到成铃率的高低，泗棉 3 号消光系数低，成铃率较高；而苏棉 5 号消光系数高，成铃率较低（表 3 – 3）。

表 3 – 2　不同品种的叶片大小与冠层叶角（与水平面）（纪从亮等，2000）

品种	叶片大小（m²）						叶角度（°）
	初花期（7月6日）		盛花期（7月25日）		结铃盛期（8月16日）		
	主茎叶	果枝叶	主茎叶	果枝叶	主茎叶	果枝叶	
泗棉3号	95.3	64.8	115.6	77.04	110.5	110.3	34.4°
苏棉5号	102.5	80.5	125.8	81.23	118.9	120.67	31.2°

表 3 – 3　不同果枝层次消光系数（K）和干物重（DW，8月20日）、成铃率（纪从亮等，2007）

品种	果枝层次											
	1~4			5~8			9~12			13~16		
	K	DW（g）	成铃率（%）	K	DW（g）	成铃率（%）	K	DW（g）	成铃率（%）	K	DW（g）	成铃率（%）
泗棉3号	0.94	67.5	34.2	0.88	52.8	37.6	0.76	33.4	40.6	0.70	17.5	36.5
苏棉5号	0.98	53.6	30.5	0.95	41.8	31.4	0.91	30.2	29.6	0.85	20.4	32.5

二、果枝由平伸型向上仰型转变

棉花果枝的生长姿势，直接影响棉花叶片空间分布的状况及棉田群体质量。果枝平伸，前中期封行过早，中后期封行过严，棉田内部郁蔽，影响群体光能利用率的提高。同时果枝平伸相互交叉，有碍田间作业的进行。因此株型改造重点之一是缩小果枝角度，使果枝上仰，最好下部果枝角度较大，向上逐层缩小。同时，果枝较短，最好生长2~3个果节即自行停止，而又不是短果枝类型，即为Ⅱ式或Ⅲ式。泗棉3号果枝生长具有明显的向光性与上仰性，中下部果枝可随着行株距的变化而自行调整着生的角度。与主茎角度为30°~60°，前中期利于推迟与减轻封行，改善中下部叶片及器官的受光条件。安徽省淮北市农业局1994年品种比较试验，各品种田间种植规格及其行株距一致，泗棉3号6月27日始花，7月5日盛花，7月20日封行，盛花后15d封行；而苏棉5号7月8日始花，7月15日封行，7月16日盛花。淮101，7月4日始花，7月11日封行，7月12日盛花。苏棉5号与淮101两品种，都是封行后一天盛花，封行期比泗棉3号早5~9d，盛花期迟7~11d，中下部果节开花时（封行后）光照条件明显不如泗棉3号，因而不利于提高成铃率。泗棉3号冠层果枝与水平面的着生角度为27.6°~35°，比岱字棉15号大8°~10.20°，冠层果枝直立性好，有利于提高群体光能利用率。这同当前有人突出水稻株型前松后紧，玉米株型提出下松上紧，即前期叶片较大，穗位以下叶片较大、叶片与主茎角度较大，而上部叶片较小并且挺直的概念有类似。

三、株型由紧凑型向疏朗型转变

传统的棉花育种一直强调株型紧凑，即主茎与果枝节间较短，似乎对增加密度有利，其实不然，果枝节间特别是果枝第一节间距短，棉株内部通透性下降，不利于提高结铃性。泗棉 3 号品种果枝节间匀称，果枝第一节间较长，叶片配置合理，层次清晰，呈疏朗型，有利于改善棉株内部通透条件。原江苏农学院（现扬州大学农学院）测定，产 1 200kg/hm² 皮棉时，株高 100～115cm，主茎各节间长度下部（1～8）为 2～4cm，中部（9～16）为 5～7cm，上部（17～25）为 4～6cm。果枝内围节间较长，向外围渐短。产 1 500kg/hm² 以上皮棉产量时，各果枝节间长度随果节位外延，呈 $y = 14.18 - 2.3x$（x 为果节位，y 为长度）规律下降。每公顷产皮棉 1 200～1 500kg，果枝长度随果节位外延，呈 $y = 13.73 - 1.89x$ 规律下降。在每公顷产 1 500kg 皮棉时，下部（1～5 台）果枝长为 33.7cm，中部（6～10 台）果枝为 29.78cm，上部（11～15 台）果枝为 23.5cm，呈明显的塔形结构。不仅棉株间而且棉株内部都有良好的通透性。有利于增加群体内部气体交流，加速光合作用的进行与光合产物的积累转化。

纪从亮等（1996）报道，泗棉 3 号主茎节间长度自上而下呈单峰状态，1～6 节间保持在 2cm 左右，7～10 节间保持在 4cm 左右，10～19 节间保持在 5～7cm，整个节间基本是由上而下逐渐缩短（表 3－4）。表明了泗棉 3 号节间长度分布有利于抗倒和高产创建。泗棉 3 号各果枝第 1、第 2、第 3 和第 4 果节长度表现相同的趋势，即随着果节位的增加，节间长度也增加，到达一定的部位达最长，以后又逐渐变短，各果枝第 1 果节长度都在 7～12cm，第 2、第 3 和第 4 果节长度分别为 6～11cm、4～7cm、3～7cm，表现出由内向外逐渐缩短的趋势（表 3－5）。下部果枝较上部果枝为长，并且由下向上基本是缩短的趋势，整个株型呈塔形，这有利于棉田群体的通风、透光。泗棉 3 号的下部果枝的平均长度最长，上部的最短，这进一步说明了泗棉 3 号的株型较疏朗。

表 3－4　泗棉 3 号主茎节间长度

序号	1	2	3	4	5	6	7	8	9	10	11	12	13	14	15	16	17	18	19
主茎节间长度(cm)	1.8	2.3	1.2	1.8	2.8	1.9	3.3	3.7	4.7	5.6	6.1	7.1	7.4	6.7	6.7	6.2	5.8	5.6	4.5

表 3－5　泗棉 3 号果枝节间及果枝长度分布

序号	下部				中部					上部			
	1	2	3	4	5	6	7	8	9	10	11	12	13
第 1 果节长度（cm）	8.7	10.6	10.6	12.7	11.9	11.8	10.5	9.1	8.3	8.5	8.6	7.7	7.5
第 2 果节长度（cm）	7.4	8.9	10.6	8.8	7.5	7.5	7.4	8.7	9.9	11.5	8.0	7.0	6.4
第 3 果节长度（cm）	6.8	8.0	8.4	8.5	7.0	7.0	7.1	6.1	5.2	4.5	4.1	4.8	3.8
第 4 果节长度（cm）	7.5	5.6	4.8	7.1	5.7	6.5	5.4	5.8	5.8	4.3	3.6	3.4	3.8
果枝长度（cm）	30.3	33.1	33.6	37.1	32.5	32.4	30.1	28.9	28.4	28.8	23.2	22.1	20.7
果枝平均长度（cm）	33.5				30.5					23.7			

果枝的长度和其与主茎的夹角也影响到叶片在空间上的排列和群体内光能的分布。果枝与主茎的夹角小有利于光线照射到植株的中下部，提高中下部叶片的光合强度。纵

横比值大有利于合理密植，发挥群体和个体的生产潜力，也有利于改善田间小气候，增结内围铃。据对泗棉 3 号的测定表明（图 3 - 2），泗棉 3 号 7 ~ 19 节间的长度分布相对均匀，变化幅度小，7 ~ 19 节间变异系数仅为 22.55%，长度平均为 5.2cm 左右，容易创造疏朗的高产株型结构。而苏棉 5 号变异系数 25.64%，7 ~ 19 节间平均为 5.8cm，特别是 11 ~ 15 节间，节间长度达 6.5 ~ 8.0cm，这段节间正是盛蕾期生长的节间，而 16 ~ 19 节间又相对低于泗棉 3 号，这种分布由于上层比较紧密，容易形成伞形结构，不利于群体光能利用。表 3 - 6 各果节间长度分布表明，泗棉 3 号第一果节间长度比苏棉 5 号长 0.6cm；而第 2 果节以后的节间长度则短于苏棉 5 号。根据试验结果，第一果节间长度与产量呈显著的正相关（$r = 0.8860^{**}$，$p < 0.01$），这可能与第一果节间较长，有利于在棉株内围创造疏朗宽松的结构，改善光照和 CO_2 等生态条件，提高成铃率有关。从图 3 - 3 可知，泗棉 3 号各果枝的长度都短于苏棉 5 号，其长度平均为 34.97cm，而苏棉 5 号为 39.9cm。因此，泗棉 3 号在果枝长度分布上有利于光照条件的改善，增强中下部群体光照强度，促进光合生产能力的提高。图 3 - 4 表明，泗棉 3 号各台果枝由下至上与主茎夹角逐渐变小，下部果枝角度分布在 65° ~ 80°，中部在 55° ~ 65°，上部在 40° ~ 50°。而苏棉 5 号的果枝角度分布呈现不规则变化，总的趋势是下部大，上部小，但其与主茎夹角仍高于泗棉 3 号。这表明，泗棉 3 号的果枝分布有利于中下部通风受光，苏棉 5 号由于上部果枝角度偏大，容易造成荫蔽，下部光照不足而引起大量蕾铃脱落。

表 3 - 6　不同品种的果节间长度（纪从亮等，2000）

品种	第一果节间	第二果节间	第三果节间	第四果节间	第五果节间
泗棉 3 号	12.07	9.46	7.86	5.12	4.56
苏棉 5 号	11.47	9.52	8.01	5.52	4.76

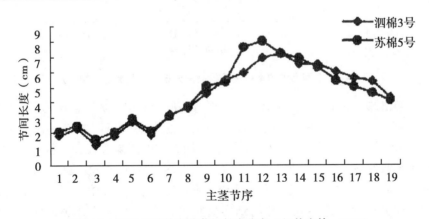

图 3 - 2　不同品种的主茎节间长度分布（纪从亮等，2000）

　　总之，泗棉 3 号具有较小的叶片、节间长度适宜、果枝及叶片与水平面夹角大、株型疏朗的特征。主茎及果枝节间长度分布均匀，果枝与主茎夹角由下向上呈逐渐变小趋势，植株为塔形。叶片较小，不同果枝层次消光系数小，有利于改善株内光照条件，因而整个棉田植株的采光是呈立体式的。纪从亮等（2000）研究标明，在江苏省扬州地区常年 8 月 20 日左右日平均光照为 60k（1 100）lx 条件下，实测泗棉 3 号最下面消光系数为 0.94，由此推算出，其基部的绝对光照达 10 341x，在光补偿点以上；而苏棉 5 号基部光照只有 6 181x，在光补偿点以下。可见，泗棉 3 号的光合强度、成铃率及产量都高于苏棉 5 号。

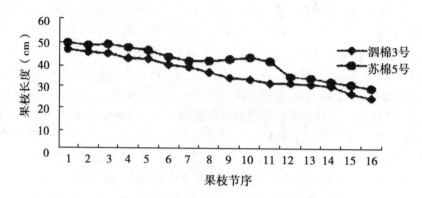

图 3-3　不同品种的果枝长度分布（纪从亮等，2000）

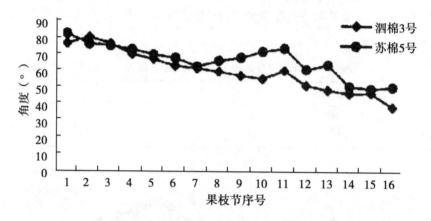

图 3-4　不同品种的果枝主茎的夹角分布（纪从亮等，2000）

　　泗棉 3 号植株在形态上的 3 个转变，使叶片空间分布上形成了协调的群体结构，光照在棉田内部分布均匀度明显提高；在时序上，前中期棉田群体表现为"下封上不封"，呈"峰谷状"，中后期外围果节成铃负荷加大，内围果节长，果枝粗细适中，弹性好，自然弯曲下垂，同主茎夹角增大，自下而上逐层封行，呈波浪状，不同生长阶段的棉田群体形成一个立体状动态式光合结构，不仅提高了群体光能利用率，而且有效地改善了均匀地分布在棉株不同部位的结实器官生长发育所需的光照条件，从而达到"三高"：即光能利用率高，单位面积负载力高、经济系数高，最终实现皮棉产量的提高。

　　（一）光能利用率高

　　泗棉 3 号育成推广后，各地试验及在大面积生产中表现出良好的丰产性能，是光能利用率高的集中表现。

原江苏农学院（现扬州大学农学院）[14]C 同位素追踪发现，泗棉 3 号棉株果枝对位叶向棉铃输送的养分占棉铃干重的 75.7%，而苏棉 4 号只有 69.5%。果枝对位叶向棉铃输送养分多，是光能利用率高、光合产物积累多与棉铃强库带动所致。

据山西省农业科学院棉花研究所测定，泗棉 3 号单株叶面积、单叶光合强度、叶绿素含量同晋棉 12 号及中棉所 12 相比，均不是最高（表 3 - 7），但最终子棉产量比晋棉 12 号及中棉所 12 分别增 15.6% 与 13.3%，皮棉分别增 29.45% 与 30.45%，亦表明群体光能利用率高。

表 3 - 7 不同品种部分生理指标测定结果（山西运城，1994）

测定项目	单株鲜重 （g）	单株干重 （g）	单株叶面积 （m²）	光合强度 （mg/d m² · h）		叶绿素含量 （%）
日期（日/月）	24/6	24/6	24/6	9/8	15/8	12/8
晋棉 12 号	125.8	26.2	79.2	16.9	11.5	2.363
中棉所 12	145.7	29.3	97.9	12.7	9.5	1.915
泗棉 3 号	140.4	28.3	89.7	14.8	9.8	2.171

不同时期的泗棉 3 号上部果枝与主茎夹角的平均在 50° ~ 60°，冠层不同台数的果枝的平均角度大的在 60°左右，小的也在 50°上下（表 3 - 8）。果枝与主茎间的夹角自上而下有增大的趋势，这表明泗棉 3 号的果枝着生角度有利于阳光的透射，增强对下部叶的利用。泗棉 3 号的果枝和主茎间的夹角与光合强度的关系是：随着冠层果枝着生角度的增大，群体叶片的光合强度逐渐减小，两者之间呈明显的负相关，相关系数达 0.9532 ** （表 3 - 9）。这说明泗棉 3 号植株的冠层果枝和主茎间的夹角小有利于整个群体叶片的光合作用。泗棉 3 号的果枝着生角度和叶绿素含量也呈极显著的负相关($r = -0.939$)，这进一步说明了果枝角度和光合强度的负相关性。泗棉 3 号冠层叶片与水平面的夹角和透光率有相当大的关系（表 3 - 10）。随着叶片和水平面间夹角的增大，叶片的透光率逐渐增大，叶片角度分布大小和透光率之间存在极显著的线性正相关（$r = 0.9092$），这表明冠层叶片直立，有利于棉株群体间通风透光，从而有利于下部叶的光合作用。

表 3 - 8 泗棉 3 号不同时期冠层果枝和主茎间的平均夹角（纪从亮等，1996）

测定日期（日/月）	11/7	22/7	5/8
倒 1 果枝	51.7	54.1	51.5
倒 2 果枝	52.3	55	53.2
倒 3 果枝	58.5	57	50

表 3 – 9　泗棉 3 号不同果枝角度下的光合强度和叶绿素含量（纪从亮等，1996）

果枝角度（χ）	51.7	51.43	55.03	57.87	58	61.2	62.03	62.4
光合强度（y）（$\mu mol\ O_2/dm^2$）	140.45	129.04	133.34	88.80	75.01	71.68	47.09	45.14
叶绿素含量（z）（mg/dm^2）	3.98	3.84	3.22	3.38	2.50	2.37	2.17	2.43

注：$r_{xy} = -0.9532^{**}$，$r_{xz} = -0.9390^{**}$。

表 3 – 10　冠层叶片着生角度和透光率的关系（纪从亮等，1996）

叶角（度）	40	37	34	30	27	17	14	8
透光率	72.68	70.15	61.52	65.13	62.5	55.8	53.18	37.6

（二）单位叶面积负载力高

泗棉 3 号分布在棉株不同部位的叶片，特别是中下层叶片受光条件好，因而单位叶面积负载力高。据原江苏农学院（现扬州大学农学院）测定，泗棉 3 号叶面积载铃量为 20 个/m^2，较中棉所 12 增加 2 ~ 3 个/m^2。泗棉 3 号初花期单株叶面积比中棉所 12 小 8.2 cm^2。泗棉 3 号单株铃数比中棉所 12 多 4.1 个，籽、皮棉产量分别增 13.3% 与 29.45%，亦间接反映其单位叶面积负载力高（表 3 – 11）。

表 3 – 11　棉花产量结构表（山西运城，1994）

项目	小区株数（株）	单株铃数（个）	铃重（g）	小区实收子棉(kg)	衣分（%）	折合小区皮棉(kg)	折合每公顷产子棉(kg)	折合每公顷产皮棉（kg）
晋棉 12 号	192	13.5	3.70	9.6	38.0	3.76	2 880	1 222
中棉所 12	208	13.0	3.73	9.8	38.5	3.77	2 940	1 119
泗棉 3 号	184	17.1	3.61	11.1	44.0	4.88	3 330	1 465

由于泗棉 3 号棉花群体的 LAI 不同，叶面积载铃量（棉花群体成铃数与最大 LAI 之比）有较大的差异。表 3 – 12 表明，产量水平高时，叶面积载铃量也高。皮棉产量为 1 200 ~ 1 500 kg/hm^2 时，叶面积载铃量为 21.1 ~ 27.5 个/hm^2，皮棉产量在 1 875 kg/hm^2 以上时，叶面积载铃量在 29.0 个/m^2 以上。经回归分析进一步表明，叶面积载铃量（X）与皮棉产量呈极显著的线性正相关，其关系为 $Y = 371.09 + 74.39X$（$r = 0.9321^{**}$），该方程表明，当皮棉产量为 1 875 ~ 2 250 kg/hm^2 时，叶面积载铃量需达到 30.2 ~ 35.2 个/m^2。

表 3 – 12　叶面积载铃量和产量的关系（纪从亮，1996）

皮棉产量（kg/hm^2）	叶面积载铃量（个/m^2）
1 190.85	21.10
1 363.65	22.05

（续表）

皮棉产量（kg/hm^2）	叶面积载铃量（个/m^2）
1 916.40	29.03
2 104.50	32.30
1 653.00	28.40
1 476.00	27.50

（三）经济系数高

棉花的经济系数较低，籽棉约占生物学产量的33%，皮棉仅13%左右。为了提高经济系数，首先要降低脱落率。棉花蕾铃脱落一般达60%~80%，从养分利用角度来讲是一种浪费，而且空果节多，徒增枝叶，加重荫蔽。经济合理的株型应该是生殖量适当而脱落率低，因此单株果节数不是越多越好。此外，叶片功能期要长，根系活力持久。一般叶片较厚（不宜过厚过薄，否则往往铃壳增厚，吐絮不畅，而易罹虫害），叶色青翠，叶肉组织致密者，后期能保持较强的光合势，有利于提高上部结铃率与铃重，而且使纤维充实，成熟度好，有助于提高纤维强度。

泗棉3号经济系数高的表现之一是总生殖量大。据山西省农业科学院棉花研究所1994年7月15日、8月15日和9月15日三期测定，总生殖量均高于晋棉12号与中棉所12（表3-13）。原江苏农学院（现扬州大学农学院）测定，泗棉3号地上部干重，生殖器官占总重的54%，比苏棉4号高5%。泗棉3号经济系数高的表现之二是铃壳薄，养分向子棉转化多。江苏省邳州市农业局（1993）测定，泗棉3号铃壳重仅1.4g，比苏棉5号轻0.64g，轻32.4%。泗棉3号初花期单株鲜重与干重均低于中棉所12，而最终皮棉产量高于中棉所12，间接地表现其经济系数较高。纪从亮等（2000）报道，泗棉3号具有较高的物质生产能力和经济高效的物质转化能力；泗棉3号总干物重虽然介于苏棉5号和中棉所12之间，但由于其经济系数最高（0.489），分别比苏棉5号、中棉所12高出0.091、0.008；其子棉产量最高（4 929.1kg/hm^2），分别比苏棉5号、中棉所12增产1.03%和6.03%（表3-14）。因此，提高棉花品种的经济系数是提高经济产量的重要途径之一。在达到一定的生物学产量以后提高经济系数对产量的作用比进一步提高生物学产量的积累更重要。

表3-13　三品种三桃调查表（山西运城，1994）

调查日期（日/月）	品种	株高（cm）	果枝（个）	大铃（个）	小铃（个）	花（个）	蕾（个）	脱落（个）	总生殖量
伏前桃（15/7）	1	76.8	13.2	1.9	5.2	0.9	19.0	5.6	32.0
	2	91.8	14.8	3.0	4.6	0.6	19.2	9.1	36.6
	3	81.5	14.6	4.2	6.0	0.5	18.4	11.0	40.1
伏桃（15/8）	1	76.8	13.3	10.8	3.9	0.2	5.1	22.0	42.5
	2	91.8	14.8	9.3	2.5		1.8	30.2	43.9
	3	84.3	15.2	14.8	3.3	0.2	1.5	33.5	53.4

（续表）

调查日期 （日/月）	品种	株高 （cm）	果枝 （个）	大铃 （个）	小铃 （个）	花 （个）	蕾 （个）	脱落 （个）	总生殖量
秋桃 （15/9）	1	79.6	13.5	13.3	0.5			29.5	43.2
	2	92.2	14.8	12.64	0.6			35.9	49.2
	3	86.1	15.2	16.57	0.9			40.6	58.1

注：1 = 晋棉 12 号，2 = 中棉所 12，3 = 泗棉 3 号

表 3 – 14　不同棉花品种的生物学产量及其经济系数

品种	总干物质（kg/hm²）	子棉产量（kg/hm²）	增产率（%）	经济系数
泗棉 3 号	10080.0	4929.1		0.489
苏棉 5 号	12258.8	4879.0	1.03	0.398
中棉所 12	9664.9	4648.8	6.03	0.481

棉花产量是由生物产量和经济系数两者共同决定的。在低产水平下，产量提高依赖于增加群体叶面积，提高生物学产量。但在较高的产量水平条件下，产量的提高则应在适宜群体基础上，扩大库容，提高经济系数才能获得高产。为此，陈德华等（1996）通过研究单位叶面积能否满足更多的库容量对光合产物的需求，探讨棉花的源库关系。以最大叶面积负担的铃数（个/m²叶）代表叶面积载铃量。以单位最大叶面积生产的蕾铃总干重代表叶面积有效生产量（蕾铃干重/m²叶），研究单位叶面积载铃量对棉株开花后光合产物生产与分配的影响。研究结果指出，随着叶面积的减少，单位叶面积载铃量增加，单位叶面积有效生产量增加。但铃重差异并不显著。而去蕾结果表明，随着单位叶面积载铃量的减少，单位叶面积有效生产量下降（表 3 – 15）。经进一步分析表明，单位叶面积载铃量和单位叶面积有效生产量之间存在极显著线性正相关，其关系为：$Y = 57.79 + 3.1405X$（$r = 0.9566^{**}$），其中 X 为叶面积载铃量，Y 为叶面积有效生产量。这表明，每平方米棉株叶面积负担铃数增加一个，则每平方米叶面积有效生产量增加 3.1405kg，充分说明了叶面积载铃量的增加，可促进干物质特别是有效生产量增加。在群体 LAI 保持不变时，单位叶面积载铃量增加，开花后干物质积累也显著增加（表 3 – 16）。如在 LAI 为 2.94 时，当叶面积载铃量由 19.13 个/m²·叶增至 24.95 个/m²·叶时，花后干物质积累量由 4 967.4 kg/hm² 增至 5 854.05 kg/hm²，增加 17.9%。进一步分析表明，叶面积载铃量（X）与花后干物质积累量（Y）呈显著线性正相关（$r = 0.9087*$），其关系式为 $Y = 1 105.8 + 222.96X$。该关系表明，叶面积载铃量每增加 1 个/m²·叶，花后干物质积累量增加 222.96kg/hm²，而且密度在 45 000 株/hm² 时，单株需增加 24.6g 以上时才能形成一个棉铃，即花后能形成棉铃的临界干物质积累量为 24.6g。如为 60 000 株/hm²，其临界值为 18.4g。此外，由 8 月 17 日和 9 月 1 日结铃期内测定的光合强度表明，叶面积载铃量和 8 月 17 日和 9 月 1 日的光合强度呈显著的线性正相关，其回归关系表现为：

8 月 17 日：$Y = 103.36 + 3.689X$（$r = 0.8349*$）

9 月 1 日：$Y = 73.27 + 0.860X$（$r = 0.8412*$）

　　表明随叶面积载铃量的增加，棉叶光合强度提高，叶片自身的光合功能得到更好的发挥，在结铃期叶面积所容纳库容量对源的生产能力有反馈调节作用。此外，以上回归关系还表明了，8月17日左右正是棉花的结铃盛期，对光合产物的需要量明显大于生育后期（9月1日），因此叶面积载铃量每增加一个单位，8月17日增加了3.689μmol·O_2/dm^2，而结铃后期（9月1日）只有0.860μmol·O_2/dm^2·h，这更进一步表明了叶片光合功能的发挥受库容对光合产物需求的调节。[14]C标志结果表明，在叶面积系数相同的情况下（LAI为4.01），叶面积载铃量由16.38个/m^2·叶，增至29.62个/m^2·叶两个处理，在盛花期功能叶（倒5叶）光合产物运向本果枝的养分比例由47.5%增至59.7%，运向顶部比例由46.7%降至32.3%。单位叶面积生产的蕾铃干重由0.095kg/m^2·叶增至0.1187kg/m^2·叶。由结铃期（8月6日）[14]C标记也表明，当叶面积载铃量由19.5个/m^2·叶增至23.8个/m^2·叶时，其中部果枝（第9台）第1果节对位叶光合产物向其对位铃输出速率快16.2%，输出量多7.9%。可见随单位叶面积载铃量的增加，盛花后光合产物较多的运往生殖器官，叶面积有效生产量提高。由盛花期（7月25日）及8月6日分别测定棉株功能叶和中部果枝10日龄对位叶片可溶性糖含量表明，在单位叶面积载铃量由16.38个/m^2·叶增至29.62个/m^2·叶时，盛花期功能叶可溶性糖含量由2.73%降至1.91%。结铃期中部果枝第1果节10日龄对位叶可溶性糖含量由4.25%降至3.84%。进一步表明叶面积载铃量提高光合产物向外输送明显增多。

表3-15　叶面积载铃量与有效生产量的关系

处量	铃数/m^2叶	生殖器官干重/m^2叶	单铃重（g）
去1/4叶	22.09	0.129	4.232
去1/2叶	28.46	0.1493	4.118
去3/4叶	29.03	0.1515	4.110
对照	26.39	0.1369	4.137
去1/4蕾	25.39	0.1333	4.314
去1/2蕾	21.12	0.1254	4.340

表3-16　叶面积载铃量与开花后干物质积累量的关系

LAI	总铃数（个/hm^2）	铃数（m^2叶）	生殖器官干重（m^2叶）	花后干物质积累（kg/hm^2）	产量（kg/hm^2）
2.94	56.25	19.13	0.1104	4 867.4	912.0
	73.35	24.95	0.1296	5 854.05	1 089.0
4.01	67.5	16.38	0.0987	4 577.4	1 027.5
	118.8	29.62	0.1616	8 182.8	1 597.5
4.82	63.75	13.23	0.0875	4 298.1	988.5
	95.7	19.85	0.1129	6 314.7	1 317.0

　　总之，提高泗棉3号单位叶面积载铃量有助于提高后期干物质积累，在群体生产偏小时，由于LAI过小，扩大单位叶面积载铃量虽可增产但难以高产。当LAI过大时，由

于群体条件恶化，在盛花结铃期单位叶面积有效生产量下降幅度大，产量亦不高。因此泗棉 3 号高产群体控制的目标应是将最大的 LAI 控制在适宜的范围内，争取多结铃，通过增加单位叶面积载铃量提高单位叶面积有效生产量来获得高产。

第三节　协调综合丰产性

提高单位面积皮棉产量，要实现这一目标，从技术角度看，主要是从选育高产品种和改善栽培技术入手。由于影响选育高产棉花新品种成效的因素十分复杂，有遗传因素、生理因素、生态因素、环境因素以及这些因素的相互作用等等，还有组成棉花产量结构的诸因素间的相关性以及这些因素同棉花本身其他性状间的相互关系，因此要选育出比现有大面积推广品种增产潜力更大的高产新品种，必须从这些复杂的因素中找出影响较大的主要因素，以促进棉花育种工作取得更大成效。

产量是作物生产的最终目标。村田吉男（1962）将作物产量结构模式分为：

（1）结构要素式单位面积皮棉产量 = 单位面积总铃数 × 铃重 × 衣分，其中单位面积总铃数 = 单位面积株数 × 单株铃数。

（2）物质生产分配式单位面积皮棉产量 = 〔（光合面积 × 光合速率 × 光合时间）− 呼吸消耗〕÷ 土地面积 × 经济系数 × 衣分。

Kerr（1966）根据 Grafius（1956，1964）、Grafius 和 Weibe（1959）建立的谷类作物产量的几何模型，应用于棉花上，提出棉花产量模型（图 3 – 5）。他把子棉产量看成是一个三维立方体：X 轴表示单位面积铃数（B/A）；Y 轴表示每铃种子数（S/B）；Z 轴表示每粒种子的子棉（重）（SCS），被划分为 F（纤维重/种子）和 S（种子重/种子）两部分。纤维产量（皮棉产量）就是 XYF 的体积 = 单位面积的铃数 × 每铃种子粒数 × 每粒种子纤维重。种子产量乃 XYS 的体积 = 单位面积的铃数 × 每铃种子粒数 × 每粒种子重。X、Y、Z 是三轴。其余符号是：B/A 表示铃数/单位面积；S/B 表示种子数/铃；SCS 表示子棉（重）/种子；F 表示纤维（重）/种子；S 表示种子（重）/种子。

Maner（1971）证明 Kerr 模式用于产量育种是有效的。Worly 等（1974）也证明了 Kerr 模式应用于美国东南部高产品种棉花育种计划中，对提高产量也是有积极作用的。

Worly 等（1976）根据他们的育种实践，又将 Kerr 模式扩展为一新的产量模式即：

单位面积皮棉产量（LY/m^2）= 单位面积铃数（B/m^2）× 每铃种子数（S/B）× 每粒种子纤维数（F/S）× 纤维平均长度（ML）× 单位纤维长度的平均重量（Mic，即纤维细度气流仪测定值）。

我国常用的模式为：单位面积皮棉产量 = 单位面积株数 × 单株结铃数 × 单铃子棉重 × 衣分率。

尽管棉铃大小是单铃种子数和单粒子棉重二个生物实体的乘积，而衣分又不是一个生物实体，只是纤维重和子棉重的比率，但它简单而易行，符合棉花本身的实际情况，不失其实用价值，所以为我国普遍采用。

在组成皮棉产量的四个因素中，单位面积株数在一定程度上可通过栽培管理，人为地加以调节。所以，一般认为构成皮棉产量最主要的遗传因素是在密度一致条件下的单株结铃数、铃重和衣分。这三个因素对产量的作用孰大孰小？在选育高产品种时是着重提高品种的结铃性还是着重选育大铃和高衣分的品种？在栽培管理中是着重争取多结铃还是着重其铃重？国内外的学者持有不同的看法。

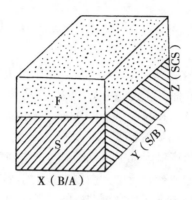

图 3-5　棉花产量的 Kerr 模型

一、与单铃重关系密切

上海市农业科学院作物育种栽培研究所（1975）、上海市棉花高产栽培协作组（1981）、中国农业科学院棉花研究所（1978）以及龚凯棠（1981）等人的调查分析认为，在生产实践中，以单铃重与产量的相关最为密切，决定棉花产量高低的主要因素是铃重。Butany 等（1968）也认为果枝数与铃重对产量的作用最大。

二、与衣分关亲密切

山西省农业科学院棉花研究所（1977）1974—1976 年品比试验中 23 个品种的分析表明，以衣分与产量的相关程度最高。郭振生的分析指出，只有较高的衣分，才能提高皮棉产量。Bridge 等（1971）报道，在 20 世纪 60 年代的后 40 年中美国商业棉花品种产量的改进与衣分的提高有密切关系。

我国一些育种单位在以产量为主要育种目标时，曾把提高品种的铃重和衣分作为主要的目标性状，培育出了一些大铃（如新疆大铃，五一大铃，松滋大铃等）和高衣分（如邢台 6871 等）品种。而事与愿违，两类品种均未取得预计成效，前者往往铃期长，晚熟；后者经常由于籽指小、出苗顶土能力差，难以保全苗，这都影响棉花产量的提高。

单株结铃数是决定于单株花数和脱落率。单株花数除受生态因素的影响以外，还与单株果枝数及每果枝的花数有关，丛生类型单株花数虽多，但脱落率较高。棉株花数和最后成铃数之间的相关一般不高。棉花所开的花数远远超过结铃及最后成熟棉铃的数目，因而脱落率在决定产量上是更重要的因素。脱落率一般决定于遗传因素和环境因素。脱落率首先和品种有关，当然也和栽培环境条件有密切联系。不同品种在不同的环境条件下，可以表现脱落率方面的差异，例如，在雨水充沛地区脱落率低的品种和在灌溉棉区脱落率低的品种往往是一致的，说明脱落率和品种的内在特性有联系。中铃到大铃品种的脱落率一般比小铃品种高。有人认为脱落率低的品种，一般蒸腾率、光合作用率、纤维素形成率都比较高，蕾铃的吸压较强，根系较发达。一般认为，选择高产类型不应该根据蕾数、花数和幼铃数，而成熟的棉铃数是更可靠的产量指标，因为它既根据花数又根据脱落数。

三、与铃数关系密切

国内外大多数的试验结果认为，铃数对产量的贡献最大。俞敬忠（1979）、牛永章等（1981）、中国农业大学棉花育种组（1982）、马藩之等（1985）、周雁声等（1971）、Waldia 等（1970）、Kalwar 等（1983）、Dhanda 等（1984）、Azbhar 等（1984）、Thaiwal8 等（1984）的研究结果都一致认为铃数与产量的相关关系最大，其次是铃重或衣分。说明在 3 个产量因素中，以铃数与产量的关系最为密切。在表示各产量因素对产量直接作用大小的通径分析中，中国农业大学棉花育种组（1982）、翟学军（1983）、朱明哲（1985）、Kataiah（1971）、Waldia 等（1968）、Khorgade 等（1984）、Biyani 等（1983）、Dhanda 等（1984）、Singh 等（1979）的分析结果均一致认为，以铃数与产量的通径系数（P）关系最大，即铃数对产量的贡献最大。在相关分析和通径分析中，虽然多数结果的大体趋势是一致的，但因试验材料等的不同也有些相反结果或者其具体数值不相同。周有耀（1986）综合了国内外众多的试验和报道，综合结果列于表 3 - 17 和表 3 - 18。

表 3 - 17　各产量因素和产量间相关系数（r）的综合结果

性状	r 的变幅	r 的平均值	标准差	统计资料数
铃数	0.0153 ~ 0.979（ - 0.4355 ~ 0.985）	0.7245（0.6399）	0.2553（0.1172）	81（26）
铃重	- 0.46 ~ 0.9981（ - 0.792 ~ 0.99）	0.3483（0.1794）	0.3173（0.4899）	81（26）
衣分	- 0.327 ~ 0.995（ - 0.318 ~ 0.90）	0.3911（0.3918）	0.3354（0.3874）	75（27）

注：括号外为表型相关系数（r_p），括号内为遗传相关系数（r_g）

表 3 - 18　各产量因素与产量间通径系数（P）的综合结果

性状	P 的变幅	平均 P	标准差	统计资料数
铃数	- 0.028 ~ 1.196	0.7250	0.3383	13
铃重	- 0.3796 ~ 1.234	0.4606	0.3381	13
衣分	- 0.207 ~ 1.724	0.3245	0.5543	10

此外，还有人作过回归和复相关等分析，其所得结论大体上也是类同的。Selvaraj 等（1981）用回归分析证明，对子棉产量作用最大的是铃数。Menon 等（1981）用复回归分析指出，每株铃数单独占子棉总产量变异的 71.3%，是子棉产量最强有效的预测变数。陈仲方等（1991）的分析提出，单位面积铃数或单株结铃数的偏回归平方和最大，且达到 1% 的显著水平（表 3 - 19），也说明铃数在产量因素中所起的作用最大。

表 3-19　3 个产量结构模式的多元回归方程中各个偏回归平方和及 F 测验

研究材料		133 个新品系			徐州 73-79	
产量结构模式		I	II	III	I	III
偏回归平方和（U_{pl}）	单位面积株数		35 086.98			
	单位面积铃数	38 3251.88			179 182.26	
	单株铃数		340 036.36	13 141.47		390.62
	单铃重	170 326.97	163 052.91	568.82	101 847.50	550.76
	衣分率	37 254.02	42 595.48	118.74	9 682.90	0.9353
U_{pl} 的 F 值	单位面积株数		85.08**			
	单位面积铃数	2 364.32**			5 414.48**	
	单株铃数		824.53**	289.92**		53.89**
	单铃重	1 056.76**	395.38**	125.74**	3 077.60**	75.98**
	衣分率	229.83**	103.29**	26.25**	292.60**	0.1290
理论 F 值	0.01	6.84	6.84	6.84	7.08	7.08

注：模式 I：y_1（单位面积皮棉产量）$= x_1$（单位面积铃数）$\times x_2$（单铃重）$\times x_3$（衣分率）；模式 II：y_2（单位面积皮棉产量）$= x_1$（单位面积株数）$\times x_2$（单株铃数）$\times x_3$（单铃重）$\times x_4$（衣分率）；模式 III：y_3（单位皮棉产量）$= x_1$（单株铃数）$\times x_2$（单铃重）$\times x_3$（衣分率）

通过上述多方面的分析，不难看出，单株成铃率高，结铃多，是最主要、最可靠的丰产性状。因此，在棉花育种中，为了获得具有高产潜力的品种，应把提高品种的结铃性作为主要的目标性状，选择结铃性强，成铃多的品种作为杂交亲本。在杂种后代的选择中，应把主要注意力集中在育种材料的结铃性上，适当兼顾铃重和衣分，这样会收到更好的效果。

泗棉 3 号产量结构的设计与选育是针对我国主要棉区的生态特点，在结铃数与铃重两因素中，着重协调二者的矛盾，在保证铃重稳定的前提下，提高结铃性；在不影响播种品质的前提下，提高衣分，从而实现结铃多、衣分高和铃重稳，促进皮棉产量的突破。

（一）结铃多

1990—1991 年江苏省棉花品种区域试验，泗棉 3 号两年平均单株结铃数为 24.72 个，比泗棉 2 号多 2.35 个，增加 10.5%。1992 年江苏省棉花品种生产试验中，泗棉 3 号单株结铃数比盐棉 48 多 4.3 个，增 20.8%（表 3-20）。

山西省农业科学院棉花研究所及山东省棉花学会和山东省种子站试验，泗棉 3 号单株结铃数比中棉所 12 分别多 4.1~8.5 个。

泗棉 3 号结铃多，主要表现在成铃强度大、有效成铃时间长，成铃分布均匀和补偿能力强等三个方面。

1. 成铃强度大，有效成铃时间长

据江苏省农林厅作物栽培指导站 1992—1993 年在全省各地试验、示范，每公顷产皮棉 1 500kg 以上的田块，在棉花生长的富照期（7 月 30 日至 8 月 31 日）群体成铃强度达 25 500 个/（hm² · d）。江苏省淮阴市和宿迁市农业局（1999）调查，每公顷产皮棉 1 875kg 以上的田块，7 月 21 日至 8 月 15 日成铃强度 23 190 个/（hm²·d），8 月 16 日至 9 月 7 日成铃强度 22 650 个/（hm²·d），每公顷日增铃大铃 22 500 个的时间长达 49d，成铃率达 32.9%，单株成铃 30.83 个，铃枝比 1.821，每公顷密度 40 380 株，每公顷成铃 1 244 850 个。江苏省兴化市农作物良种繁育中心（1993）试验，在每公顷密度 42 000 株的情况下，单株成铃≥0.48 个持续时间长达 66d，平均成铃率达 38.47%。杨举善等（1994）报道，在江苏省扬州地区棉花成铃强度的变化呈双峰曲线，第一次高峰值出现在 7 月 20~30 日，高产棉田的峰值要比对照高 44.11%，第二次高峰高产棉田出现在 8 月 20~30 日，对照田块则出现在 8 月 10~20 日，高产棉田的峰值数比对照高 45.16%（图 3-6）。在整个成铃过程中，高产棉田成铃期要比对照提早 10d 左右，且大部分时间的成铃数均高于对照，后期下降也较慢，获得了每公顷 1 657.35kg 皮棉的高产，比对照增产 39.98%。纪从亮等（2000）研究结果指出，泗棉 3 号子棉产量分别比苏棉 5 号和中棉所 12 高 1.03% 和 6.03%（表 3-14）。泗棉 3 号在整个成铃阶段都保持较高的成铃强度，其单株每日成铃数平均为 0.48 个，而苏棉 5 号、中棉所 12 则分别为 0.41 个和 0.42 个；泗棉 3 号高成铃强度持续期也较长，达 66d，而苏棉 5 号和中棉所 12 分别为 51d 和 61d（表 3-21）。此外，由表 3-21 还可看出，泗棉 3 号的前期和后期成铃强度均较高，而苏棉 5 号则以后期较高。这表明，成铃强度高且持续时间长是高产品种的重要特征。表 3-22、表 3-23 结果显示，棉田个体及群体各时期现蕾强度和成铃强度与产量密切相关。皮棉达 1 875kg/hm² 以上的超高产田在盛花期现蕾强度大，各试点平均单株每天现蕾数都在 0.8 个以上，特别是 1996 年，棉花生长中期低温寡照、而单株每天成铃数仍大于 0.5 个，充分说明泗棉 3 号自身补偿能力强，在高能同步期能保持较高的成铃强度。各试点棉花单株现蕾强度和成铃强度调查结果表明，高产的获得需要在 6 月 20 日至 7 月 20 日拥有较高的现蕾强度，并于 7 月 30 日至 8 月 30 日拥有较高的成铃强度。综上所述，泗棉 3 号在各地试验，均表现为总果节数多，成铃率高，成铃强度大，成铃时间长等特点。

表 3-20　泗棉 3 号与对照品种产量结构比较

区试名称	品种	单株成铃（个）	铃重（g）	衣分（%）	籽指（g）	衣指（g）	皮棉产量（kg/hm²）
江苏省区试 1990—1991	泗棉 3 号	24.72	4.79	42.51	9.63	7.14	1 346.1
	泗棉 2 号（CK）	22.37	4.86	40.26	9.52	6.32	1 337.1
长江流域区试 1992—1993	泗棉 3 号	18.88	4.86	41.52	9.58	7.47	1 277.6
	泗棉 2 号（CK）	18.44	4.97	40.58	9.52	6.7	1 207.4
江苏省生产试验 1992	泗棉 3 号	25.0	5.17	42.12	9.48	6.93	1 472.0
	泗棉 2 号（CK）	20.7	4.98	37.62	9.63	5.94	1 241.8
山东省品比	泗棉 3 号	24.6	4.5~4.5	44.0			1 415.7
	泗棉 2 号（CK）	16.1	3.9~4.7	39.0			1 022.7
山西省 1994	泗棉 3 号	17.1	3.61	44.0			1 465.2
	泗棉 2 号（CK）	13.0	3.73	38.5			1 131.9

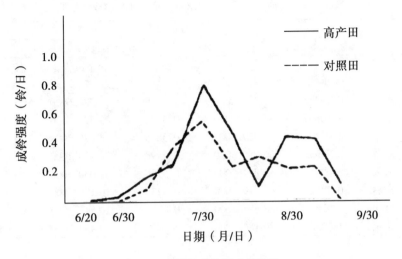

图 3 - 6 棉花成铃强度的变化

表 3 - 21 不同棉花品种的成铃强度和成铃持续期

品种	日期（月/日）					成铃持续期
	7/5 至 7/20	7/21 至 8/5	8/6 至 8/15	8/19 至 8/31	9/1 至 9/20	
	单株每天成铃数					
泗棉 3 号	0.34	0.56	0.27	0.35	0.87	66
苏棉 5 号	0.19	0.35	0.27	0.37	0.89	51
中棉所 12	0.31	0.27	0.37	0.32	0.80	61

注：* 单株每天成铃数 ≥ 0.3 的天数

表 3 - 22 泗棉 3 号皮棉产量在 1 875kg/hm² 以上的个体和群体成铃强度

年份	试点	日期（月/日）				皮棉产量（kg/hm²）
		6/20 至 7/20	7/30 至 8/30		9/1 至 9/20	
		单株每天现蕾数	单株每天成铃数	每公顷棉花每天铃数	每公顷棉花每天成铃数	
1995	铜山	0.589	0.598	19 746.800	12 093.800	2 023.500
	宿迁	0.511	0.559	25 703.300	12 955.500	2 011.500
	沛县	0.463	0.562	24 978.200	13 421.100	1 926.000
	太仓	—	0.340	25 177.500	11 400.000	1 893.000
1996	铜山	1.087	0.580	20 626.500	16 119.000	2 201.300
	宿迁	0.767	0.530	21 690.500	16 119.000	2 187.500
	灌云	0.593	0.310	15 843.000	14 897.100	2 136.000
	沛县	0.723	0.903	27 781.500	6 922.200	1 976.300
	通州	0.673	0.482	29 035.500	35 842.800	1 957.500
	扬州	1.010	0.310	18 600.000	14 325.000	1 916.400

表 3 - 23　泗棉 3 号不同产量水平的个体和群体成铃强度

产量水平 (kg/hm²)	试点	日期（月/日）				
		6/20 至 7/20		7/30 至 8/30		9/1 至 9/20
		单株每天现蕾数	每公顷棉花每天现蕾数	单株每天成铃数	每公顷棉花每天成铃数	每公顷棉花每天成铃数
1 500 ~ 1 875	海门	0.9646	47 465.0000	—	17 528.6000	—
	泰县	1.1053	47 465.0000	0.4732	17 528.6000	9 999.0000
	兴化	1.0440	35 729.6000	0.3875	16 670.3000	4 307.4000
	灌南	0.7793	50 085.3000	0.4490	22 328.1000	3 414.5000
	射阳	1.0231	45 824.9000	0.5786	34 030.5000	3 616.2000
≤1500	常熟	0.7852	44 919.6000	0.3238	10 126.4000	8 311.2000
	海安	0.9780	40 585.1000	0.2203	16 741.1000	3 865.7000
	盐城	1.3258	70 186.5000	0.1973	10 454.7000	15 651.0000

2. 成铃分布均匀

据江苏省农林厅作物栽培技术指导站及原江苏农学院（现扬州大学农学院）统计，泗棉 3 号成铃在时间上的分布为：伏前桃 10% ~ 12%，伏桃 50% ~ 70%，秋桃 20% ~ 30%。伏桃及早秋桃是主体桃，占 80% 以上。空间分布为下部 20% ~ 30%，中部 35% ~ 40%，上部 40% 左右。无论时间上与空间上都能实现三桃齐结。江苏省兴化市农作物良种繁育中心 1992 年试验，泗棉 3 号内围 1 ~ 3 果节平均成铃率 28.58%，比苏棉 2 号高 5.55%，单株平均总铃数比其他品种多 3.3 ~ 9.05 个，伏桃、早秋桃合计为 26.25 个，比其他品种增 2.4 ~ 9.1 个（表 3 - 24），泗棉 3 号不仅总铃数高于其他品种，而且棉株上、中、下，内、外围部位成桃，以及不同季节成桃均高于其他品种，表现成铃分布均匀。

表 3 - 24　各品种（系）不同果节部位成铃率及成铃数比较

项目	果节成铃率（%）				部位成铃率（%）				季节成铃数（个）			单株成铃（个）
	一	二	三	四	上	中	下	伏前桃	伏桃	早秋桃	晚秋桃	
苏棉 5 号	33.52	24.07	23.47	24.45	26.27	19.79	25.13	2.20	13.72	5.18	0.75	21.8
泗棉 3 号	43.61	35.51	33.70	26.49	24.25	32.92	26.86	3.00	15.83	10.42	1.65	30.9
苏棉 4 号	44.55	35.01	31.91	23.12	26.31	31.15	28.14	1.85	9.92	7.88	4.15	23.8
苏杂 16F₁	40.83	34.86	29.35	21.43	25.75	27.82	25.78	2.90	15.55	8.30	0.85	27.6
苏棉 1 号	41.32	31.06	27.91	21.55	22.39	26.45	30.25	3.50	12.27	5.93	0.80	22.5

杨举善等（1994）报道，泗棉 3 号高产棉田三桃均多于对照田块，且越到后期增加幅度越大（表 3 - 25）。其秋桃单株成铃数比对照高 5.4 个，高 12.02%，秋桃增加数占结铃数增加量的 77.7%。再从高产棉田本身三桃分布情况看，也以秋桃比例最大，伏桃、伏前桃相当。说明增结秋桃对棉花高产相当重要。在棉铃的纵向分布上，高产棉花的上、中、下三个部分成铃分布比较均匀，差异较小，均高于对照，其中，差异最大

的是上部果枝，成铃数要比对照多 3.48 个，占增加量的一半以上（表 3 - 26）。因此，要增加棉花成铃，必须在保证中、下部成铃数的基础上，重点主攻棉花的上部成铃。从棉花横向成铃情况看（表 3 - 27），高产棉田各节位的成铃数和成铃率都较高，特别是处于内围第一、第二节位的成铃率分别比对照高 7.51%、6.43%。且第三节以外的果节成铃要占到总铃数的 21.56%，比对照高 9.18%。说明各节位的成铃对棉花高产都有影响，不仅要重视内围果节的成铃，还要注意增加外围果节的成铃。

表 3 - 25　泗棉 3 号棉花"三桃"分布情况

处理	单株成铃（个）	伏前桃		伏桃		秋桃	
		个	%	个	%	个	%
高产田	27.15	3.61	13.30	11.94	43.98	11.60	42.72
对照田	20.20	3.15	15.60	10.85	53.70	6.20	30.70
+ -	+6.95	+0.46	-2.30	+1.09	-9.72	+5.40	+12.02

表 3 - 26　泗棉 3 号棉花成铃的纵向分布

处理	上部		中部		下部	
	成铃数(个)	%	成铃数(个)	%	成铃数(个)	%
高产田	7.89	29.06	9.8	36.1	9.46	34.84
对照田	4.41	21.83	8.53	42.22	7.26	35.95
+ -	+3.48	+7.23	+1.27	-6.12	+2.2	-1.11

表 3 - 27　泗棉 3 号棉株各节位的成铃情况

处理	第一果节位			第二果节位			第三果节位			第三果节位外		
	成铃数（个）	成铃率（%）	占（%）	成铃数（个）	成铃率（%）	占（%）	成铃数（个）	成铃率（%）	占（%）	成铃数（个）	成铃率（%）	占（%）
高产田	8.3	46.46	30.57	6.97	38.99	25.67	6.03	33.9	22.2	5.186	34.4	21.56
对照田	6.7	38.95	33.17	5.6	32.56	27.67	5.40	31.4	26.73	2.50	30.84	12.18
+ -	+1.6	+7.51	-2.6	+1.37	+6.43	-2.05	-0.63	+2.5	-4.53	+3.36	3.56	9.18

　　泗棉 3 号的四桃分布比较协调、平衡，利用其早熟特性，早结伏前桃而实现高产（表 3 - 28）。因为结住了伏前桃，向前延伸了有效结铃的时间和空间，结住了伏前桃可使蕾期至始花期植株生长稳健，为合理增施花铃肥、增结伏桃和秋桃奠定了较好的生理基础。实现高产的合理成铃分布是，伏前桃占 10% 左右，伏桃占 50% ~ 55%，早秋桃占 25% ~ 30%，晚秋桃占 10% 左右。江苏省高产棉区秋桃（早秋桃 + 晚秋桃）占 40% 左右，有利于发挥泗棉 3 号结铃性强的特点，促进总体成铃数和产量的提高。

表 3 – 28　江苏省不同棉区泗棉 3 号的四桃分布（纪从亮等，2000）

棉区	类型	伏前桃 （7 月 20 日）		伏桃 （7 月 21 日至 8 月 15 日）		早秋桃 （8 月 16 ~ 31 日）		晚秋桃 （9 月 1 ~ 15 日）		皮棉产量 （kg/hm²）
		（个）	（%）	（个）	（%）	（个）	（%）	（个）	（%）	
徐淮	高产田	4.6	14.5	14.9	46.9	8.7	27.4	3.6	11.3	1 912.5
	大面积生产	2.1	10.4	11.3	55.9	5.7	28.2	1.1	5.4	1 101.0
里下河	高产田	1.7	7.2	12.6	52.0	7.4	30.5	2.5	10.3	1 807.5
	大面积生产	0.9	4.8	10.1	53.7	6.0	31.9	1.8	9.6	1 153.5
沿江	高产田	3.5	14.0	11.9	47.6	7.4	29.6	2.2	8.8	1 933.5
	大面积生产	1.6	9.1	9.9	56.6	4.7	26.9	1.3	7.4	1 132.5
沿海	高产田	2.3	10.7	10.9	50.7	6.5	30.2	1.8	8.4	1 791.7
	大面积生产	1.0	6.0	9.6	57.8	5.1	30.7	0.9	5.4	1 027.5

　　棉花高产群体首先要上、中、下"三桃"齐结，并且空间分布要均匀合理。泗棉 3 号结铃空间分布随总铃数的增加而逐步趋向均匀合理（表 3 – 29）。从上、中、下 3 部结铃情况看，随着总铃数的增加，中、下部铃的绝对数提高，而所占比例则略有下降，下部铃保持在 33% 左右，中部铃保持在 35% 左右；上部铃占总铃数的比例也随总铃数的增加而上升。从第一、第二果节内围铃看，虽然所占比例随总铃数的增加而呈下降趋势，但其绝对值增加，并与总铃数呈极显著正相关，相关系数 $r = 0.9815^{**}$；从上部 3 台果枝的结铃看，其结铃数及所占比例均随总铃数的增加而增加，且呈极显著正相关，相关系数 $r = 0.9825^{**}$。每公顷总铃数在 9×10^5 个以下的田块，上部 3 台果枝结铃仅 1.72 个，占总铃数的 10.4%，说明其早衰明显，顶部优势没有很好发挥，是导致低产的重要原因之一。而总铃数在 1.2×10^6 个以上的高产田块，不仅上、中、下 3 部结铃比较均匀，而且上部 3 台果枝结铃高达 5 个左右，均占总成铃数的 20% 左右。这充分说明其顶部优势得到了较好发挥，是获得高产的重要原因之一。

表 3 – 29　泗棉 3 号结铃空间分布（纪从亮等，2000）

每公顷铃数 （×10⁴）	单株总 成铃数	下部		中部		上部		第一、 第二节铃		上部 3 台果 枝结铃数	
		（个）	（%）	（个）	（%）	（个）	（%）	（个）	（%）	（个）	（%）
<90	16.53	6.70	40.50	6.12	37.00	3.71	22.40	11.23	67.90	1.72	10.40
90 ~ 105	20.65	7.33	35.50	7.57	36.70	5.75	27.80	11.57	56.00	3.57	17.30
105 ~ 120	22.39	7.70	34.40	7.95	35.50	6.74	30.10	12.49	55.80	4.27	19.10
120 ~ 135	25.19	8.28	32.90	8.94	35.50	7.96	31.60	13.81	54.80	4.91	19.50
135 ~ 148.5	29.11	9.54	32.80	10.31	35.40	9.26	31.80	15.18	52.10	5.61	19.30
>148.5	30.60	10.10	33.00	10.82	35.40	9.68	31.60	15.30	50.00	6.40	20.90

　　泗棉 3 号在江苏射阳县的超高产（每公顷密度 4.65 万株，单株铃 26.8 个，每公顷总铃 124.62 万个），高产（每公顷密度 4.65 万株，单株铃 21.73 个，总铃 101.04 万

个）和中产（每公顷密度 4.95 万株，单株铃 15.41 个，每公顷总铃 76.23 万个）3 种类型的田块的成铃分布特点如下：

第一，棉株上、中、下各部位成铃分布。

超高产田棉株上、中、下各部位的成铃数分别为 6.1、10.1、10.6 个，比例为 1∶1.66∶1.74，成铃率分别为 21.9%、31.5%、32.8%；高产田棉株上、中、下各部位的成铃数分别为 4.6、9.0、8.13 个，比例为 1∶1.96∶1.77，成铃率分别为 20.6%、37.26%、34.5%；中产田棉株上、中、下各部位的成铃数分别为 3.7、5.0、6.7 个，比例为 1∶1.35∶1.81，成铃率分别为 25.17%、28.19%、35.14%。超高产田棉株上、中、下各部位成铃数均较多，比高产田，中产田上部分别多 1.5、2.4 个；中部分别多 1.1、5.1 个；下部分别多 2.47、3.9 个。超高产田棉抹中、下部成铃数相近，中、下部与上部成铃比例比高产田小，比中产田大。3 种类型田棉株中、下部成铃数、成铃率均较高，是成铃分布的主要部位，上部成铃数，成铃率均较低（表 3－30）。

表 3－30　三种类型田块棉株上、中、下各部位成铃分布（金文奎等，1996）

项目	上部			中部			下部		
	成铃数	成铃率	占全株铃（%）	成铃数	成铃率	占全株铃（%）	成铃数	成铃率	占全株铃（%）
超高产田	6.1	21.90	22.90	10.1	31.50	37.60	10.60	32.80	39.50
高产田	4.6	20.60	21.20	9.0	37.26	41.50	8.13	34.50	37.30
中产田	3.7	25.17	23.85	5.0	28.19	32.23	6.70	34.14	43.92

从棉株上、中、下三部位成铃情况来看：棉花高产栽培不仅应增加棉株中、下部成铃，更重要的是改善棉株中后期的生长环境，提高棉株上部的成铃数和成铃率，努力实现三桃齐结。

第二，棉株各果枝同节位的成铃分布。

超高产田棉株各果枝 1～4 个果节的成铃数分别为 7.7、6.9、4.3、3.3 个，比例为 2.33∶2.09∶1.3∶1，成铃率分别为 47.9%、42.8%、26.6%、21.2%，果枝果节序外延（X）与成铃数变化（Y）的回归方程为 $Y = 9.5 - 1.58X$。高产田棉株各果节 1 至 4 个果节的成铃数分别为 7.4、7.0、4.5、1.4 个，比例为 5.28∶5∶3.21∶1，成铃率分别为 56.3%、46.1%、29.5%、9.3%，果枝果节序外延（X）与成铃数变化（Y）的回归方程为 $Y = 10.5 - 2.05X$。中产田棉株各界枝 1～4 个果节的成铃数分别为 5.8、5.0、2.6、0.9 个，比例为 7.56∶5.56∶2.89∶1，成铃率分别为 49.92%、36.65%、18.75%、6.44%，果枝果节序外延（X）与成铃数变化（Y）的回归方程为 $Y = 8.85 - 2.01X$。从以上分析看出，超高产田，高产田、中产田的棉株各果枝随着果节序的外延成铃数、成铃率、成铃比率均逐步递减，但超高田递减的幅度较小，果节位序每外延 1 个，成铃数减少 1.58 个，而高产田、中产田递减幅度较大，果节位序每外延 1 个，成铃数分别减少 2.05 个、2.01 个。内围果节成铃率较高，第 3 果节、第 2 果节成铃占到全株成铃的 60%，是棉株的主要成铃部位，成铃率在 40% 左右；外围果节成铃率较低，

第 3 果节位平均成铃率 17.9%，第 4 果节位平均成铃率仅为 7.89%（表 3 - 31）。

表 3 - 31　三种类型田块棉株果节位成铃分布（金文奎等，1996）

项目	第 1 果节位			第 2 果节位			第 3 果节位			第 4 果节位		
	成铃数	成铃率	占全株铃(%)	成铃数	成铃率	占全株铃(%)	成铃数	成铃率	占全株铃(%)	成铃数	成铃率	占全株铃(%)
超高产田	7.7	47.90	28.98	6.9	42.80	26.60	4.3	26.60	16.1	3.3	21.20	12.20
高产田	7.4	56.30	34.10	7.0	46.10	32.20	4.5	29.50	20.8	1.4	9.30	6.30
中产田	6.8	49.92	44.78	5.0	36.65	32.55	2.6	18.75	16.8	0.9	6.44	5.87

从棉株各果枝同果节的成铃情况来看，棉花高产栽培应在改善棉田通风透光条件增结内围成铃的基础上，合理增加肥料投入，努力增加外围果节的成铃，以达到提高整个棉株的成铃率和单位面积的成铃数的目的。

第三，棉株各圆锥体的成铃分布

棉花超高产田棉株 1 至 5 圆锥体成铃数分别为 1.2、3、4.8、3.7、4.1 个，比例为 1：2.5：4：3.1：3.4，成铃率分别为 39.97%、50.67%、54.45%、32.95%、28.75%，圆锥体序数增加（X）与成铃数变化（Y）的回归方程为 $Y = 1.41 + 0.65X$。棉花高产田棉株 1 至 5 圆锥体成铃数分别为 1、2.37、5.5、4.75、3.75 个，比例为 1：2.37：5.5：4.75：3.75，成铃率分别为 33.3%、41.26%、65.44%、37.77%、28%，圆锥体序数增加（X）与成铃数变化（Y）回归方程为 $Y = 2.31 + 0.388X$。棉花中产田棉株 1 至 5 圆锥体成铃数分别为 1.2、3.5、3.6、3.6、1.6 个（第 5 圆锥体的第 1 果节的三台果枝没有成铃，记为 0），比例为 1：2.95：3：3：1.33，成铃率分别为 39.97%、65.63%、40.84%、33.45%、12.5%，圆锥体序数增加（X）与成铃数变化（Y）回归方程为 $Y = 2.12 + 0.18X$（表 2 - 32）。从以上数据看出，3 种不同产量的类型田棉株第 1 至第 3 圆锥体的成铃数、成铃率逐渐增加，至第 3 圆锥体成铃数达最大值，以后随着圆锥体序数增加呈逐渐减少的趋势。从圆锥体序数增加与成铃数变化的回归方程来看，超高产田到中产田的成铃数逐渐下降，超高产田的成铃数增加幅度较大，圆锥体序数每增加 1，成铃数增加 0.65 个，高产田的成铃数增加幅度较少，圆锥体序数每增加 1，成铃数增加 0.388 个，中产田成铃数增加的幅度最小，圆锥体序数每增加 1，成铃数只增加 0.18 个（表 3 - 32）。

表 3 - 32　3 种类型田块棉株各圆锥体成铃分布（金文奎等，1993）

项目	第 1 圆锥体			第 2 圆锥体			第 3 圆锥体		
	成铃数	成铃率	占全株铃(%)	成铃数	成铃率	占全株铃(%)	成铃数	成铃率	占全株铃(%)
超高产田	1.2	39.97	4.22	3.00	50.67	11.80	4.8	54.43	18.40
高产田	1.0	33.30	4.66	2.37	41.26	11.04	5.5	65.44	22.46
中产田	1.2	39.97	8.11	3.50	65.63	23.97	3.6	40.84	23.69

（续表）

项目	第 4 圆锥体			第 5 圆锥体		
	成铃数	成铃率	占全株铃（%）	成铃数	成铃率	占全株铃（%）
超高产田	3.70	32.95	12.92	4.10	28.75	15.08
高产田	4.75	37.77	21.99	3.75	28.00	16.97
中产田	3.60	33.45	26.32	1.60	12.50	10.40

从棉株各圆锥体的成铃分布情况来看，棉花高产栽培应努力增加圆锥体的数量，增加上部圆锥体的成铃数，建立健壮的棉花个体与群体结构。泗棉 3 号高产栽培应以提高群体质量为核心，建立起上、中、下三桃齐结，内外围铃同步增长的成铃分布模式，努力挖掘棉花的增产潜力。

3. 补偿能力强

泗棉 3 号生长期间，某个时段因灾害造成损失，灾后能迅速补上，自我调节补偿能力强。1994 年江苏省兴化市农作物良种繁育中心调查，中期高温干旱，泗棉 3 号中部第 5～6 台果枝上第 1～2 果节脱落严重，成铃少，而第 3～4 果节开花成铃率达 50.7%～64%，亚果枝、亚果节成铃率占总铃数 3.6%～10.8%，迅速补偿了内围果节脱落损失。江苏省淮北地区，1993 年 8 月 5～23 日连续阴雨，原江苏省泗阳棉花原种场泗棉 3 号原种圃棉株中下部内围铃脱落严重，8 月 23 日以后天气转晴，成铃率迅速提高，上部三层果枝成铃率高达 65% 以上，单株亚果平均 5 个，多的达 15 个。江苏省宿迁市三树乡调查，7 月 20 日至 8 月 15 日阴雨期间泗棉 3 号成铃强度 13 860 个/（hm² · d），后期 8 月 16 日至 9 月 20 日成铃强度达 24 090 个/（hm² · d），具有较强的自我调节补偿能力，可以最大限度地减少产量损失，实现高产稳产。

（二）衣分高

衣分是一定重量子棉中皮棉所占的比率。测定衣分的公式如下：

$$衣分（\%）= \frac{皮棉}{种子 + 皮棉} \times 100$$

从公式可以看出，衣分是相对数据，不是选择高产品种的完全可靠的指标，因为衣分比较高，不但可能由于皮棉产量的确比较高（这当然是理想的），也可能由于种子重量减轻，而这是品种退化的表现，不可能是高产品种，而且比较大的种子虽然可能使衣分有所减轻，但并不一定减少棉铃中纤维的实际数量，甚至比种子小的可能更多一些。因此，单纯根据衣分一项指标，对于单位面积的纤维产量不可能有完全可靠的指导意义，而且可能导致种子较小的品种的产生。因为这样的品种往往是衣分比较高的。

衣分是主要的产量构成因素之一。相关分析结果表明，衣分同皮棉产量呈显著正相关，而同铃数及铃重无显著相关，故提高衣分在产量因素的平衡与协调上不会产生负作用。因此高产育种必须注重衣分的提高。美国 Bridge 和 Meredith1978 年、1979 年将过时品种与现时品种进行种植比较后认为，现时品种皮棉产量的增加，主要是衣分起作用。前苏联育种家西蒙古良指出，提高品种衣分是育种家不可推御的责任。提高衣分可以增加产量，但衣分高又往往使籽指变小，影响播种品质。泗棉 3 号选育方法是从提高衣指着手来提高衣分，育成的泗棉 3 号大样衣分一般 42% 左右，小样衣分高的达到 46%，衣指较泗棉 2 号及盐棉 48 增加 0.8～1.03g，籽指略高或相当，衣分较泗棉 2 号及盐棉 48 增 2%～4%。虽然衣分有大幅度提高，但因籽指没有下降，没有影响播种品质，出苗性还略好。泗棉 3 号是在长江流域试验中（1984—1993 年）皮棉产量首次超过泗棉 2 号的品种，也是衣分上第一个超过泗棉 2 号的品种，可见衣分的提高在泗棉 3 号的增产作用中具有举足轻重的意义。另外泗棉 3 号不仅表现衣分高，而且表现衣分的稳定性好，不同年份及试验点间衣分的变异系数小，既有利于高产，也有利于稳产。

泗棉衣分改良的关键技术，是从亲本选配开始，注重选择籽指重量较大而衣分又较高的类型进行配组，通常情况下衣分过低的材料尽可能避免使用，作用中间材料改造利用除外，同时选择至关重要，衣分这一性状属于多基因影响的数量性状，从杂交低世代到基本稳定以后的高世代，加强选择始终存在选择效果，包括对已经推广品种的良种繁育，只要注意选择衣分会不断有所提高，这是一个人工选择的方向与自然选择的方向截然相反的性状，生产上品种退化首先表现为衣分下降，一般情况下原种、纯度高的良种比较多代种、混杂退化种衣分会有显著的差异，因此，稳定与提高品种衣分关键在于人工选择，加大选择强度，减少取样、扎花、称重量等过程中的人为误差，可以提高选择效果。

（三）铃重稳

这一性状的实践意义是双重的，单铃重量直接和产量有关，大铃品种收花省工、比小铃品种容易。但大铃品种往往成熟较晚，有的还铃壳较厚，特别在铃期雨水较充足的地区，容易引起吐絮不畅，僵瓣、烂铃增加等不良现象。

实践证明，大的棉铃不一定就是子棉重的棉铃，因为不同品种间铃壳的厚度有一定差异。据测定，不同陆地棉品种铃壳平均厚度（棉铃直径最大处）的变异范围为 1.8～2.3mm，因此，一般都不用体积衡量棉铃的大小，而用平均单铃子棉的重量表示。

不同的育种材料单铃重量有相当大的差异。陆地棉品种最大棉铃平均重量的上限可以达到或超过 10g，小铃品种正常棉铃的平均重量只有 3g 左右。

棉花的单铃重量在不同环境条件下，可以有相当大的变异。据研究，水分在这方面起着特殊重要的作用。开花日期不同的棉铃，重量也有不同。因此，当研究不同品种的单铃重时，应该采用较多数量的棉铃，以便减少由于环境影响所引起的试验误差。

棉花生产上铃重相差 0.5g，即影响 10% 以上的皮棉产量，可见提高铃重对增加产量具有何等重要作用。然而育种上，多数试验，大铃品种往往并不高产，相关分析表明，铃重与皮棉产量相关不显著或呈弱负相关，究其原因，主要是大铃品种影响结铃性的提高所致。泗棉 3 号在铃重的选择上，着重于铃的整体性与一致性，不同部位及不同时间的成铃受环境的影响小，无老小桃，铃重中等且较稳定。江苏省棉花品种区域试验（1990—1991）两年泗棉 3 号铃重的变异系数为 2.85%，而其他品种分别为 3.41%～4.36%。山东省 5 个点试验（1994），泗棉 3 号铃重变幅只 0.05g，而中棉所 12 则为 0.81g。泗棉 3 号在不同试点，不同年份，铃重能保持相对稳定，表明铃重受环境影响较小，有利于稳产高产。

泗棉 3 号铃壳重只有 1.4 g，比苏棉 5 号轻 0.64 g，铃壳轻从而减少了对光合产物的消耗，有利于协调同结铃性的矛盾。泗棉 3 号铃重比泗棉 2 号轻 0.1 g，产量的损失通过增加结铃与提高衣分得以补偿。1992 年在江苏省棉花品种生产试验中，与盐棉 48 相比，泗棉 3 号"三增"并举，即铃数增 4.3 个，衣分增 4%，铃重增 0.19g，最终皮棉产量增加 20%，可见泗棉 3 号是一个产量结构协调、综合丰产性好的品种。

第四章　高产机理探析

泗棉 3 号品种以高产稳产著称。根据数量遗传学的观点，作为表现型（P）的作物产量是遗传型（G）、即品种与环境（E）相互作用的结果，其表达式为：P = G + E + (GE)（一般表示为 P = G + E）。当然，环境因素（包括栽培技术措施和自然生态因素）只有通过品种（遗传型）才能发挥作用，也就是说品种（G）是内因，环境（E）是外因，外因只有通过内因才能起作用。由此可知，决定农作物产量高低的关键因素是遗传（G），特别是在外界环境条件相同的情况下，品种产量的高低更是由遗传（G）因子决定。因此，研究农作物品种产量的内在决定因子——遗传机制与生理生化机制，可为充分发挥品种增产潜力，以及对品种产量作进一步遗传改良提供科学依据。而探索泗棉 3 号高产稳产的遗传生理机制，将为棉花品种改良和高产栽培模式的建立奠定理论基础。

第一节　遗传机制

棉花产量表现为数量性状遗传。盖钧镒等（1997）认为，主基因 + 多基因混合遗传模型是数量性状的通用模型，单纯的主基因和单纯的多基因模型为其特例，由此发展了适合植物数量性状遗传体系检测的试验方法和统计分析方法。利用这一方法对棉花产量及其构成因素等性状进行遗传分析，有助于阐明棉花高产性状的遗传机制，为产量性状的 QTL 检测奠定基础；了解棉花产量性状遗传机制对育种工作也具有重要意义。张培通等（2006）选用泗棉 3 号为亲本，与产量表现有较大差异的西班牙陆地棉栽培品种 Carmen 杂交，分别配置其重组自交系（RIL）和 P_1、P_2、F_1、F_2、B_1 和 B_2 共 6 个世代的分离群体，进行了 2 年 2 地的多环境试验研究。研究结果表明，泗棉 3 号皮棉产量及其产量构成因素的最适遗传模型都为主基因 + 多基因混合遗传模型，说明存在控制这些性状的主基因。所有性状在不同环境中的遗传模型不同，同时，各性状在不同环境中的主遗传率变化较大，而多基因遗传率在不同环境中变化相对较小，这表明，环境影响数量性状主基因的表达，对多基因的表达也存在影响，对环境间差异较大性状的研究和选育，要在特定的环境中进行，才能提高效率。

表 4 – 1、表 4 – 2 是利用 P_1、P_2 和 RIL 群体三世代联合分析方法，分别对 3 个环境中该组合单株皮棉产量进行主基因 + 多基因混合遗传模型分析，其 AIC 值和适合性检验结果表明，单株皮棉产量在环境 I 的最适模型为 E – 1 – 7 模型，即 2 对主基因为互补作用 + 加性 – 显性多基因模型（主基因不连锁）；环境 II 的最适模型是 E – 1 – 6 模型，即 2 对主基因为累加作用 + 加性 – 显性多基因模型（主基因不连锁）；环境 III 的最适模型是 E – 1 – 6 模型，即 2 对主基因为累加作用 + 加性 – 显性多基因模型（主基因不连

锁）。表 4 - 3 是利用 P_1、P_2 和 RIL 群体三世代联合分析 P_1、P_2、F_1、F_2、B_1、B_2 六世代联合分析分别在 3 个环境中单株皮棉产量的遗传模型。三世代联合分析结果表明（表 4 - 3），单株皮棉产量符合 2 对主基因为累加作用 + 加性 - 显性多基因模型（主基因连锁），表现为以主基因遗传和多基因遗传并重。六世代联合分析结果表明（表 4 - 3），单株皮棉产量符合 1 对主基因 + 多基因混合遗传模型，其遗传参数估计值在不同环境中表现也有差异，同时，表现为以多基因遗传为主，总遗传率相对较低。这两种方法分析结果表明，控制泗棉 3 号产量有主基因的存在，同时，多基因遗传在棉花产量遗传中具有重要作用。

表 4 - 1 单株皮棉产量遗传模型分析 AIC 值（张培通等，2006）

模型	AIC 值			模型	AIC 值		
	环境 I	环境 II	环境 III		环境 I	环境 II	环境 III
A - 0	2 056.172	2 518.348	2 254.818	E - 2 - 2	1 800.342	2 244.804	2 007.484
C - 0	1 795.143	2 305.366	1 997.217	E - 2 - 3	1 798.349	2 269.725	2 005.567
C - 1	1 794.339	2 298.758	2 005.159	E - 2 - 4	1 798.099	2 267.727	1 997.393
D - 0	1 797.149	2 302.209	1 995.427	E - 2 - 5	1 798.100	2 268.298	1 997.391
D - 1	1 796.340	2 265.576	2 003.486	E - 2 - 6	1 797.981	2 268.298	1 998.036
E - 1 - 0	1 800.213	2 269.038	1 999.198	E - 2 - 7	1 796.133	2 266.944	1 999.217
E - 1 - 1	1 798.216	2 268.514	1 997.723	E - 2 - 8	1 796.133	2 266.901	1 999.217
E - 1 - 2	1 798.343	2 267.733	2 005.484	E - 2 - 9	1 797.069	2 267.574	1 996.136
E - 1 - 3	1 796.342	2 265.731	2 005.184	F - 1	1 805.406	2 289.008	2 001.281
E - 1 - 4	1 796.217	2 266.844	1 999.031	F - 2	1 825.188	2 287.316	2 048.131
E - 1 - 5	1 796.213	2 266.844	1 999.031	F - 3	1 796.988	2 280.317	2 006.286
E - 1 - 6	1 796.213	2 242.804	1 996.045	F - 4	1 797.419	2 300.316	2 004.097
E - 1 - 7	1 794.213	2 264.997	2 003.785	G - 0	1 807.945	2 266.555	2 006.457
E - 1 - 8	1 794.214	2 264.996	2 003.785	G - 1	1 805.950	2 270.457	2 004.453
E - 1 - 9	1 795.073	2 265.573	1 998.406	G - 2	1 798.345	2 267.727	2 005.454
E - 2 - 0	1 801.973	2 246.909	2 001.586	G - 3	1 796.238	2 265.948	2 002.486
E - 2 - 1	1 799.979	2 246.909	1 999.376	G - 4	1 798.348	2 267.726	2 007.176

表 4 - 2 模型适合性检验结果（张培通等，2006）

环境	模型	世代	U_1^2	U_2^2	U_3^2	nW^2	D_n
环境 I	E - 1 - 7	P_1	0.037 (0.848)	0.077 (0.782)	0.133 (0.716)	0.075	0.188（$D_{0.05} = 0.393$）
		P_2	0.151 (0.700)	0.054 (0.816)	0.329 (0.566)	0.149	0.232（$D_{0.05} = 0.377$）
		RIL	0.003 (0.960)	0.016 (0.900)	0.096 (0.756)	0.046	0.031（$D_{0.05} = 0.081$）

（续表）

环境	模型	世代	U_1^2	U_2^2	U_3^2	nW^2	D_n
环境Ⅱ E-1-6		P_1	0.112 (0.738)	0.055 (0.815)	4.986*	0.165	0.267 （$D_{0.05}=0.453$）
		P_2	0.154 (0.694)	0.379 (0.538)	0.883 (0.347)	0.103	0.204 （$D_{0.05}=0.410$）
		RIL	0.064 (0.800)	0.082 (0.775)	0.026 (0.872)	0.034	0.037 （$D_{0.05}=0.082$）
环境Ⅲ E-1-6		P_1	1.075 (0.300)	0.797 (0.372)	0.199 (0.656)	0.236	0.312 （$D_{0.05}=0.430$）
		P_2	0.606 (0.436)	0.916 (0.337)	0.660 (0.417)	0.199	0.355 （$D_{0.05}=0.514$）
		RIL	0.004 (0.950)	0.015 (0.904)	0.059 (0.808)	0.033	0.031 （$D_{0.05}=0.081$）

注：括号内数据为概率

表 4-3 两种多世代联合分析法估计的单株皮棉产量遗传参数（张培通等，2006）

分析方法	参数	环境Ⅰ	环境Ⅱ	环境Ⅲ
		E-1-7	E-1-6	E-1-6
三世代联合分析	m	24.864	34.813	29.091
	d	—	16.646	0.023
	i^*、i	2.261	0.835	-4.433
	$[d]$	0.528	0.653	-4.429
	h_{mg}^2（%）	22.62	27.965	48.719
	h_{pg}^2（%）	17.56	31.635	49.024
		D-2	D-3	D-4
六世代联合分析	m	19.8788	32.7178	26.0317
	d	-2.9228	1.3455	-0.03855
	i^*、i	2.6045	11.7497	2.0890
	$[d]$	4.1006	9.0904	12.2802
	h_{mg}^2（%）	7.248	0.654	1.149
	h_{pg}^2（%）	16.878	22.142	29.543

注：m 表示中亲值，d 表示主基因的加性效应，i 表示加性×加性互作，$[d]$ 表示多基因加性效应，$[h]$ 表示多基因显性效应。h_{mg}^2 为主基因遗传率，h_{pg}^2 为多基因遗传率

用三世代联合分析法对产量构成因素及其相关性状进行遗传模型分析的结果（表 4-4）表明，棉花产量构成因素至少在 1 个环境中符合主基因 + 多基因混合遗传模型，说明存在控制产量构成因素的主效基因。但同一性状在不同环境中的遗传模型并不一致，除单株成铃数外，其他性状都至少在 1 个环境中为无主基因遗传模型，成铃率、铃重和衣分仅在 1 个环境中符合主基因 + 多基因模型，表明环境对产量构成因素影响大。总体来看，各性状多基因遗传率都明显高于主基因遗传率，说明产量构成因素是以多基因遗传为主。产量构成因素的总遗传率都较高，但在环境间遗传率差异较大，表现

相对稳定的性状为籽指、衣指和衣分，表现最不稳定的是铃重和成铃率。各性状主基因遗传率在不同环境中的变化较大，而多基因的遗传率变化相对较小，这表明极端环境的差异，长江、黄河流域棉区对主基因的表达影响较大。4 个与产量密切相关的重要农艺性状，籽指、衣指、百粒子棉重和单铃种子数至少在 1 个环境中符合主基因 + 多基因遗传模型，表明存在控制这些性状的主基因，这些性状在不同环境中的遗传模型也有较大差异。除衣指外，其他性状至少在 1 个环境中适合无主基因模型，但比产量构成因素稳定，说明环境对这些性状的影响相对较小。这些性状的总遗传率都较高，其中百粒子棉重、籽指和衣指的遗传率高达 90% 左右，总遗传率最低的性状为单铃种子数。这些性状都为多基因遗传为主。各性状的主基因遗传率在 3 个环境中变化较大，而多基因遗传率变化相对较小，并且遗传率高的性状的多基因遗传率更稳定，同样说明环境对主基因的表达存在较大的影响，对多基因遗传也存在一定影响，表现为遗传率越高，环境影响越小。

用六世代联合分析法对 3 个环境的产量构成因素进行分析，结果（表 4 - 5）表明，棉花产量构成因素至少在 2 个环境中符合主基因 + 多基因混合遗传模型，但同一性状在不同环境中的遗传模型并不一致，除单株果节数外，其他性状都至少在 1 个环境中为无主基因遗传模型，而铃重和衣分在 3 个环境中遗传模型变化最大。各性状主基因遗传率在不同环境中变化很大，变幅最大的是铃重和衣分，而单株果节数和成铃率比较稳定，但这 2 个性状的主基因遗传率较低，表明产量构成因素的主基因的表达受环境条件影响较大。各性状多基因遗传率在不同环境中也存在差异，但与主基因相比，表现明显稳定。虽然在不同环境中存在较大差异，总体表现，单株果节数、铃重和衣分为主基因遗传和多基因遗传并重，而成铃率和单株成铃数是以多基因遗传为主。产量构成因素中总遗传率较高的性状为单株成铃数、铃重、衣分，而单株果节数和成铃率较低。表明遗传率低的性状表现受环境影响大。在 3 个环境中对与产量密切相关的 4 个重要农艺性状籽指、衣指、百粒籽棉重和单铃种子数进行遗传模型分析，结果表明，籽指、衣指、百粒子棉重和单铃种子数在 3 个环境中都符合主基因 + 多基因遗传模型，在不同环境中的遗传表现也有较大差异，但比产量构成因素稳定，说明存在控制上述 4 个性状的主基因。籽指是以主基因遗传为主的性状，其主基因遗传率最高，明显大于多基因遗传率，而其他 3 个性状都为多基因遗传为主。总遗传率最高的性状为百粒子棉重和衣指，总遗传率最低的性状为单铃种子数。

表 4 - 4　三世代联合估计的产量构成因素遗传参数（张培通等，2006）

遗传参数	单株果节数			成铃率 (%)			单株结铃数 (个)			铃重 (g)			衣分 (%)		
环境	Ⅰ	Ⅱ	Ⅲ	Ⅰ	Ⅱ	Ⅲ	Ⅰ	Ⅱ	Ⅲ	Ⅰ	Ⅱ	Ⅲ	Ⅰ	Ⅱ	Ⅲ
	C	E-1-4	C	E-2-5	C	C	E-1-9	E-2	E-1-3	E-2-5	C	C	C	C	E-2.6
m	43.842	91.944	51.209	42.978	23.037	31.761	13.826	24.257	15.788	4.605	4.239	4.940	39.870	441.006	36.263
d	/	/	/	/	/	/	/	4.384	0.532	/	/	/	/	/	4.061
d_a	/	-3.819	/	5.967	/	/	/	/	/	0.246	/	/	/	/	/

（续表）

遗传参数	单株果节数			成铃率（%）			单株结铃数（个）			铃重（g）			衣分（%）		
环境	I	II	III	I	II	III	I	II	III	I	II	III	I	II	III
d_b	/	11.193	/	19.514	/	/	/	/	/	−0.504	/	/	/	/	/
i	/	/	/	/	/	/	/	/	/	/	/	/	/	/	/
i^*	/	/	/	/	/	/	−0.592	/	/	/	/	/	/	/	/
$[d]$	0.2667	3.3067	1.478	9.757	7.298	3.482	0.5921	2.384	1.595	−0.126	−0.120	−0.234	3.010	5.193	−2.494
h_{mg}^2（%）	/	2.622	/	45.563	/	/	7.594	15.339	34.359	21.406	/	/	/	/	24.918
h_{pg}^2（%）	50.944	58.720	75.231	6.716	81.731	90.317	62.161	53.804	48.063	6.044	89.504	89.950	56.528	61.840	56.500

遗传参数	籽指（g）			衣指（g）			单铃种子数（粒）			百粒子棉重（g）		
环境	I	II	III	I	II	III	I	II	III	I	II	III
	C	C	E-2-6	E-1	E-1-7	E-1-9	C	E-1-5	E-2-5	E-1	E-1-9	C
m	8.682	10.714	10.573	5.874	7.697	5.984	29.997	23.947	36.473	14.694	18.355	16.210
d	/	/	−1.558	/	/	/	/	/	/	/	/	/
d_a	/	/	/	0.210	/	/	/	−0.606	6.328	−0.379	/	/
d_b	/	/	/	0.210	/	/	/	2.733	−12.688	−0.377	/	/
i	/	/	0.253	0.210	/	/	/	/	/	0.377	/	/
i^*	/	/	/	/	−0.503	0.251	/	/	/	/	−0.422	/
$[d]$	−0.584	5.193	−0.576	−0.361	1.331	0.466	0.595	−1.450	3.541	0.055	−0.502	0.200
h_{mg}^2（%）	/	/	23.447	54.334	27.790	10.724	/	42.165	16.815	35.940	5.049	/
h_{pg}^2（%）	86.377	88.849	69.715	32.838	64.714	76.448	15.956	37.989	61.184	56.236	91.519	95.750

注：d_a、h_a 分别表示主基因 a 的加性效应和显性效应，d_b、h_b 分别表示主基因 b 的加性效应和显性效应，i 表示加性×加性互作，j_{ab} 表示加性×显性互作，j_{ba} 表示显性×加性互作，l 表示显性×显性互作。同表3−5

表4−5　六世代联合估计的产量构成因素遗传参数（张培通等，2006）

参数	单株果节数			成铃率（%）			单株结铃数（个）			铃重（g）			衣分（%）		
环境	I	II	III	I	II	III	I	II	III	I	II	III	I	II	III
	D-4	D-2	D-2	C	D-4	D-2	E-1	E-3	C	E-1	D-3	C	E-1	C	D-2
m	26.816	85.967	50.311	47.910	21.042	30.523	11.265	17.562	15.933	2.729	4.634	4.550	28.594	40.823	36.664
d	0.421	15.967	5.486		2.947	3.522					0.057				0.967
d_a							2.156	−0.887		−0.786			9.559		
d_b							2.136	2.188		1.137			−9.635		

（续表）

参数	单株果节数			成铃率 (%)			单株结铃数 (个)			铃重 (g)			衣分 (%)		
环境	I	II	III	I	II	III	I	II	III	I	II	III	I	II	III
h_a							-2.170			0.770			10.726		
h_b							-3.750			0.770			10.726		
i							1.830			1.516			10.039		
j_{ab}							0.335			0.828			-10.027		
j_{ba}							1.300			-1.095			9.167		
l							4.225			1.322			-11.498		
[d]	-1.226	-12.099	-6.598	1.117	2.998	-1.067	-4.156	4.161	0.604	-0.567	-0.0288	-0.181	1.409	4.126	1.323
[h]	7.184	0.442	-2.036	-7.195	7.651	9.082	5.112	3.960	3.449	1.280	-0.102	0.690	1.278	1.516	0.288
h_{mg}^2 (%)	10.177	41.918	14.964	7.984	6.911		51.40	3.352		81.422	0.289		84.459		4.809
h_{pg}^2 (%)	11.192	4.641	18.212	13.523	7.373	5.249	8.642	56.323	11.586	9.251	20.587	26.276	7.737	22.164	6.830

参数	籽指 (g)			衣指 (g)			单铃种子数 (粒)			百粒子棉重 (g)		
环境	I	II	III	I	II	III	I	II	III	I	II	III
	B-1	D-4	E-1	E-1	D-3	D-3	E-1	D-3	D-3	D-3	E-2	E-4
m	6.046	10.687	9.898	5.279	7.598	6.083	31.809	24.688	29.036	13.484	18.618	16.606
d		-0.632			0.573	0.205		0.162	-0.617	0.518	-1.290	
d_a	-2.050		-1.342	0.300			-6.051					0.011
d_b	1.902		1.071	0.300			-6.051					0.011
h_a	2.740			0.231	0.413		3.577					
h_b	1.560			0.263	0.286		3.577					
i	2.093			0.586	-0.123		-2.648					
j_{ab}	1.445			1.373	-0.083		6.859					
j_{ba}	-1.327			-1.280	-0.083		6.859					
l	-1.979			-0.126	-0.463		-4.717					
[d]	-0.578	-0.19		-0.305	-0.112	0.285	9.401	-0.528	-1.286	-0.425	0.689	0.360
[h]	-1.243	-0.177		0.079	-0.650	-0.421	-9.786	0.747	4.940	0.502	-0.983	-0.522
h_{mg}^2 (%)	60.191	30.723	42.468	16.933	44.673	12.523	10.534	1.529	10.569	9.670	42.474	0.578
h_{pg}^2 (%)	26.288	2.113		61.417	17.716	38.356	9.719	39.305	17.419	58.779	35.995	47.932

在作物育种过程中，对目标性状进行选择是新品种培育的中心环节。棉花产量和纤维品质性状属于数量性状，其表现型是基因型与环境共同作用的结果；产量性状、纤维品质性状之间存在复杂联系，给棉花产量与纤维品质的同步改良带来了难度，致使常规育种依据表型选择的效率受到限制。利用与目标性状 QTL 紧密连锁的遗传标记，对目标性状进行跟踪选择，可缩小育种群体规模，减少育种过程中选择的盲目性。利用现代分子标记技术对棉花产量、纤维品质性状的 QTLs 进行标记筛选是一项十分重要的基础

研究工作。前人已经在这一领域做了大量的工作并取得了显著的成果，但可利用的分子标记的数目仍然较少，这项工作尚需作进一步研究。张培通等（2006）利用泗棉 3 号和 Carmen 组合构建的 RIL 作图群体，研究泗棉 3 号的高产特性的分子机理，在 3 个环境中进行产量及其相关性状的 QTLs 定位和分子标记筛选。研究中选用了 2523 对 SSR 引物，对 2 个亲本进行多态性检测，结果 62 对 SSR 引物在亲本间具有多态性，其间有差异的 SSR 引物再分别对该组合的 283 个 F_7 家系的总 DNA 进行扩增检测，结果产生了 65 个稳定的多态性位点，χc^2 检验结果有 1 个标记严重偏分离，在分析时去除。利用 Mapmaker/Exp（Version 3.0b）2.2 确定分子标记连锁关系。利用 Cartographer Version 1.13 复合区间作图法定位与连锁群标记连锁的 QTLs。结果有 40 个标记分别被构建到 11 个连锁群上，11 个连锁群总长度 402.2cM，另有 25 个标记没有被分配到连锁群上。利用以 TM - 1 为背景的一套单体、端体所构建的一个分子标记定位系统，以及用同一组 SSR 引物构建的棉花遗传图谱，对该项研究中的 SSR 标记进行染色体定位，其中 6 个连锁群分别被定位到第 1、3、12、14、16 和 26 号染色体上，2 个连锁群分别被定位到 LGD03 和 LCD08 上，另外 3 个连锁群没有定位到染色体上（图 4 - 1 和表 4 - 6）。QTL 作图检测到 3 个皮棉产量 QTLs 和 3 个子棉产量的 QTLs，能在多环境中或以三环境平均数检测到。还检测到 7 个产量构成因素的 QTLs，其中 1 个单株果节数的 QTL，1 个成铃率的 QTL，1 个单株成铃数的 QTL，3 个铃重的 QTLs 和 1 个衣分的 QTL；另外，共检测到 9 个其他产量相关性状的 QTLs，3 个籽指的 QTLs、3 个衣指的 QTLs 和 3 个百粒子棉重的 QTLs。单标记分析，检测到 2 个皮棉产量 QTLs 和 2 个子棉产量的 QTLs，27 个控制产量构成因素及其相关性状的 QTLs，由于这些 QTLs 都是在多环境中检测到或由三环境平均数检测到，因此这些 QTLs 可能是比较可靠的，与这些 QTLs 紧密连锁的分子标记可以用于对产量及其构成因素等性状的分子标记辅助选择。

表 4 - 6　棉花产量性状的 QTLs 定位结果

性状	QTL 名称	染色体	区间	长度（cM）	位置（cM）	LOD	解释表型变异（%）	加性效应	检测环境
皮棉产量	$qLYD$08 - 1	LGD08	NAU434 - NAU1269	2.9	0.00	5.067	7.664	3.053	04 江浦 Enw. II
	$qLYD$08 - 2	LGD08	NAU329 - CIR373 - 1	3.5	0.02	3.143	15.906	0.289	04 灌云 Enw. III
	qLY16	Chr. 16	BNL1395 - BNL1122	1.3	0.01	2.299	3.591	2.070	04 江浦 Enw. II
子棉产量	$qSYD$08 - 1	LGD08	NAU434 - NAU1269	2.9	0.00	5.050	7.600	7.201	04 江浦 Enw. II
	$qSYD$08 - 2	LGD08	NAU1225 - NAU1042	3.6	2.05	3.777	6.290	6.533	04 江浦 Enw. II
	qSY16	Chr. 16	BNL1395 - BNL1122	1.3	0.01	2.254	3.522	4.853	04 江浦 Enw. II

（续表）

性状	QTL 名称	染色体	区间	长度（cM）	位置（cM）	LOD	解释表型变异（%）	加性效应	检测环境
	*qFN*01	Chr. 1	NAU572 – NAU1412	47.5	34.01	2.334	10.618	-2.211	04 灌云 Enw. Ⅲ
			NAU1412 – NAU2084	35.6	6.00	2.191	5.540	-1.610	04 灌云 Enw. Ⅲ
单株果节数	*qFND*03	LGD03	NAU2292 – BNL1521	46.8	4.01	2.357	5.108	1.384	03 灌云 Enw. Ⅰ
	*qFND*08	LGD08	CIR373 – 1 – CIR373 – 2	8.5	8.04	2.126	3.230	-1.105	03 灌云 Enw. Ⅰ
			CIR373 – 1 – CIR373 – 2	8.5	6.04	2.323	3.932	-1.332	04 灌云 Enw. Ⅲ
	*qFN*12	Chr. 12	CIR091 – NAU2291	7.1	4.03	2.655	4.446	1.306	03 灌云 Enw. Ⅰ
单株铃数	*qBND*08	LGD08	NAU434 – NAU1269	2.9	2.90	2.764	4.343	1.186	04 江浦 Enw. Ⅱ
	*qBSD*08 – 1	LGD08	CIR373 – 1 – CIR373 – 2	8.5	2.04	4.014	6.800	0.130	04 江浦 Enw. Ⅱ
	*qBSD*08 – 2	LGD08	CIR373 – 2 – CIR364	9.1	8.06	2.334	5.370	0.188	03 灌云 Enw. Ⅰ
铃重			CIR373 – 2 – CIR364	9.1	8.06	3.405	5.534	0.117	04 江浦 Enw. Ⅱ
			CIR364 – NAU434	36.5	8.01	3.465	43.282	0.321	04 江浦 Enw. Ⅱ
			CIR364 – NAU434	36.5	30.01	3.143	15.906	0.289	04 灌云 Enw. Ⅲ
	*qLI*01	Chr. 1	NAU2084 – NAU2083	7.3	4.01	5.187	8.210	0.302	04 江浦 Enw. Ⅱ
			NAU1412 – NAU2084	35.6	28.00	3.540	8.914	0.196	03 灌云 Enw. Ⅰ
籽指	*qLID*08	LGD08	CIR364 – NAU434	1.0	0.06	2.244	3.316	0.119	03 灌云 Enw. Ⅰ
			NAU434 – NAU1269	2.9	0.00	4.100	5.459	0.249	04 江浦 Enw. Ⅱ
	*qSI*12	Chr. 12	CIR091 – NAU2291	7.1	2.03	2.186	3.529	-0.199	04 江浦 Enw. Ⅱ
	*qLI*01	Chr. 1	NAU2084 – NAU2083	7.3	2.01	2.434	4.044	0.169	04 江浦 Enw. Ⅱ
衣指	*qLID*08	LGD08	NAU1230 – NAU797	0.7	0.04	2.229	3.390	0.108	03 灌云 Enw. Ⅰ
			NAU1230 – NAU797	0.7	0.04	3.181	4.725	0.179	04 江浦 Enw. Ⅱ

（续表）

性状	QTL 名称	染色体	区间	长度（cM）	位置（cM）	LOD	解释表型变异（%）	加性效应	检测环境
百粒子棉重	qSW01 – 1	Chr. 1	NAU2084 – NAU2083	7.3	2.01	4.349	6.982	0.445	04 江浦 Enw. Ⅱ
		Chr. 1	NAU1412 – NAU2084	35.6	14.94	2.229	3.439	0.339	03 灌云 Enw. Ⅰ
	qSW08 – 1	LGD08	NAU434 – NAU1269	2.9	2.00	4.278	6.3351	0.426	04 江浦 Enw. Ⅱ
	qSW01 – 2	LGD08	NAU1230 – NAU797	0.7	0.04	2.741	9.439	0.221	03 灌云 Enw. Ⅰ

注：RB 表示成铃率，LP 表示衣分，SCW/HS 表示百粒子棉重。Env. Ⅰ、Env. Ⅱ、Env. Ⅲ 分别表示 QTL 在环境Ⅰ、环境Ⅱ和环境Ⅲ中被检测到

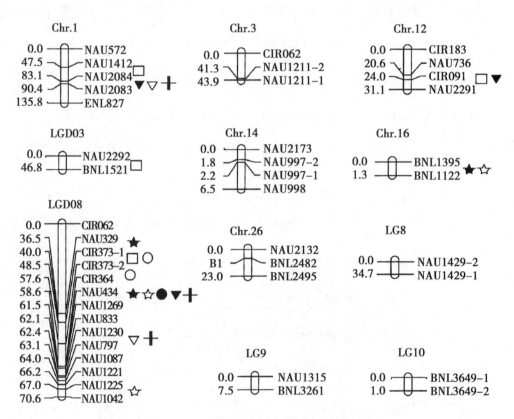

图 4 – 1　遗传图谱和群体 QTLs 定位结果

注：★：单株皮棉产量，☆：单株子棉产量，□：单株果节数，●：单株成铃数，○：铃重，◎：衣分，▼：籽指，·：衣指，+：百粒子棉重

泗棉 3 号育成的关键技术之一就是塑造了理想的株型，株型疏朗，叶片层次清晰，果枝节间匀称，群体内和植株内通透性好，这为该品种的高光效奠定了基础。对泗棉 3

号株型性状的遗传分析结果（表4-7）表明，株型性状都符合主基因+多基因混合遗传模型，说明存在控制株型性状的主基因，但其主基因遗传率都较低，是属于以多基因遗传为主的性状，株高和株高/果枝长度比的主基因遗传率相对较高，但在两个环境中表现的差异较大。株型性状的总遗传率都较高，果枝长度和果枝夹角的总遗传率最高，这2个性状和株高/果枝长度比的遗传规律，在2个环境中表现出基本相同的趋势；株高的总遗传率最低，且其遗传率在环境中的差异较大，因此，对于株高的遗传规律有待进一步研究加以确认。QTLs定位结果（表4-8，图4-2），共检测到14个稳定可靠的控制株型性状的QTLs，其中4个株高的QTLs的增效基因，3个来自于CARMEN，1个来自于泗棉3号；4个果枝长度的QTLs的增效基因，2个来自于CARMEN，2个来自于泗棉3号；6个株高/果枝长度比的QTLs的增效基因，4个来自于CARMEN，2个来自于泗棉3号。单标记分析结果（表4-9）表明，在2个环境中或以2个环境平均数并至少在1个环境中检测到株型性状的QTLs共9个，其中3个分子标记BNL119、NAU934和BNL3650与株高存在连锁关系；分子标记BNL3492、JESP2-70和NAU934与果枝长度存在连锁关系；分子标记BNL3492、JESP2-70和NAUl498与株高/果枝长度比存在连锁关系。还检测到3个分子标记分别与株高、果枝长度和果枝夹角存在连锁关系，但只在1个环境中检测到。从控制株型性状的QTLs来看，泗棉3号株高和果枝长度的QTLs组成并未表现出其特征，但由于这2个性状多基因效应很大，因此，可以推断，泗棉3号的株型改良可能主要得益于多基因积累和聚合。

表4-7　三世代联合估计的株型性状的遗传参数（张培通等，2006）

参数	果枝长度		果枝夹角		株高/果枝长度比		株高	
	环境Ⅰ	环境Ⅱ	环境Ⅰ	环境Ⅱ	环境Ⅰ	环境Ⅱ	环境Ⅰ	环境Ⅱ
	D	C	E-2	E-1-5	E-2	E-2-7	B-1-3	E-2-7
m	27.560112	31.589	59.396	58.484	2.79684	3.683	85.4720	97.880
d	0.15704	/	/	/	/	/	2.8426	/
d_a	/	/	-6.8482	/	0.345	/	/	/
d_b	/	/	-6.9482	/	0.360	/	/	/
i	/	/	-6.9478	/	-0.353	/	/	/
i^*	/	/	/	-0.965	/	0.374	/	-8.836
$[d]$	0.47323	2.024	20.2763	2.115	0.500	-0.067	2.7020	6.293
h_{mg}^2（%）	0.538	/	19.578	8.684	11.800	49.781	37.522	4.958
h_{pg}^2（%）	93.188	91.095	72.799	84.182	76.029	40.252	/	83.661

注：m 为中亲值，d 为主基因加性效应，h 为主基因显性效应，d_a 为主基因 a 的加性效应，d_b 为主基因 b 的加性效应，h_a 为主基因 a 的显性效应，h_b 为主基因 b 显性效应，$[d]$ 为多基因加性效应，$[h]$ 为多基因显性效应，i 表示加性×加性互作效应，i^* 表示加性效应与加性×加性互作效应的混合效应

表 4 – 8　棉花株型性状的 QTLs 定位结果（张培通等，2006）

性状	QTLs 命名	染色体	区间	长度（cM）	位置	LOD 值	表型变异解释（%）	a	检测环境
株高	qPH01	Chr. 01	NAU2083 – BNL827	45.4	2.00	2.095	3.854	– 1.423	环境Ⅰ
	qPHD08	LGD08	CIR364 – NAU343	1.0	0.06	2.527	4.030	2.414	环境Ⅱ
	qPH12	Chr. 12	CIR183 – NAU736	47.5	0.01	2.507	3.785	– 1.097	环境Ⅱ
		Chr. 12	CIR183 – NAU736	20.6	0.01	2.356	3.514	– 1.030	平均
果枝长度	qFLD08	LGD08	NAU1269 – NAU833	0.6	0.00	2.713	4.057	– 1.404	环境Ⅱ
	qFL26	Chr. 26	NAU2132 – BNL3482	8.1	6.01	7.208	11.391	– 0.109	平均
		Chr. 26	NAU2132 – BNL3482	8.1	4.01	5.264	8.882	1.113	环境Ⅰ
		Chr. 26	BNL3482 – BNL2495	14.9	0.02	5.504	8.038	1.046	环境Ⅱ
株高/果枝长度比	qHLD08 – 1	LGD08	NAU1269 – NAU833	0.6	0.00	2.706	3.706	0.118	平均
		LGD08	NAU1269 – NAU833	0.6	0.00	2.296	3.271	0.066	环境Ⅰ
		LGD08	NAU1269 – NAU833	0.6	0.00	2.885	4.213	0.157	环境Ⅱ
	qHLD08 – 2	LGD08	NAU797 – NAU1087	0.9	0.01	2.593	3.583	0.114	平均
		LGD08	NAU797 – NAU1087	0.9	0.01	2.741	3.901	0.071	环境Ⅰ
	qHL26	Chr. 26	BNL3482 – BNL2495	14.9	0.02	8.124	11.391	– 0.109	平均
		Chr. 26	BNL3482 – BNL2495	14.9	0.02	5.679	8.006	– 0.101	环境Ⅰ
		Chr. 26	BNL3482 – BNL2495	14.9	0.02	4.285	6.201	– 0.100	环境Ⅱ

表 4 – 9　株型性状的单株标记分析（张培通等，2006）

性状	标记	环境	性状	标记	环境
株高	BNL119	A，EnvⅠ，EnvⅡ	果枝长度	BNL3492	A，EnvⅠ，EnvⅡ
	NAU934	A，EnvⅠ，EnvⅡ		JASP2 – 70	A，EnvⅡ
	BNL3650	A，EnvⅠ，EnvⅡ		NAU934	A，EnvⅡ
株高/果枝长度比	BNL3492	A，EnvⅠ，EnvⅡ		CIR246	A
	JESP2 – 70	A，EnvⅠ			
	NAU1498	A，EnvⅡ			

注：A，EnvⅠ和 EnvⅡ分别表示 QTLs 是用两环境平均数、环境Ⅰ和环境Ⅱ中检测到

　　泗棉 3 号是一个高衣分品种，而苏棉 16 号具有更高的衣分，这两个品种的性状差异主要表现在衣分及其相关性状上（表 4 – 10）。以泗棉 3 号和苏棉 16 号为材料的棉花衣分性状遗传研究结果表明，衣分以及相关性状都适合主基因 + 多基因混合遗传模型，但衣分的主基因遗传率很低，仅为 8.05%（表 4 – 11）。分子标记研究结果表明，衣分及其相关性状存在主效 QTLs，这证明了这些性状的主基因的存在。泗棉 3 号和苏棉 16 号两个亲本的分子标记多态性很低，SSR 引物的多态性仅为 1.7%，RAPD 引物多态性仅为 0.5%，这表明，两个品种的遗传背景差异小，衣分及其相关性状基因大多相同，控制衣分及其相关性状的主效 QTLs 差异不大，这与遗传模型分析的结果一致。研究共检测到 2 个控制衣分的主效 QTLs，这 2 个 QTLs 增效位点 1 个来自于苏棉 16 号，1 个来自于泗棉 3 号，其中 1 个 QTL 在 F_2 和 $F_{2:3}$ 群体中都检测到（张培通，2005）。研究结果可以利用与这些 QTLs 紧密连锁的分子标记在棉花高衣分改良中进行辅助选择。

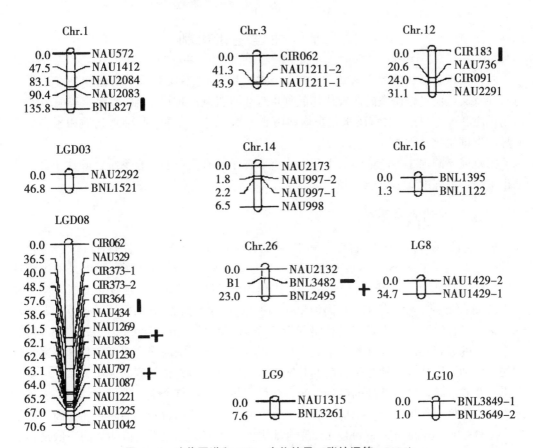

图 4 - 2　遗传图谱和 QTLs 定位结果（张培通等，2006）

表 4 - 10　泗棉 3 号与苏棉 16 号主要农艺性状的表现（张培通，2005）

年度	品种	铃重 （g）	单铃种子数 （粒）	籽指 （g）	衣指 （g）	百粒子棉重 （g）	衣分 （%）
	苏棉 16 号	3.452	23.096	7.616	7.330	14.946	48.287
2002	泗棉 3 号	4.039	24.965	8.739	7.729	16.468	46.034
		0.587[**]	1.869[**]	1.123[**]	0.399[**]	1.522[**]	2.253[**]
	苏棉 16 号	3.854	26.243	7.848	6.839	14.687	46.253
2003	泗棉 3 号	4.518	25.931	9.233	7.441	16.674	43.644
		0.664[**]	-0.312	1.385[**]	0.572[**]	1.987[**]	2.711[**]

注：[*]、[**] 分别表示差异达 5%、1% 显著水平

表 4 - 11　衣分性状遗传模型分析的遗传参数（张培通，2005）

遗传参数	m	d	h	da	d_b	ha	h_b	$[d]$	$[h]$	h_{mg}^2（%）	h_{pg}^2（%）
2002	47.081	—	—	—	—	—	—	0.568	0.604	—	32.45
2003	45.51	4.576	—	—	—	—	—	0.599	-0.881	8.05	80.62

注：同表 4 - 5

第二节　生理生化机制

农作物产量形成的源库理论（source—sink theory）不仅对探索农作物高产途径具有指导意义，而且是研究高产农作物品种生理生化机制的理论基础。"源"器官碳水化合物供应状况、"库"器官碳水化合物利用能力是不同基因型（品种）物质积累和分配差异的生理生化基础。

据研究，泗棉 3 号产量高的生理生化机制在于具有高效的光合系统；叶片光合产物输出率高；高强度库形成能力和"源""流""库"三者关系协调。

一、高效的光合系统

表 4 - 12 表明，7 月 10 日至 8 月 25 日随着生育进程的延续，各品种叶绿素含量均呈升高趋势，至 8 月 25 日达最大值。泗棉 3 号和苏棉 5 号两品种光合强度是随生育进程的延续而渐渐增大（图 4 - 3），但生育进程中，品种间的光合强度变化有所不同。在 8 月 15 日前泗棉 3 号比苏棉 5 号高 4.8% ~13.6%，至 8 月 25 日后，反而比苏棉 5 号低 4.82%。光合强度的大小直接反映出光合生产力的高低。由表 4 - 12 与图 4 - 3 得知，每个品种的光合强度与叶绿素含量关系都表现为在一定范围内光合强度随着叶绿素含量增加而增加。但从各品种全生育期的叶绿素含量的高低与光合强度的大小关系中可明显看出，并非叶绿素含量越高的品种，光合强度也越高。在整个生育进程中，泗棉 3 号叶绿素含量均低于苏棉 5 号。泗棉 3 号 PSI 活性为 368.808 μmol O_2/mg chl·h，高于苏棉 5 号的 328.092 μmol O_2/mg chl·h。光合能力的强弱与其光化学反应能力的高低是相适应的，泗棉 3 号的高 PSI 活性也是高光效的内在原因之一。RuBPcase 是卡尔文循环中的一个关键的调节酶。据 1996—1997 年两年测定结果（图 4 - 4），泗棉 3 号 10 日龄对位叶 RuSPcase 活性最高，比苏棉 5 号高 16.7%，说明泗棉 3 号果枝叶光合强度大于苏棉 5 号，这与图 4 - 3 两品种叶片 8 月 15 日前光合强度的大小也相一致。

表 4 - 12　不同品种叶绿素含量（mg/dm²）（纪从亮等，2000）

品种	生长期（月/日）				
	07/10	07/20	08/05	08/15	08/25
泗棉 3 号	9.83	12.77	14.95	15.39	15.85
苏棉 5 号	11.13	13.74	16.29	16.92	17.31

二、叶片光合产物输出率高

作为棉株主要光合源，又是同化物主要输出源的棉叶在进行光合作用时，叶内的 ^{14}C—光合产物不断输出，^{14}C 脉冲数下降，将其下降速度称为 ^{14}C—光合产物的输出速率。Ln（脉冲数，Y）与时间（X）之间的关系符合 $Y = a - bX$ 方程，其中值表示光合产物输出速率。据泗棉 3 号和苏棉 5 号两个品种果枝下、中、上不同部位及不同处理的

74

测定结果，求得输出速率方程。由表 4 – 13 得知，品种间无论下、中、上部位棉叶
^{14}C—光合产物输出速率均以泗棉 3 号为最大。在下、中、上部，泗棉 3 号输出速率分
别比苏棉 5 号高 29.69%、23.82% 和 11.44%。

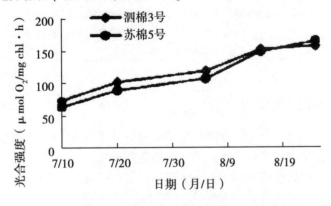

图 4 – 3　不同品种的叶片光合强度（纪从亮等，2000）

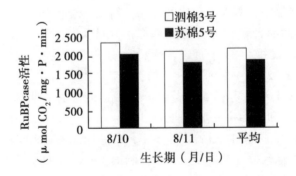

图 4 – 4　不同品种 10 日龄对位叶 RuBPcase 活性（纪从亮等，2000）

正在生长的棉铃，所需营养物质主要是由对位叶供给。通过对泗棉 3 号中部和上部
果枝有、无 10 日铃对位叶 ^{14}C 标记，力图找出铃库的调节对物质输出的影响。所测结果
表明，上、中部果枝有 10 日铃的对位叶 ^{14}C—光合产物输出速率均高于无 10 日铃对位
叶。上、中部果枝有铃对位叶输出速率分别比无铃对位叶输出速率高 17.51% 和 21.4%
（表 4 – 14）。可见库对源的生产、运输有很大的调节作用。

表 4 – 13　不同品种 10 日铃对位叶 ^{14}C 示踪测定养分输出速率（纪从亮等，2000）

植株部位	品种	Ln – 时间脉冲方程	输出速率
下部	泗棉 3 号	$Y = 7.3232 - 0.1172x$（$r = -0.8827^{**}$）	0.1172
	苏棉 5 号	$Y = 8.5063 - 0.0824x$（$r = -0.9889^{**}$）	0.0824
中部	泗棉 3 号	$Y = 8.7896 - 0.1486x$（$r = -0.9794^{**}$）	0.1486
	苏棉 5 号	$Y = 8.0889 - 0.1132x$（$r = -0.9246^{**}$）	0.1132
上部	泗棉 3 号	$Y = 9.0717 - 0.1223x$（$r = -0.9912^{**}$）	0.1223
	苏棉 5 号	$Y = 8.0041 - 0.1083x$（$r = -0.9458^{**}$）	0.1083

注：** 表示达 1% 差异显著水平。表 3 – 14 同

表 4 – 14　有、无 10 日铃对位叶光合物质输出变化情况（纪从亮等，2000）

部位	处理	Ln – 时间脉冲方程	输出速率	比去铃多（%）
中部	对位叶（有铃）	$Y = 7.4125 - 0.1432x$（$r = 0.9235^{**}$）	0.1432	21.4
	对位叶（无铃）	$Y = 7.8964 - 0.1125x$（$r = -0.9089^{**}$）	0.1125	
上部	对位叶（有铃）	$Y = 8.6871 - 0.1239x$（$r = 0.8953^{**}$）	0.1239	17.51
	对位叶（无铃）	$Y = 8.2102 - 0.1022x$（$r = -0.9124^{**}$）	0.1022	

三、高强度库形成能力

棉花产量高低取决于干物质分配到生殖器官（主要是蕾铃）的多少。图 4 – 5 表明两个品种不同生育期内蕾铃养分积累率。自初花期至吐絮期，两个品种蕾铃养分分配均呈现渐增趋势，不同品种间蕾铃养分分配在同一发育阶段又具有差异，开花期（7 月 13 日）至结铃期（8 月 5 日）两品种之间差异较大。7 月 13～23 日，泗棉 3 号蕾铃养分分配率比苏棉 5 号高 5.95%。结铃期（8 月 5 日）至始絮期（8 月 30 日）阶段两品种蕾铃养分分配差异缩小，泗棉 3 号比苏棉 5 号高 3.32%。始絮期（8 月 30 日）至吐絮期（9 月 20 日）两品种蕾铃养分分配率都达到最大，泗棉 3 号和苏棉 5 号分别为 87.70% 和 66.91%。就每个品种而言，蕾铃养分积累最快的时期，泗棉 3 号为开花——盛花（7 月 13～23 日）和盛花——结铃（7 月 23 日至 8 月 5 日）阶段之间分别增加了 34.03% 和 38.11%，苏棉 5 号蕾铃养分积累最快的时期却在盛花——结铃（7 月 23 日至 8 月 5 日）和结铃——盛铃期（8 月 5～15 日）阶段增加 30.57%。

^{14}C 光合产物向中部果枝 10 日铃中输入率，两品种都表现相同趋势，即随着时间推迟，在 24h 内，铃面输入率逐渐增多，其中以泗棉 3 号输入率较高（图 4 – 6）。标记后 16h，泗棉 3 号铃面输入率比苏棉 5 号多 6.0%。这表明泗棉 3 号具有较多的养分向棉铃分配，它也可能是泗棉 3 号结铃较强的主要原因之一。

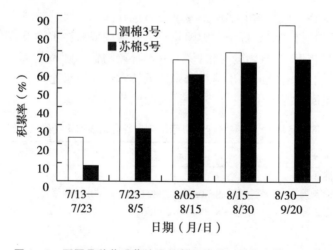

图 4 – 5　不同品种花后蕾铃干物质积累率（纪从亮等，2000）

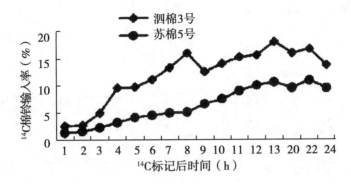

图4－6　不同品种¹⁴C光合产物棉铃输入率（纪从亮等，2000）

四、"源"、"流"、"库"三者关系协调

单位叶面积载铃量是表示棉花光合生产及铃库发育的内在指标，通常用铃数与叶面积之比表示（个/m²·叶）。纪从亮等（2000）研究结果表明，在群体 LAI 不变时，随单位叶面积载铃量增加，地上部干物质积累也显著增加。泗棉3号和苏棉5号叶面积载铃量（X）与地上部干物质积累（Y）呈显著线性回归关系，泗棉3号为 $Y_1 = 1510.5 + 216.15X_1$（$r = 0.9534^{**}$）；苏棉5号为 $Y_2 = 2478.3 + 241.05X_2$（$r = 0.9788^{**}$）。叶面积载铃量每增加1个/m²·叶，泗棉3号、苏棉5号地上部干物质积累增加分别216.15kg/hm²、241.05 kg/hm²；叶面积载铃量每增加1个/m²·叶，泗棉3号干物质积累量比苏棉5号小10.32%。叶面积载铃量（X）与皮棉产量（Y）间呈显著线性回归关系，泗棉3号为 $Y = -553.2 + 83.25X$（$r = 0.8956^{**}$）；苏棉5号为 $Y = 71.25 + 63.6X$（$r = 0.9936^{**}$）。叶面积载铃量每提高1个/m²·叶，泗棉3号、苏棉5号皮棉产量分别增加83.25 kg/hm²、63.6 kg/hm²。每增加一单位叶面积载铃量，皮棉产量泗棉3号比苏棉5号高30.9%。伤流量反映了根系活力状况，也反映棉株根系吸收并向上输送水分和养分的能力大小。伤流量的大小与成铃数呈显著线性回归关系，泗棉3号为 $Y = 14.74 + 6.22X$（$r = 0.9839^{**}$）；苏棉5号为 $Y = 8.93 + 5.69X$（$r = 0.9972^{**}$）。此方程式说明，伤流量每增加1g/株·h，泗棉3号、苏棉5号单株铃数分别增加6.22个、5.69个，前者比后者多增加9.3%。根系伤流量越大，单株成铃数就越多。

棉铃和棉叶分别是棉株光合产物"库"和"源"的主体，棉铃发育的养分主要来源于棉铃对位叶，光合产物经棉铃对位叶—铃壳—种子转运而来，因此，棉铃对位叶、铃壳、种子中的碳水化合物水平及其转化水平直接影响到棉铃干物质的累积。研究棉铃物质累积、分配动态及其碳水化合物动态变化特征有助于揭示高产棉花品种棉铃铃重形成的生理生化机制。

由图4－7可见，泗棉3号和科棉6号棉花棉铃对位叶中可溶性糖含量随铃龄增长呈下降态势，在铃龄14～42d科棉6号棉铃对位叶可溶性糖含量比泗棉3号高0.95%～5.50%，至铃龄49d科棉6号叶片可溶性糖含量低于泗棉3号。科棉6号铃壳中可溶性糖含量在铃龄14d时高于泗棉3号，21～28d时低于泗棉3号，在铃龄35～42d时又高于泗棉 3 号。种子中可溶性糖含量在铃龄 14~28d 时以科棉 6 号较高，在铃龄 35~49d 时则以泗棉 3 号较高。

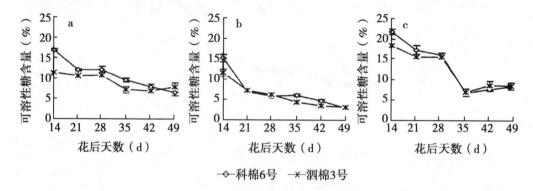

图 4-7　棉铃发育过程中棉铃对位叶（a）、铃壳（b）和种子（c）中
可溶性糖含量的动态变化（杨长琴等，2011）

在铃期内可溶性糖的转化率可以反映"库"对"源"可溶性糖的利用率，其对棉铃纤维的发育至关重要。以铃龄 14d 时的可溶性糖含量与 49d 时的可溶性糖含量之差除以铃龄 14d 时可溶性糖含量的值作为转化率。计算结果显示，科棉 6 号棉铃对位叶、铃壳、种子中可溶性糖的转化率分别为 61.1%、80.2% 和 61.2%，而泗棉 3 号棉铃对位叶、铃壳、种子中可溶性糖的转化率分别为 31.3%、72.8% 和 54.6%。蔗糖是作物光合作用的主要产物和运输形式，为作物的生长发育提供碳源和能量。叶片中蔗糖的含量可以反映其向生殖器官供给同化物的水平。由图 4-8 可见，科棉 6 号棉铃对位叶中蔗糖含量高于泗棉 3 号，铃龄 49d 时两个品种没有差异；科棉 6 号种子中蔗糖含量在铃龄 28d 前高于泗棉 3 号，铃龄 28d 后则低于泗棉 3 号。科棉 6 号棉铃对位叶、种子蔗糖转化率分别为 47.1% 和 37.7%，泗棉 3 号棉铃对位叶、种子的蔗糖转化率分别为 32.2% 和 21.7%。棉铃在发育过程中，棉铃、纤维和种子干重与棉铃对位叶可溶性糖、蔗糖含量呈线性相关，相关系数达到显著或极显著水平（表 4-15）。因此，棉铃对位叶碳水化合物含量及其转化率直接反映了源叶对棉铃养分的供应能力及供给水平。

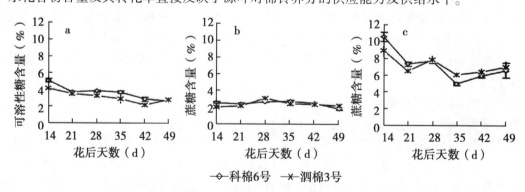

图 4-8　棉铃发育过程中棉铃对位叶（a）、铃壳（b）和种子（c）
中蔗糖含量的动态变化（杨长琴等，2011）

表 4 – 15　单铃干重增长与棉铃对位叶中可溶性糖、
蔗糖含量关系的回归方程 （杨长琴等，2011）

类型	品种名称	回归方程	R^2	类型	品种名称	回归方程	R^2
棉铃	科棉 6 号	$Y_1 = 10.41211 - 0.45854x$	0.9541 **	棉铃	科棉 6 号	$Y_1 = 12.19421 - 1.86417x$	0.8211 *
	泗棉 3 号	$Y_1 = 10.29161 - 0.66911x$	0.8027 *		泗棉 3 号	$Y_1 = 10.45186 - 2.00358x$	0.7956 *
纤维	科棉 6 号	$Y_1 = 4.21184 - 0.23820x$	0.9151 **	纤维	科棉 6 号	$Y_1 = 5.09918 - 0.95775x$	0.7703 *
	泗棉 3 号	$Y_1 = 5.02973 - 0.38626x$	0.8604 **		泗棉 3 号	$Y_1 = 5.12375 - 1.15710x$	0.8535 **
种子	科棉 6 号	$Y_1 = 4.36980 - 0.20250x$	0.9464 **	种子	科棉 6 号	$Y_1 = 5.20330 - 0.83613x$	0.8402 *
	泗棉 3 号	$Y_1 = 4.96888 - 0.32338x$	0.7914 *		泗棉 3 号	$Y_1 = 5.02013 - 0.95550x$	0.7708 *

　　注：x 为棉铃、纤维或种子干重，Y_1、Y_2 分别为棉铃对位叶可溶性糖和蔗糖含量。** 表示相关性达 0.01 显著水平，* 表示相关性达 0.05 显著水平

　　从源、流、库三者的关系来看，一定的成铃强度也为高产品种所必须具有的特点。在短时间内很快地结铃（也就是扩大库容），能够适时地接纳群体叶片（源）处于最大光合生产时的产物。同时根据稻麦上的研究结果，扩库还有强源（促进叶片光合）和畅流（加快光合产物的运转）的作用。据对泗棉 3 号高产田的测定，从 7 月 20 日至 8 月 31 日的 41d 时间里，平均成铃强度达 17 415 ~ 22 860个/hm² · d。这段时间正是棉花群体光合生产最旺盛的时期，如果库容不足，使叶片光合产物的输出受阻，叶片的光合强度变低，无疑会造成季节和光能的浪费，影响产量的提高。

　　棉花的株型不仅受遗传、选择的影响而且受栽培措施的作用，比如稀植与密植，施肥多与少，化控轻与重对作物群体的构成、大小、功能都有显著的影响。同时，株型育种还应结合产量性状、抗病性以及适应性等进行综合考虑，以期能够获得一个比较理想的株型。另外棉花株型在不同类型的品种上要求应该有所区别，生产上不同棉区、不同茬口、不同生产水平、不同种植习惯、不同栽培技术措施对株型的要求也应有所区别，例如长江流域种植的杂交棉，农民有采取稀植大棵的种植习惯，密度经常不到 2 000株，生产上对单株生产力的要求较高，棉花在田间生长的时间也比较长，有效开花结铃时间达 2 个多月，棉花生长期间还经常采取间作套种，棉花生长前后期田间套种多种类型的作物，这种棉田隐蔽程度常比较轻，而早熟品种生育期比较短，要求高密度栽培，比如在新疆棉区，种植密度通常在 15 000株左右，高的达到 20 000株，棉花田间生长时间比较短，主要靠群体提高产量，有效开花结铃期只有一个月时间甚至更少，这种棉花其理想的株型也需要特殊设计，不能一概而论。

第五章　良种繁育技术

农作物良种繁育的目的是保持新品种在生产应用过程中优良性状长期稳定。搞好良种繁育，保持优良品种种性的长期稳定，保证其在大面积生产的长期应用过程中品种的优良性状不发生退化，是推广优良品种，实现增产增收的前提条件。泗棉 3 号这样各项经济性状表现水平都比较高的品种，如在生产利用的过程中，放松良种繁育工作，放松人工选择及防杂保纯，在自然选择的压力下很容易发生优良性状的退化变劣，从而影响其品种利用价值。因此品种改良工作越是深入，品种的性状表现水平越高，越要加强良种繁育工作，使经过人工改良的各项经济性状在长期生产利用的过程中，都能维持在较高的水平上，长期发挥良好的性能，取得较高的社会经济效益。

泗棉品种选育始于良种繁育，品种育成以后在生产使用过程中也始终没有放松良种繁育，而是把良种繁育作为品种改良的继续，泗棉 2 号 1979 年育成以后，1982 年开始参加江苏省棉花品种区域试验，在省与国家区试中皮棉产量连续十连冠，除了品种本身的优良性能以外，坚持不懈抓好良种繁育也具有决定性作用。泗棉 3 号新品种从育成审定到在棉花生产上持续推广应用，尤其是长达 10 年时间以上都是长江流域棉区的主体品种，品种本身的优良特性以外，重要原因也在于加强良种繁育，在长期生产应用过程中，都能保持泗棉 3 号应有良好种性。搞好良种繁育的关键在于创新良种繁育的理念，实践育繁结合的繁育体系。

第一节　品种标准

一、来源与类型

（一）来源

泗棉 3 号原名泗阳 263，是原江苏省泗阳棉花原种场用新洋 76 – 75 × 泗阳 791，1989 年选育而成。

（二）类型

属早中熟抗枯萎病陆地棉品种。

二、试验结果和产量水平

（一）试验结果

1990—1991 年连续两年参加江苏省常规棉品种区试。两年平均结果，皮棉每公顷产 1 346.1kg，居第一位，较常规棉对照泗棉 2 号增产 0.34%，10 月 31 日前皮棉产量

1 189.05kg/hm^2，较常规棉对照增产2.52%，现蕾开花、吐絮均较早，全生育期较对照早4d。结铃性强，铃中等大小，衣分高，大样衣分42.51%。纤维品质好，经无锡纺织原料检验所测定，主体长度30.54mm，品质长度33.37mm，短绒率12.81%，单纤维强力4.17g，细度5 501m/g，断裂长度22.97km，成熟系数1.76。1992年组织生产试验，并鉴定抗棉花枯萎病性能，试验结果，子棉平均3 469.8kg/hm^2，居第一位，比泗棉2号和盐棉48分别增产4.29%和9.35%，皮棉平均1 471.95kg/hm^2，居第一位，比泗棉2号和盐棉48分别增产9.68%和18.53%。枯萎病抗性鉴定结果，病率14.02%，病指6.13。

（二）产量水平

一般田块皮棉1 350~1 875kg/hm^2，高产栽培皮棉可达1 875~2 250kg/hm^2。1991年原江苏省泗阳棉花原种场13.3hm^{2}泗棉3号繁殖田平均产皮棉1 650kg/hm^2。1992年宿迁市示范种植8.4hm^2，平均皮棉1 736.4kg/hm^2，兴化市良种繁育中心繁殖3.7hm^{2}平均皮棉1 740kg/hm^2。

三、适应范围

江苏、安徽、浙江、江西、湖南及黄河流域黄淮棉区。

四、特征特性

（一）特征

幼苗子叶中等大小，长4.5cm，宽2.4cm，色偏淡，出苗快而整齐。株高100cm，植株塔形疏朗，果枝上举弹性好，叶片小，叶色偏淡，缺刻深，叶片皱褶明显，向光性强，叶片层次清晰，花蕾外露率高，通透性好，果枝着生6.8节，高15cm。花铃苞叶绿色，深锯齿状，花冠乳白色较大，柱头中等，铃卵圆形中等大小，铃壳薄，吐絮畅，单铃重5g左右。种子梨形，灰白色，籽指9.5g，衣分高，大样衣分42.5%，纤维色泽白，有丝光，主体长度32.2mm，品质长度35.00mm，短绒率11.6%，强力4.3g，试纺指标2840。

（二）特性

全生育期144d，比泗棉2号早4d，属中熟偏早类型品种。麦套移栽，霜前花率85%。该品种总果节数多，结铃性强，江苏省区试结铃率31.79%，比泗棉2号高5.85%，单株结铃数25~35个。稀播单株结铃数可达40个以上。抗枯萎病性能强，重病田种植，发病率2%以内，耐涝、耐湿性能好。

五、栽培技术要点

（一）播种

播种前做好种子精选、药剂处理等工作，营养钵育苗4月上中旬干籽播种，直播棉4月下旬播种为宜。

（二）密度

该品种长势稳健，叶小皱褶，向光性强，果枝上举，群体透光性好的田块，每公顷

45 000株左右，一般棉田以 52 500 ~ 60 000株/hm² 为宜。

（三）管理

该品种生育进程快，现蕾、开花早，结铃强，后期长势稍弱，在肥料运筹上要施足基肥，早施重施花铃肥，一般 6 月底、7 月初施下，并适当增加用量，后期增施盖顶肥，促其稳长不早衰。

第二节　创新良种繁育的概念

传统的良种繁育主要是"防杂保纯"及其"提纯复壮"，创新良种繁育的概念，就是在良种繁育工作中，正确处理好品种的纯与杂的辩证关系。

一、作物品种的纯杂观

作物品种的纯与杂，既是一个生产实践上的概念，又是一个遗传学的概念。

农业生产上所谓品种，是指有一定经济价值，适应相应自然与栽培条件的一个人工生态型，它具有个体间性状相对一致与遗传相对稳定两大基本特征。生产实践上所说品种的纯，实际上就是指这两大特征而言的。因为只有个体间主要农艺性状相对一致，才便于栽培管理，适应生产的需要。同时，必须遗传性状相对稳定，才能使品种的优良特性代代相传，这是生产利用的前提。

作为品种两大特征的一致性和稳定性都是相对的。

首先从生产观点来看，一个品种只在主要经济性状上相对一致就符合要求了。生产上的实际情况是，一个品种在人类利用的性状上，经过严格的人工选择，是比较一致的，而不受人们注目的性状，往往差异较大。例如，棉花品种的纤维品质等经济性状比较整齐，而某些与生产关系不大的形态特征，如花药的颜色，不少品种就黄白相杂。可见，大同小异是品种群体的本来面貌。从遗传学的观点看，品种是由特定的基因库构成的。即使自花授粉作物的品种，个体内的基因位点亦非完全纯合，个体间的基因型更存在着不同程度的差异。如杂交育成的品种，虽经多代自交和选择，仍存在相当部分的剩余遗传变异。著名的琼斯公式指出：任何自交世代中产生纯合个体的百分率 $= 1 - [(2^r - 1)/2^r]^n$（r 为自交代数，n 为杂合基因对数）。从这个公式中可以看出，任何异质结合的个体，即使进行无限世代的自交，也不可能达到 100% 的同质结合，总还有少量异质结合的个体存在。如一个具有 10 对杂合基因的个体，进行五代自交后（F_6）从上述公式可以求出，仍有 27.2% 的个体是杂合的。在杂交育种中，亲本双方在遗传组成上何止 10 对基因之差，而一般在 F_5 或 F_6 就作为稳定材料处理了。即使经过严格选择，也还包含相当部分的剩余遗传变异，离完全纯合的标准尚远。繁殖过程中必然会继续出现分离重组现象，特别是受多基因制约的数量性状。大量花药培养试验表明，即使由单倍体加倍产生的纯合二倍体，后代也出现或多或少的分离，加上各种遗传变异和天然杂交，生产上应用的作物品种是远非纯一的。纯中有异是品种群体的本质属性。

总之，表现型上大同小异，基因型上纯中有异，这就是品种存在的具体方式和形态，就是科学的作物品种纯杂观。

二、纯而又纯并非方向

在现代育种的成果中，存在着一种遗传基础日益贫乏的明显危机，引起人们的严重关注。遗传基础的贫乏化是与强调纯系品种分不开的。众所周知，在近代育种工作开展以前，在生产上应用的都是地方品种，不仅各地应用的品种繁多，而且同一品种中也存在多种多样的类型，往往是一个复杂的群体。地方品种的高度适应性是与这种多型性分不开的。而改良品种由于追求群体的整齐一致，选择强度大，遗传基础日趋狭窄。因此，在品种生产力不断提高的同时，往往导致遗传的脆弱性。研究发现，异花授粉作物（如玉米、黑麦）因病害所致损失较自花授粉作物（如水稻、小麦、燕麦）要少得多；而荞麦由于品种异质性更大，几乎很少因病害遭受损失。在玉米中，种植很久的地方品种，虽然也杂有多种病害，但很少成灾，而自交系在病害面前往往暴露出其脆弱性，即长时间人工选择在使品种各项经济性状不断改良的同时而对环境的适应能力往往降低。

事实说明，充分一致的纯合基因型组成的群体，其适应性低于表现型相似而基因型存在一定差异的群体。这一群体遗传学的基本观点已被越来越多的育种工作者所接受，并广泛应用于育种与良种繁育的实践。在育种上，曾有育种家早就提出以多系品种代替单系品种，改谱系育种法为谱系——系团育种法。多系品种是由若干个同质系的混合群体组成的。构成混合群体的各个同质系，其农艺性状相对一致，但控制适应性的多基因系统是异质的。因而，它对多变的环境条件具有高度的适应性。一般认为选育多系品种，是保持品种持久高产稳产的有效途径之一。但也有育种家对此持相反的观点。

在棉花上，多系品种曾获得应用，如乌干达的 BPA，SATV 等多系品种的育成就是例子。1975 年，原华中农学院（现华中农业大学）曾进行华棉 4 号的多系混合系（36 个优良株系混合）与其中 8 个最优株系的比较试验，结果 8 个最优株系的产量仅相当于多系混合系的 76.4% ~95.3%，同样说明了这一道理。原江苏省泗阳棉花原种场育成的泗棉 1 号就是一个多系品种，它主要由三个系统群（即一些新的有苗头的系统）组成。它们的共同点是均保持了原品种的优良性状，而各具特点，同中有异。在三个主要的系统群中，一个表现出苗好，结铃性强；一个衣分特高（43% 以上）而铃较小（单铃重 5.1g）；一个铃大（近 6g）而衣分偏低（39%）。有意识地把不同特点的系统合在一起，可以提高品种的适应性，对环境条件的变化具有更大的缓冲力。泗棉 1 号在江苏省四年区域试验中皮棉产量均居前两位，年度间表现高而稳定。同时，利用品种区域试验的资料进行统计分析，其回归系数近于 1（1.008），而经典的数量遗传学理论认为，回归系数近于 1 而平均产量又高的品种，是具有广泛适应性的品种。

从地方品种——纯系品种——多系品种，可以看着是品种演变上的一个"否定之否定"。应用多系品种的理论基础，是用异质性代替纯一性。也许可以把多系品种看成地方品种。复合群体的科学改造，或可看作自然界野生种生态多型性的摹本，是走向大自然完整多样性的一步。众所周知，野生植物正是由于它们的遗传多样性，因而在多变的环境面前是安全的。

上述的许多事例证明了一个共同的观点，品种不是越纯越好。在农艺性状相对一致的前提下，纯中有异，即保持一定的遗传异质性，对生产实践反而有利。试验研究与生产实践表明，作物品种要达到稳定状态，通常有两条明显的途径：①品种是由多种基因型所组成，每个基因型能适应一定范围的环境变异，具有群体缓冲性；②品种的各个个体本身具有高度缓冲性，因此，该群体的每一个成员都能适应相当范围的环境。遗传上同质的群体，其生产力的稳定性显然依赖于"个体缓冲性"，而遗传上异质的群体，则可通过上述两方面途径而达到稳定性，从而具有更大的弹性。应该从这样的高度来估价各种良种繁育的方法。育种繁育的目的是使品种群体保持丰富的遗传基础，而经济性状具有最低限度的表型变异。这就是良种繁育应该遵循的原则。

三、原种更新周期

在棉花良种繁育工作中，科学地确定原种更新周期，关系到良种繁育规划的制订，原种繁育基地的设置与规模，是经济合理地利用原种的前提。

原江苏省泗阳棉花原种场于 1979 年进行了棉花原种不同代别比较试验，以分析主要经济性状在不同世代的变化趋势，为确定原种利用年限提供科学依据。供试品种为泗棉 1 号，原种为该场生产，原种后代种子均从泗阳县有关乡（镇）收集，以反映原种推广过程中的实际情况。试验结果表明：

（一）纯度变化

棉种的退化明显表现在田间纯度的逐代下降，这也相应反映在纤维整齐度上。异形异色子率从原种三代开始有所增加。原种后代纯度的鉴定，应田间与室内相结合，以田间鉴定为主，室内主要看纤维整齐度，参看异形异色子率（表 5 - 1）。

表 5 - 1　纯度变化

原种代数	田间纯度（%）	纤维整齐度（%）	异形异色子（%）
原种	100	96.0	0
一代	98.5	94.4	0
二代	96.0	92.0	0
三代	88.0	89.3	1.3
四代	88.0	84.0	4.3
五代	84.0	88.0	7.3

（二）产量比较

从子、皮棉产量看，均以原种最高，随着代数的增高而有规律的降低。各代子棉产量比原种减产 1.19% ~6.50%，皮棉减产 5.9% ~18.0%。从原种二代开始，皮棉产量与原种的差异达 5% 差异显著水平，从三代开始达 1% 极显著水平。这说明棉种退化直接影响产量，搞好提纯复壮，缩短更新周期是提高棉花产量的一项有效措施。原种五代皮棉产量略高于四代，为一例外。这可能是试验误差所致，也可能每批原种质量本身存在差异（表 5 -2）。

表 5 - 2 产量比较

原种代数	皮棉产量		子棉产量	
	绝对值（kg/hm²）	与原种相差（%）	绝对值（kg/hm²）	与原种相差（%）
原种	2 311.5		5 655.0	
一代	2 175.0	- 5.9	5 587.5	- 1.19
二代	2 059.5	- 10.9	5 400.0	- 4.50
三代	2 047.5	- 11.4	5 362.5	- 5.17
四代	1 879.5	- 18.7	5 325.0	- 5.84
五代	1 894.5	- 18.0	5 287.5	- 6.50

注：$LSD_{0.05} = 101.25 kg/hm^2$，$LSD_{0.01} = 144.75 kg/hm^2$

（三）农艺性状

棉种的退化在产量因子上主要反映在衣分的下降（表 5 - 3）。原种衣分为 40.1%，除原种五代外，每代平均降低 1% 左右。以原种三代为例。子棉比原种减产 5.17%，而皮棉减产 11.4%，其中衣分下降 3.0%，占皮棉减产数的 61%。1979 年由于受气候的影响，衣分普遍下降，但各代降低趋势一致，内在因素还是种性的变化。因此，在棉种提纯复壮工作中，应重视衣分这一性状的选择。原种后代随着衣分的降低，籽指有增高的趋势，故在提高原种衣分的同时，应考虑与籽指的相关，寻找两者适当的平衡点，使衣分这一性状比较稳定。

原种不同代别子棉产量的差异主要来自单株结铃的差异，单铃重的差异既不显著、又无规律（表 5 - 3）。

在纤维品质方面，纤维整齐度下降趋势比较明显而有规律。而纤维长度从四代开始才出现变短趋势（表 5 - 3）。

其他农艺性状，如生育期、株高、果枝数等各代无明显差异（表 5 - 3）。

表 5 - 3 农艺性状与品质考察

原种代数	株高（cm）	果枝数	总果节数	单株成铃	脱落率（%）	单铃重（g）	大样衣分（%）	籽指（g）	绒长（mm）	生育期（d）
原种	101.7	18.2	60.8	14.6	76.0	4.5	40.1	9.6	29.4	137
一代	94.8	18.0	64.1	14.2	77.8	4.6	39.1	9.9	29.7	136
二代	93.4	18.5	58.5	14.2	75.7	4.6	38.2	10.4	29.4	137
三代	91.6	17.3	54.8	13.7	76.8	4.4	37.1	9.9	29.3	137
四代	96.7	17.8	57.6	11.9	79.3	4.4	35.2	10.6	28.6	138
五代	97.4	18.8	58.9	12.8	78.3	4.5	36.0	10.3	28.7	136

综上所述，棉种退化是一种客观趋势。泗阳县实行一县一种（泗棉 1 号），分片分代更新的良繁体制，混杂的可能性并不大，但退化现象仍然明显。棉种退化综合反映在纯度、产量和纤维品质等方面，不同性状退化速度有快慢之分，在典型性上首先表现在

田间纯度下降，在丰产性上突出反映在衣分降低，在品质上主要是纤维整齐度变劣。而这三者均从原种三代开始出现明显差异，皮棉产量比原种减产 11.4%，差异达极显著水平，田间纯度与纤维整齐度都下降到 30% 以下。原种四代差异更明显，看来，原种利用年限一般以三代为宜。

这一试验结果与大面积生产实践是一致的。上海市嘉定县种子站，在 1964 年曾对岱字 15 号原种不同代别与产量、产值的关系作过调查。调查结果表明（表 5－4），随着原种代数的增高，产量与产值随之下降，从原种三代开始差异比较明显，四、五代更甚。

表5－4　原种不同代别与产量、产值的关系

原种代别	调查面积（hm²）	每公顷产皮棉（kg）	衣分（%）	每公顷产值（元）
一代	7 552.5	2 056.5	37.64	142.70
二代	7 134.0	2 017.5	36.64	139.96
三代	6 292.5	1 806.0	36.30	135.10
四代	5 008.5	1 680.0	36.22	118.26
五代	3 163.5	1 567.5	35.65	110.23

上述结果说明，实行原种三代更新是合理的，针对棉种容易混杂退化的特点，必须加快原种繁育速度，缩短更新周期，以快制胜。但考虑到经济效果，更新周期也不是越短越好。片面强调缩短原种利用年限，不仅不可避免地增加种子生产成本，加重农民负担，不符合经济法则；而且可能带来片面追求原种数量而忽视质量的偏向。事实上，三圃面积过大，很多工作跟不上，原种质量就难保证。而原种质量低，就是利用一代，增产效果也不大，这方面的教训是不少的，因此，关键是严格执行原种生产的技术操作规程，提高原种质量。同时，健全良繁体系，实现一县一种，集中繁殖，逐片更新，从根本上防止混杂，以确保整个更新周期的增产效果。

另外，农艺性状、经济性状、生物学特性及其抗逆性的鉴定，无论是株行圃、株系圃、还是品系比较，都要在各种性状充分表达的情况下进行，例如：抗枯黄萎病品种要在有枯黄萎病充分发病的条件下进行鉴定，才能保证品种的抗性不减退，抗虫品种要在有抗虫性鉴定的条件下进行，抗除草剂品种要进行抗除草剂鉴定，高产品种要在产量水平相对较高的田块鉴定，优质品种要加强纤维品质的鉴定，总之良种繁育要使繁育出的种子各种典型性状符合原来品种的特性，鉴定条件要满足品种性状表现的需要，使繁育出的种子相对保持"原貌"，也就是说不走样、不退化，在繁殖过程中发现新类型、培育新品种则另当别论。

四、纯中有异的良种繁育方案

作物品种提纯复壮方法之一的改良混合选择法，即单株选择——分系比较——混系繁殖法，本身是符合纯中有异的原则的。这一方法是系谱选择与混合选择的综合运用，取其所长，补其所短。由于所选单株都要经过后代试验，由表及里，即从表现型的选择

深入到基因型的考察，因而容易达到性状的优良而一致。同时，由于当选单株后代混合繁殖，既保证了数量，又使品种群体保持一定的异质性，从而增强品种对环境的适应性。实践证明，这是经济、合理、有效的良种繁育方法。但在生产实践中，还有不少问题值得探讨，才能形成一个名副其实的纯中有异的良种繁育方案。

一是选择来源。从纯中有异的观点出发，提倡优中选纯与多中选优相结合。

优中选优，即从少数优良的系统中选择单株。这样，有利于提高典型一致性，降低淘汰率，从表面看来既方便又可靠，因而不少种子生产单位都从多中选优改成优中选优，进而又设置选择圃，集中少数优系，稀植大株，作为选择单株的固定基地，以进一步减轻工作量。有人认为多中选优是"矮子中挑长子，长子也不高"，而优中选优是"长子中挑长子，越挑越长"。但沿着这样一条轻快的"捷径"走下去，却存在潜在的危险。

首先，单株选择的来源越来越狭窄，往往在一个优系中就要选大量单株。这样越来越纯，代代相传，遗传基础容易贫乏，即异质性丧失，从而导致适应性下降。换言之，如果选来选去只在少数几个所谓优系里打转，就丢掉了纯中有异这一方案的实质性内容。同时，育种家缺乏充分的把握识别优良的基因型。作物的经济性状都属数量遗传，易受环境变化的影响。故表现型的测量并不一定就是优良基因型的指标。这方面已经给予许多良种繁育工作者一个严重的教训，这就是是否真正收到了优中选优的效果，还是当选者不一定优，而淘汰者未必就是劣。

总之，片面强调优中选优是弊多利少。原江苏省泗阳棉花原种场在这个问题上经历了多中选优到优中选优，再到两者结合的过程。以棉花良种繁育为例，有效的做法是一方面扩大优系的范围，每年从三圃中选出 50～60 个优系，再从中选择优良的单株（约占全部单株的 2/3）；同时，从一般系统和大田再精选部分单株。这样，经过长期的考察，就可以逐渐掌握和建立起一批更适应当地条件的优系，形成一个相对稳定的优系集团，使品种群体的基因频率逐步出现一个符合人们要求的变迁，从而获得较高的性状表现水平；又不断注入新的血液，增加异质性，丰富遗传组成。

二是选择数量。丰富的遗传基础不仅与选择来源有关，也与选择数量有关。不论哪个品种群体，都存在着一个基因库。对于良种繁育来说，很重要的一条是不能破坏原有基因库中优良基因的配套。单株选择实际上是对品种群体基因库的取样，样本越多，代表性越大。选择数量过少，上下代之间的"遗传口"开得过狭，就可能使某些基因永久性的丢失。因此，必须有一个足够数量的群体。从遗传学的角度来说，一个大群体是指其中有以百计而不是以十计的个体。这样，作为一个一般的原则，单株选择应以千数计，株行应以百数计，株系不少于数 10 个。原江苏省泗阳棉花原种场一般每年棉花选单株 3 000～5 000 个，株行 600 个左右，株系 100 个以上。

三是选择标准。根据纯中有异的原则，应处理好下面三个关系：

（1）典型性与丰产性。两者是辩证的统一，丰产性是目的，典型性是手段。如果在提纯复壮中，只注意丰产性，忽视典型性，会造成品种种性不稳或"走样"，丰产性也就难以保证，从而使品种降低甚至失去使用价值。而只注意典型性，忽视丰产性，原种的增产效果自然会受限制。如上所述，纯中有异是棉花品种存在的具体形态，因此，典型一致性是一个相对的尺度，而不是一个绝对的框框。不同性状要区别对待：对一个品种的基本模式及其主要的经济性状要从严；对易受环境影响的性状或次要的形态特征可以宽。

（2）综合性状与单一性状。一个优良品种首先是综合性状好，片面追求单一性状多半经不起考验。因为单一性状往往与特定的单一基因型相联系，而综合性状与多基因系统相联系，同时性状之间存在着复杂的相关性。例如，衣分是一个重要的经济性状，衣分高是原种增产的一个重要因素，因此一般都很重视。但如果片面追求高衣分，往往带来种子小，出苗弱等矛盾。原江苏省泗阳棉花原种场一度曾强调高衣分的选择，衣分提高效果明显。如1970年为40.34%，1971年为40.82%，1972年为41.19%，1973年为42.34%，1974年为43.46%，1975年为42.14%，正是连续的定向选择，形成了泗棉1号的高衣分特点。但因衣分与种子大小存在着明显的负相关，带来了种子小的缺陷（9g左右）。也就是衣分约上升了2%而种子随之下降近1g。这是一个深刻的教训。

（3）经济性状与生物学性状。作物品种受人工选择与自然选择的双重作用。通过人工选择可以使有利于人类的特性，即经济性状，得到累积与加强，以满足生产发展的需要；而自然选择的结果，使有利于作物本身的性状，即生物学性状，得到累积与加强，以适应生存的自然环境。两者既有统一的一面，又有矛盾的一面。如适应性、抗逆性、早熟性等对作物生存有利，又对农业生产有利。因此，在提高经济性状的同时，要注意加强有利的生物学性状的选择。这样，既有利于性状的协调，也有利于保持长期进化过程中形成的平衡多基因系统。

综上所述，纯中有异的良种繁育方案，是以改良混合选择法为基础，着眼于"宽、多、全"三个字。即选择来源宜宽不宜窄，选择数量宜多不宜少，选择标准宜全不宜偏，在此基础上逐渐建立起一批各具特点的优系，形成一个主要经济性状相对一致而遗传基础比较丰富的品种群体，这样才能保持品种完整的基因库，达到全面保持和稳固提高一个品种优良种性的目的。

第三节　育繁结合的思路与实践

繁育结合，是指在品种提纯复壮过程中，对优良材料进行不断选择和鉴定，使某些性状获得很大改进，超越原有品种的变异范围，由量变到质变，就自然形成一个新品种或原品种的新品系。这样结合原种生产，而选出新品种是事物发展的必然过程，在生产实践中也得到广泛的应用。

一、作物品种发展观

任何品种既有保持原有特性，代代相传，即遗传的一面，又有产生新的特性，不断分化，即变异的一面。遗传与变异是生物有机体繁殖过程中同时出现的两种普遍现象，是品种内在的基本矛盾。在生产实践中，可以经常看到子代和亲代的性状只是相似而不尽相同，或者更精确地说，是某些性状相似，某些性状不相似，所谓不变之中有变，这说明子代与亲代的相似不是简单的重复，在遗传的同时又伴有变异的发生。另一方面，子代与亲代的不相似也不是漫无边际的，变异受品种遗传机制的制约，通常不会超出一定的范围，所谓变中有不变。正因为如此，所以才可以区分品种的混杂与变异两类现象。如果一个品种只有变异而无遗传，那么就无法认识和掌握成千上万品种的具体形态，更谈不上在生产上的利用。如果一个品种只有遗传而无变异，那么品种就没有发展，也就不可能有改进提高。遗传与变异的对立和统一，制约和突破，促进了品种的形成与演变，这就是品种的发展观。

品种存在于变与不变的对立统一之中，历史地看问题，则变是绝对的，不变是相对的。其原因如下：

（1）分离重组是无限的。任何品种不可能是完全纯合的，纯中有异是品种存在的具体形态，因此在繁殖过程中仍然会有基因重组，出现性状分离。由于重组与分离，通过有性繁殖，因而几乎没有两个个体具有完全相同的基因型。

（2）天然杂交的作用要充分估计。稻麦为典型的自花授粉作物，但天然异交率一般仍达 1% ~ 5%。一般水稻如以 10 万基本苗计算，就有 1 000 ~ 5 000 株为异花授粉的第一代。其中即使只有 1% 为不同品种间杂交（假设余皆为品种内杂交），也有杂种一代 10 ~ 15 株。而每一 F_1 个体如含有 20 对杂合基因，那经过 5 代自交后将分离出 $2^m = 2^{20} = 1 048 576$ 种同质结合的基因型，这是令人吃惊的数字。

（3）自然突变也不罕见。基因突变频率，就单个位点来说是极低的，一般为 $3 \times 10^{-8} ~ 1 \times 10^{-5}$。但高等动植物的细胞可能有 150 万 ~ 200 万个基因，即每个细胞可能有一两个基因发生自然突变的机会。当然多数突变的表型效应是微弱的，往往不易察觉，或者发生恢复突变，但对一个品种群体来说，有可能蕴藏着不少宝贵的变异。

（4）环境条件的影响不容忽视。这种影响是十分复杂的，它既作为选择因素，可能引起基因频率的某种改变，又作为变异因素，可能直接（如宇宙射线、天然放射性物质以及温度的骤变等引起的遗传物质的改变）与间接触发某种变异。同时，还可以导致新的分离。因为遗传的稳定性是相对于具体条件而言的，所以原来所谓稳定的品种一旦种在异常条件下，往往就会出现新的分离，这是远距离引种与异地异季繁殖时（如水稻南繁与小麦高山夏繁中）经常遇到的现象。

变异总是向有利与不利、进化与退化两个方向同时进行的。值得指出的是品种群体长期经受各种变异因素的综合作用和人工——自然选择的双重影响，有利于形成平衡多基因系统，获得综合性状更加优越、适应性更强的材料。如天然杂交由于通过充分的自由授粉，而且其后代处于亲本群体的包围之中，往往可能发生回交等多种方式的复交，使杂合基因有充分的分离、重组、交换和互作的机会，加上人工——自然选择的交互作用，因而就有利于理想重组型的出现。这就对不少适应性广泛的良种来自天然杂交作了解释。如苏联著名棉花品种"108 夫"就是天然杂交的产物，它从 20 世纪 40 年代中期到 70 年代初期在苏联一直处于当家品种的地位，引进我国以后也同样在棉花生产上长时间发挥良好作用。

总之，在自然界品种变异的因素是十分复杂的，而且彼此往往是交错的、重叠的。实际上，当考虑到自然选择利用自然变异创造了如此丰富多彩的生物界，那么对自然变异的无穷潜力就不会感到惊奇。事实证明，在生命自然界不断发展进化的巨流中，从未有过停滞不变的东西，品种也不例外。

二、品种修缮与创新

良种繁育的任务在于深入掌握品种遗传变异的规律，并且能动地利用这些规律对品种的遗传性（种性）进行管理、改造和利用。

提纯复壮首先是防止良种混杂退化，保持其优良种性，这是良种繁育的基本要求。离开了这一点，提纯复壮就失去了依据和准绳，良种在生产上的利用就失去了可靠的保证。但是，应该对种性作具体分析，任何品种都有缺点和不足，优点也需要继续提高。原则是，既要稳定遗传的一面，巩固品种的优良性状，又要积极慎重地利用变异的一面，不断提高和改造种性。

在提纯复壮的过程中，利用变异的方式有两种：

一是品种修缮。针对品种的优缺点，细心考察良种的各种变异，积累有利变异，淘汰不利变异，在保持品种优良性状的基础上扬长避短，使之逐渐臻于完善。特别是经济性状属数量遗传，通过选择可以使支配数量性状的多基因起累加作用，并向着好的方面集中，从而提高种性。例如原西北农学院（现西北农林大学）曾进行棉花品种中棉所 3 号的提纯复壮，由于采取了病地选择单株和病地鉴定株行的方法，从而提高了原种对枯萎病的抗性。全国抗枯黄萎病协作组 1972 年用全国十三个菌种进行鉴定，结果是：中棉所 3 号普通种的病情指数为 64.22，死苗率为 45.01%；原种病情指数为 49.11，死苗率为 24.66%。其他性状没有变异，被称为 "西农中 3"。

二是品种创新。系统选择与提纯复壮相结合，利用超越原有品种范畴的优异变异材料育成新品种。原江苏省泗阳棉花原种场 1960 年开始繁育岱字 15 号，随着水肥条件的改善，岱字 15 号中长势较强、株型松散、叶片平阔的类型，越来越不相适应。因此，在保持和岱字 15 号基本优点的前提下，注意选择长势稳健、株型紧凑、叶片较小的类型，经过连续的定向选择，终于获得了比较理想的优异类型，在 1970 年育成了泗棉 1 号新品种。它比岱字 15 号更适应当时的生产水平，具有果枝着生节位低、株型较紧凑、叶片较小、成熟略早、衣分较高等优点，而且皮棉增产幅度为 11.78% ～ 26.4%。前后四年参加江苏省区试，皮棉产量均居前两位。辽宁省黑山县棉花原种场，从锦棉一号中经过多次连续选择，育成黑山棉一号，解决了早熟与大铃的矛盾，比锦棉一号增产皮棉二成左右，是棉花早熟育种的一个突破。在 1978 年全国科学大会上获得成果奖的 9 个棉花良种中，有 4 个良种（黑山棉 1 号、泗棉 1 号、通棉 5 号、沪棉 204）是繁育结合的产物。

在提纯复壮的过程中，在生产具有本品种优良种性的原种时，利用有益的量变以修缮原品种，利用优异的质变以选育新品种，这就是繁育结合的全部内容。事实说明，良种繁育不是单纯防止混杂退化，依样画葫芦，保持品种的原来面貌，而是在防止退化的基础上，提高种性，推陈出新，使良种不断完善和发展，达到 "源于老品种，高于老品种" 的目的。

三、繁育结合的实践

原江苏省泗阳棉花原场在棉花品种改良中，经过多年实践，摸索出了一套棉花品种繁育结合的方法和程序，其要点是：

一是抓准繁育对象。对良种繁育工作来说，确定提纯复壮的对象，即品种定向是带有战略性的大事。因为品种选错了，提纯复壮工作就毫无意义，繁育结合就更谈不上。分析系统选育育成品种的来源，大多数是从当家品种与接班品种中选出的，这与提纯复壮的要求是一致的。从当家品种选择有卓著成效的原因，首先是基础好，因为当家品种集中反映了当地自然、栽培及社会经济条件对品种的需要，只要确实超过原品种，就有把握推广，而从其他材料选择往往会"先天不足"；其次是易掌握，因为当家品种的性状在生产实践中得到充分表现，特别是通过提纯复壮，对品种的脾气能摸得透，看得清，选得准；再其次是当家品种面广量大，变异比较丰富。一个良种也与任何事物一样，有其发展过程，经历着青春期、壮年期乃至衰老期。多数系统选育育成的品种，是从大面积推广，居于主栽品种地位的壮年期选出的。因为只有这时才引起人们的普遍注意。这样选出的品种，除少数有重大突破者外，多数是在某些方面更适于当地的生态条件。当时从岱字 15 号选出的品种包括洞庭 1 号、沪棉 204、泗棉 1 号等，就是如此。20世纪 80 年代太仓棉花原种场从大面积推广的常规棉品种泗棉 2 号中选育出抗枯萎病品种 87 - 2 （定名苏棉 4 号），尔后泗阳棉花原种场又从泗棉 3 号中选出早熟品种泗阳123，从新参加省级棉花品种试验的常规棉新品系南通 84 - 239 中选育出抗枯萎病品种泗阳 331，并且在棉花生产上大面积推广应用。总之目标明确，繁育结合，方法得当，系统选择新品种是大有可为的，即使将来在品种创新、材料创新中也还会发挥作用。

二是明确选择目标。原则是：复壮材料纯中求优，育种材料异中求优，对那些无益的变异，绝不猎奇，坚决淘汰。育繁结合的出发点与归宿始终是生产发展对品种提出的要求，一分为二地对待品种，扬长避短，推陈出新。不论是品种修缮或创新，在一般情况下，矛盾的主要方面是避短，是打破一个品种的限制因子。必须指出，避短和扬长都有一个前提条件，就是必须保持原品种的综合优良性状，否则，选出来的品种还是前途难卜。扬长避短，全面兼顾，当然价值更高，但比较艰巨。如 20 世纪 70 年代后期选育的棉花抗枯萎病新品种 86 - 1 选自陕 65 - 141，其丰产性与抗病性都有提高，成为当时首屈一指的抗病高产品种。三是扩大基础群体。要求群体选择面广，选种量大，能为发掘优良的变异材料提供广阔的遗传背景。多与精是辩证统一的。选择面窄，群体有限，往往无宝可寻；群体虽大，粗枝大叶，纵有瑰宝，则难发现。因此，提倡"多看精选"，采取优中选优与多中选优相结合，每年对繁育的品种尽量多选单株，多种株行，前者通常以千计，后者以百计，这样，不仅有利于巩固原品种的优良性状，而且也有利于发现和抓住各种变异，为繁育结合提供丰富的素材。同时，可以确保原种生产的规模，缩短更新的周期。

四是加强分系比较，做到长短结合，因材制宜，区别对待，灵活掌握。这样既能满足大面积生产用种的迫切需要，加速原种繁育，又能长期地考察某些品种系统，积累比较完整的资料。分系比较通常进行两年（第一年株行圃，第二年株系圃），第三年原种圃一般系混合繁殖，优系（一般 5～7 个）继续分系比较。对一些突出的优良系统（一般每年 2～3 个），除在三圃加强考察外，并设置有重复的品系比较试验，进行多年的连续鉴定。这样，通过长期的比较鉴定，在提高原种质量的同时，就有可能育成有希望的新品种（系）。

这一繁育结合的做法，是与"纯中有异"的繁育方略一脉相承的。如两者都强调选择面广，选种量大，那么可以丰富遗传基础，特别是品种修缮，通过不断地积累有利变异，增加了新的遗传异质性，从而使"纯中有异"包含了更为丰富的内容。

总之，提纯复壮本身与系统育种是有机联系的。从品种群体中，选择优良的基本型为提纯复壮，选择优良的变异型为系统育种。繁育结合，大有可为。

第四节　繁育体系

一、三年三圃制

我国长期采用的良种繁育方法是利用改良混合法，即三年三圃制。三圃制方法良种繁育，要在纯度高的原种圃、株系圃、株行圃中选单株，由熟悉并掌握品种特性的科技人员参加单株选择与株行鉴定。株行圃、株系圃在肥力水平高、管理水平好的棉田种植，以提高种子产量及便于品种特性的充分表现，株行、株系圃在土壤肥力差、施肥水平差的低产田种植，优良的基因型难免受抑制，不利于正确的田间选择。为便于田间鉴定，可采取宽行稀植的方法种植。株行、株系圃周围要求种植同一品种的原种，以防其他品种的混入和串粉。在播种、收花、轧花过程中采取严格的防杂保纯措施。

原种及一代种的生产，在大面积推广本品种的棉区进行，集中连片种植，加强肥水管理，提高皮棉与种子产量，提高种子品质。根据营养钵育苗移栽，棉种用量少的有利条件，大面积生产提倡以一代种、原种为主，辅之以部分二代种进行调剂，杜绝使用三代以上种子。

良种繁育体系多年来也在不断改进与提高，由一县一场制"小而全"的良种繁育到育种单位主导的，少数单位集中建立三圃分散繁殖生产用种的良种繁育，再到集中繁殖统一供应生产用种的良种繁育。

原种场、良繁区、良种棉加工厂相配套，品种提纯、繁殖、加工一条龙，是我国棉花品种良种繁育体系的基本模式。20 世纪 60 年代以来，基本上每个产棉县都按这一模式建立良繁体系，对促进棉花品种纯度的提高与棉花生产的发展发挥了较大的作用。然而这也始终存在着选择标准因人而异、性状难稳定、混杂退化难杜绝的现象。再则棉花良种繁育技术性强，要有长期稳定的专业技术队伍及素质较高的技术人员专门负责，要有一定的基础条件及管理制度，还要有足够的经济投入，改革开放以后农业比较效益降低，国家对良种繁育的补贴从大幅度减少直至取消，原良种繁育体系更难以维持，同时随着技术的进步及市场经济的发展，改革创新良种繁育体系更势在必行。

二、育种家种子繁殖

江苏省泗阳棉花原种场从 20 世纪 80 年代初推广泗棉 2 号开始，利用场里育种及良种繁育的基础设施及技术力量，扩大泗棉 2 号基础（株系）种及原种的生产，发挥育种单位的作用，为品种推广地区提供株系及原种，供其繁殖原种、一代种就地供应大田用种。

这种株行、株系、原种的生产，单株的选择鉴定等技术性强的工作，由掌握品种特性的育种单位及育种人员负责，更能保持种性稳定。这样由于基础可靠，即使在后来的某些环节出现小的偏差，也不至于动摇整个品种的种性。育种单位利用自身优势，在搞好育种工作的同时扩大原原种的生产与供应，比各种子生产单位自建"三圃"投资省，费用少，成本低，符合市场经济条件下，扬长避短、优势互补的原则。这种方法打破原先一县一场制计划经济框架下的良种繁育体系，也体现社会化分工，由每个县都建设原种场、选择单株、建立三圃，改由少数技术力量强的育种单位选择单株，良种繁育单位，只要年年用育种单位提供的原原种繁殖良种，供应生产用种，减少建立"三圃"的投资，也避免众多单位重复建"三圃"、家家小而全的浪费，又不用负担大面积进行品种更换原"三圃"中断、材料浪费的损失，简单易行、经济合理。1984 年以来，原江苏省泗阳棉花原种场在大面积推广泗棉 2 号的江苏省盐城市郭猛乡、安徽省无为县泥汊镇等建立棉花良种繁殖基地，繁种基地利用场里提供的原原种，在场技术人员的指导下，进行棉花良种繁殖，每年都为社会提供大量的合格种子，受到了用户及农业行政部门的重视。江苏省盐城基地曾获得江苏省科技进步奖，安徽省无为基地受到了安徽省农业部门领导的高度重视，成为安徽省种子部门特约繁种基地。1993 年以后，随着泗棉 3 号的推广，泗阳原种场在巩固原基地的基础上，又在江西省九江市、江苏省大丰市及有关国营场圃等地建立种子繁殖基地，收到了较好的效果。实践证明，育种与原种生产相结合，充分发挥育种单位的作用，扩大原种生产，在品种推广地区建立良繁基地，就地生产供应良种，这一繁种体系确实行之有效。世界上主要产棉国，如美国、埃及等，每轮良种繁育也都是从育种家种子开始的，并规定育种家种子要在育种家亲自参与或育种家授权的单位进行生产，因而质量有保证。

育繁推一体化体系建立与运行，在于育种单位要目光远大，能看长远、顾大局，处理好当前利益与长远利益的关系，自身效益与社会效益的关系，在兼顾自身利益的同时，注重社会效益。在原原种生产上，要有实事求是的科学态度，坚持质量第一，不受眼前利益趋使，无论种子的供求形势怎样，质量丝毫不能马虎，视种子质量为生命，种子越是紧张越是不能降低质量。从品种推广的角度看，坚持种子质量，推广的速度暂时看上去慢，但能稳定发展，提高推广质量，实质上还是快。种子质量跟不上，粗制滥造，一哄而上，没有质量的速度，只能昙花一现。其次是基地担负着繁殖与加工供良种的任务，是良种通往大面积生产的桥梁，直接影响繁种与供种质量。要选择大面积推广本品种的地方，作为繁殖基地，并要有较强的技术力量、领导力量及较好的外部环境，要兼顾育种、繁种、用种单位各自的利益，以调动各方的积极性，使大家愿意合作，共同促进良种推广。

三、一年繁殖　多年储藏利用

为提高良种繁育与利用的成效，近年来泗棉在多年探索研究、反复试验的基础上，又进一步创新，利用我国地域广阔，气候及生态型差异大的条件，在本地、海南及新疆等不同气候型、不同生产条件及产量水平的地区，采取东西互补、南北联动的方法，异地选择鉴定单株、株行，异地生产原种、良种受到了很好的效果。在泗阳当地进行单株选择、株系种生产与鉴定，冬季在海南进行反季节鉴定及单株选择，同时利用新疆等干旱少雨地区，棉花生产水平高，留种籽棉比例大，种子质量好、产量高的条件进行异地繁殖，也受到良好的繁种效果，一般中熟、中早熟品种在南疆、东疆棉区都可以进行繁殖，早熟、特早熟品种在北疆繁殖。新疆棉区棉花生产水平比较高，产量水平较高的田块，每公顷籽棉产量一般 6 000kg 左右，留种籽棉 4 500kg 以上，健籽率、发芽率可达到 90% 以上，单位面积种子产量比内地普遍高一倍多，健籽率、发芽率等主要质量指标比内地高 10%，生产应用以后普遍表现苗齐苗壮苗势强，可以采取精量播种，用种量大幅减少，有利于降低生产成本与提高棉花产量。

另外根据多年研究及生产实践，利用新疆地区干旱少雨、大气湿度小的气候特点，一般普通仓库，脱绒包衣棉种储藏 3 年发芽率不降低，生产上可以正常利用，无论是株系种、原种还是生产用种都可以采取一年繁殖、隔年多年储备利用。采取这种方法一年繁殖多年利用，生产成本进一步降低，种子质量也更有保障，是一种新型的适合我国生产条件的棉花良种繁育利用方式，在进行规模化、专业化、社会化种子生产工作中可以进一步研究探索。

综上所述，坚持走育繁结合的道路，有利于加速良种推广和稳定良种种性，延长新品种的使用年限，以充分发挥品种的增产效益。也有利于育种单位自身效益和社会效益的结合，以及育种水平的提高。无论从品种改良，还是从品种利用角度考虑，育繁结合都是适合我国国情的、具有强大生命力的、科学的棉花良繁及其品种改良体系，应不断完善与推广。

第六章　栽培技术体系

棉花生产的目的是实现优质、高产、高效益。影响棉花产量、品质形成的因素有品种、气候、土壤、耕作、栽培及其他管理措施。品种具有遗传的属性，高产栽培是使品种以外的其他因素同品种特性之间相互协调，使品种产量潜力得到充分发挥的关键。泗棉3号高产栽培是根据品种本身的生长发育特性，采取相配套的栽培技术措施。

第一节　栽培技术操作要求

泗棉3号属于中熟偏早类型品种，在我国除了早熟、特早熟以外的广大棉区均可以使用，在生产上可作为一熟（春茬）棉、麦套棉、早夏茬、油菜后移栽及沿江以南棉区油菜后直播棉品种应用，是一个用途较多的兼用型品种。一熟棉及麦套棉可采用营养钵塑料薄膜覆盖育苗移栽，也可采取地膜覆盖播种及露地直播种植，前两种方式更有利于实现优质高产。高产栽培的策略应是延长有效开花结铃期与提高成铃期内的成铃强度并重，增加总铃数与提高铃重并重，高产与优质并重。

一、合理的生育进程

合理的生育进程是棉花生长发育在时间序列上的各种长势长相与优质、高产的目标相一致，也即棉花生长发育生理年龄的青壮期与当地最佳生长季节同步，或开花结铃盛期与当地最佳结铃季节（光热资源丰富的高能季节）同步，这是实现优质高产的关键。而生育进程的调节主要是靠适时播种与前期加强栽培管理，早管促早发，或采取盖膜保温促早发来调节。

江苏棉区一般7月下旬至8月底是其光热资源丰富的时期。各种栽培方式及其生育进程的安排均应以最大限度地利用7月下旬至8月底这段光热资源最丰富的时期集中开花成铃为主要目标。根据泗棉3号品种的生育特性，为充分利用其光热资源，也即使泗棉3号在7月中下旬至8月底进入开花结铃盛期，多结伏桃早秋桃，多产优质棉，一熟棉及麦套棉营养钵育苗移栽，可于3月底至4月初播种，至迟不应晚于4月15日，并于5月10~15日前移栽。

直播地膜棉应于4月15~25日播种，4月底前齐苗。麦油后移栽棉应于4月10~15日播种育苗，5月中下旬移栽。沿江以南棉区油菜后直播棉选用泗棉3号品种应在5月中旬播种结束，否则需要采用育苗移栽。在适期播种的同时，加强前期栽培管理，及时增施肥料，促壮苗早发。前期土壤升温慢，容易僵苗不发的田，可采用地膜覆盖增温，也即移栽地膜棉，促早发稳长。

其发育进度及理想长势应为 6 月 10 日前后现蕾，现蕾时理想株高 20cm，株高日增量不超过 1cm，叶面积系数 0.5～0.8。盛蕾期株高 35cm 左右，株高日增量通过化学调控控制在 1.5cm 以内。7 月 10 日左右开花，开花时株高日增量通过化学调控控制在 2cm 左右，叶面积系数 1.4，单株果枝 10 台，株高 50cm，叶色褪淡，长势稳健，叶片大小适中，上层叶姿挺立。7 月下旬进入盛花期，株高 80～85cm，叶面积系数 3.5 左右，单株 16～18 台果枝。7 月中上旬封小行，7 月底至 8 月初封大行，总体表现为下封上不封，中间一条缝，封而不严，中、下部始终有较好的通透条件，7 月中下旬至 8 月底集中开花成铃，9 月 5 日以后进入吐絮期。

不同种植类型、不同播种期生长发育进度较上述指标可提前或推迟 5d 左右，生长量也有所增减。油菜后直播棉常推迟 10d 以上，即有效开花结铃期将缩短 10 余天。小麦后育苗移栽，为提早开花结铃，更需培育壮苗，并在麦收后板茬抢时间移栽，力争在 6 月 10 日前移栽结束，同时浇足水分，提高移栽质量，缩短缓苗期，促进早活棵，移栽后及时中耕灭茬追肥，促进提早生长发育，并加强管理，促进稳长不早衰。延长有效开花结铃期，增加结铃数，提高总产量。

二、适宜的群体结构

合理的种植密度是创造棉花高产群体的基本条件。密度既影响群体的大小，更影响群体质量的好坏。密度过大，个体生长发育受到限制，影响群体质量的提高，容易造成群体条件恶化，特别是中、下部光照条件差，棉株易窜长，主茎粗壮，节间拉长，上、中、下一般粗，中下部果枝瘦弱，细而短，发育不良，群体果节数虽多但果节素质差，难以提高成铃率，或总铃数虽然多，但中下部内围铃不多，铃重不高。中、下部荫蔽重，前期成铃少，烂铃多，最终形成上部外围果节成铃过多，还易导致铃轻晚熟。

相反，密度过稀或株行距配置不合理，不能充分利用生长空间，漏光损失严重，也难以提高光能利用率。并且提高单产对单株生产力的要求过高，要求单株多结铃，势必导致外围铃多，上部铃多，晚熟。密度的确定首先是依据品种特性，既要考虑到前期增加群体叶面积提高群体光能利用率，减少漏光损失，又要考虑到中期有利于改善棉株中下部的受光条件，最大限度地协调好棉花个体生长与群体发展的矛盾，协调好棉株果枝（横向）生长与主茎（纵向）生长的矛盾，使果枝生长与主茎生长相协调，营养生长与生殖生长相协调，使生物学产量与经济产量同步提高，使总果节数的增加与提高果节素质相协调，同时协调增铃数与增铃重的矛盾，实现早、中、晚三桃齐结，上、中、下分布均匀，伏桃满腰，秋桃盖顶，桃多桃大。

通常种植密度可根据种植时期、气候条件、土壤肥力及施肥水平而定。播期早的有效积温多，棉株个体发育较好，密度应相应小些，反之，播种迟的密度宜相应增加，特别是因受灾推迟播种，或已明显延误生长季节，更应加大播栽密度。无霜期长的地区，棉花生长发育时间长，有效积温多，棉株个体发育好，密度应相应稀些；反之无霜期短的地区则应相应增加种植密度。棉花生长期间阴雨天气多，降雨量大，光照差，空气湿度大的地区种植密度宜稀些；雨水少，光照足，气候干燥的地区，种植密度宜大些；反之则应增加种植密度。根据泗棉 3 号总果节数多，棉株受光姿势好，高抗棉铃虫，蕾铃受为害轻，成铃率高的特性，可采取中群体，壮个体，高积累的经济栽培技术，培育与密度相适应的株型，最大限度地协调好增铃数与增铃重的矛盾，根据最终棉株可能达到的高度，以株高定密度，适期播种，肥力中等，株高 1m 左右的田块，每公顷 45 000 株左右为宜。株高 80~90cm 的田块，每公顷 45 000~52 500 株为宜；肥力水平高，施肥量大的田块，株高 1.1m 以上每公顷 37 500~45 000 株即可。西部干旱少雨地区，例如南疆部分地区引进种植，密度一般可达每公顷 150 000 株左右。

同等密度条件下，株行距的合理配置至关重要。根据泗棉 3 号果枝与主茎夹角小，前期可推迟封行，中后期果枝长，果节多，果枝弹性好，外围果节成铃后果枝自然下垂，可减轻田间荫蔽程度的特性，采用宽行距窄株距的栽培方式，适当加大行距，使开花成铃以后棉田形成一个波浪状、动态式立体受光姿势，使其行行成边行，有利于改善棉田中下部通透条件，增加边行优势，使果枝生长与主茎生长相协调，提高成铃率，增加结铃数，减少烂铃数，实现每台果枝成铃 2 个以上，群体成铃率 40% 以上，较为经济合理。为达到上述目标，平均行距应为棉花打顶后株高的 75% 左右。一般土壤肥力好，株高 1m 以上的田块，平均行距应在 80cm，如实行大小行种植，大行与株高的比为 1∶1，小行与株高的比为 0.5∶1，使 8 月初成为叶面积指数最高的时期，棉株上、中、下各个部位果节无论现蕾、开花、成铃、吐絮都具有较好的通风透光条件，促进干物质积累与转化，提高皮棉产量。

在人多地少，土地资源紧张，粮食生产压力大的地区，棉花生产通常采取麦棉套种的形式，为多产粮食，往往扩大麦幅，挤占棉行，其结果是麦幅过大，棉行过小，一是造成棉花大行过大，小行过小，影响合理地利用光能，再则，棉行过小，麦棉共生期间，棉苗生长环境过差，不利于壮苗早发。因此，无论采取哪种种植方式，都应留足棉行。一般采用麦幅 50cm，空幅 100cm；棉花小行 50cm，大行 100cm。这种方式有利于进行农事操作，又有利于高产高效。

三、适宜的产量结构

（一）中产水平

1992—1993 年的江苏省宿迁市耿车镇和王宫集乡两年 0.81hm² 泗棉 3 号高产试验田，每公顷平均密度 44 625 株，株高 94.97cm，果枝 17.09 台，单株果节 68.9 个，每公顷总果节数 307.65 万，成铃率 41.75%，单株成铃 27.73 个，每公顷总铃数 1 236 525 个，单铃子棉重 4.1g，每公顷产子棉 5 073kg，衣分率 40.3%，平均皮棉每公顷产 2 046kg。

根据栽培试验及大面积生产调查，泗棉 3 号稳产性能好，产量潜力大，春茬、麦茬及油菜后移栽棉，都应将 1 500kg/hm² 以上皮棉产量作为栽培目标。产量结构，中等肥力田块每公顷密度 45 000 株左右，6 月 15 日前后现蕾，7 月 10 日前后开花，7 月底打顶，株高 1m 左右，单株 16~18 台果枝，每果枝果节 4 个左右，单株果节 65~70 个，每公顷总果节 270 万~330 万，成铃率 35%~45%，单株成铃 25~35 个，成铃时间分布为 8 月 15 日前，单株成铃 10~15 个，8 月底单株成铃 20~25 个，9 月 15 日前单株实用大桃 25~30 个。每公顷总铃数 105 万~135 万个，全株平均铃重 4.2g 以上，各期平均衣分 40% 以上。每公顷产皮棉 1 500~1 875kg。

（二）超高产类型

1993 年湖南省涔澹农场 0.2hm² 泗棉 3 号高产田，每公顷密度 29 400 株，8 月 13 日调查，株平均伏桃及伏前桃 20.32 个，9 月 17 日调查，株平均秋桃 33.2 个，合计单株成铃数 53.52 个，每公顷平均 157.5 万桃。10 月 8 日测单株铃重 5.01g，每公顷产子棉 6 000kg，每公顷产皮棉 2 400kg。大面积生产，土壤肥力好，施肥水平高的田块，适期播种，一般产量结构为：每公顷密度 30 000～37 500 株，株高 1.1m 左右，果枝数 18～20 台，每果枝 4.5 个果节，单株果节数 80～90 个，成铃率 40%～50% 以上，单株成铃 35～45 个，每公顷铃数 120 万～165 万个，全株平均铃重 4g 以上，各期平均衣分 40% 以上，每公顷产皮棉 1 875～2 400kg。气候条件好，光照充足，密肥相互协调，产量水平可进一步提高。

沿海盐碱薄地，肥力水平差，前期升温慢，或气候等原因需延期至 4 月底到 5 月初播种的棉田，每公顷 52 500～60 000 株，力争 5 月 5 日前齐苗，6 月 20～25 日现蕾，7 月 15～25 日开花，7 月底打顶，株高 80cm 左右。产量结构为：单株果枝 12～14 台，每果枝果节 3.5 个，单株果节 45～55 个，每公顷总果节 240 万～300 万，成铃率 40% 左右，单株成铃 16～20 个，每公顷总铃数 90 万～120 万个，全株铃重 3.9g 以上，衣分 40% 以上，每公顷产皮棉 1 200～1 500kg。

四、培育壮苗，促苗早发

（一）精选良种

夺取高产，必须选择达到质量标准（主要指遗传品质）的泗棉 3 号原种或一代种，杜绝使用已经混杂退化、主要经济性状已明显变劣的三四代及多代种。在保证遗传品质的同时提高棉种的播种品质。为提高棉种的播种品质，首先要选择土壤肥力好，管理水平高，适期播种，棉株中部桃多、桃大的高产棉田，收摘 10 月底前吐絮的霜前好花留种，保证其种子健籽率高，成熟度好，子粒饱满，籽指较高。并在播种前半个月将留种棉子于晴好天气暴晒 2～3d，每天翻种 3～5 次，以保证晒匀、晒透。晒种的同时剔除其中的破子、嫩子、畸形子，提高健子率。硫酸脱绒、种衣剂（卫福或灵福合剂）包衣处理均有利于提高棉种的播种品质。

（二）提高播种质量

营养钵育苗在制钵前需培肥钵土，栽 667m² 大田的苗床 1.3m 宽，20～25m 长，需施足人畜粪 300～350kg，过磷酸钙 1.5～2.5kg，碳酸铵 3～4kg，氯化钾 2～3kg，制钵前半个月至 1 个月施下，肥料要充分腐熟与土拌匀。每 667m² 制 5 000～6 000 个营养钵，以大钵为好，大钵直径 5.5～7cm，摆钵要整齐一致，播种前每 667m² 苗床撒 0.5kg 呋喃丹，防治地下害虫。

要干子播种。据研究表明，各种方法浸种均会影响种子的发芽与出苗，经过硫酸脱绒的棉子浸种更为不利。干子播种，种子吸水与感温同步，低温阴雨时烂少，发芽率高。1992 年沭阳县棉花原种场试验结果，同期干子播种的泗棉 3 号平均出苗率达 90%，浸种处理后的出苗率只有 60%。邳州市棉花原种二场同一批种子 3 月下旬浸种 24h 以后播种，出苗率仅 20%～30%，而 4 月 10 日前后干子播种的出苗率则高达 90% 以上。

播前要浇足苗床水，下种后用细土覆盖，覆土要均匀一致，有利于棉芽破土出苗。没有用灵福合剂处理的种子，播种后、覆土前可用10%灵福合剂兑水15倍进行喷雾，亦可起到减轻苗病的作用。播种后及时搭棚盖膜，架棚要求牢固严实。苗床四周挖好沟道以利排水。

泗棉3号除可采用常规的塑料薄膜覆盖育苗外，还可采用双膜育苗，促进提早发芽出苗，增强其抗逆性。即在原支架盖膜前，在苗床表面平盖一层地膜，基本齐苗时将地膜揭去。双膜育苗在出苗前，土表5cm，日均温比单膜平均每天高1.65℃，出苗期提早2d，出苗率提高10.1%，真叶数多0.5~1.0张，并能有效防止低温阴雨对出苗的不良影响。

(三) 加强苗床管理，培育壮苗

1. 控温

齐苗前采取保温催育，不需揭膜通风；齐苗后床温控制在25~30℃，当床温高于35℃时，应该及时通风、散湿。三叶期前只通风，不揭膜，日通夜盖或日夜通风；移栽前3d，日夜揭膜炼苗，培育壮苗。一叶期以后利用晴天上午揭膜，间苗，每钵留一苗，间苗的同时拔除杂草。通风降温要防止苗床温度陡升、陡降，让棉苗有个逐渐适应过程。

2. 防病虫

子叶期每667m²大田苗床用300g 10%灵福合剂喷洒棉苗；也可用1:1:200波尔多液防止苗病；一叶期开始用棉球蘸敌敌畏悬挂于苗床内熏蒸，防治盲蝽象。移栽前苗床喷施敌杀死或40%氧化乐果防治蚜虫等害虫。

3. 促壮

齐苗后至移栽前15d，每667m²大田的苗床5 000~6 000钵用壮苗片1~2片喷施棉苗，可提高棉苗素质，防止高脚苗，增加侧根数，缩短主茎基部节间，缩短栽后缓苗期，提高成活率。

晚茬移栽棉由于播种期较迟 (4月20日左右)，出苗后应及时揭膜炼苗，或只用地膜平铺覆盖，出苗后揭去地膜，日夜炼苗。阴雨天盖膜保苗时要注意通风，避免棉苗窜长，形成高脚苗。天晴或雨量小时及时揭去覆盖物，进行炼苗。

(四) 提高移栽质量，促壮苗早发

5月上旬棉苗长至三叶一心以后，选择晴好天气进行移栽，移栽时需避免阴雨天地烂时移栽，避免低温刮风天移栽，防止僵苗不发。栽前搞好田间规划，统一种植规格，并以有机肥为主施足基肥。栽时要带绳拉线定点，挑选壮苗，打洞摆钵，浇足底水及时培土。培土后立即用速灭杀丁喷雾棉苗及地面，防止地下害虫危害。及时松土，增温促早发，缩短缓苗期，及时清沟理墒，搞好水系配套，排涝降渍，减轻田间湿度，保证棉苗早发稳长。移栽时采用"802" 4 000倍液蘸根，也可促进早发。

为了缩短缓苗期，移栽时可以加盖地膜。据研究，采用地膜覆盖能够增温、保墒、防渍及加速土壤养分转化。据江苏省宿迁市棉花办公室研究，采用地膜覆盖移栽，缓苗期缩短2~3d，现蕾、开花、吐絮分别比对照提早8d、9d和4d，产量比对照增加25%。麦后板茬移栽棉栽后需及时松土、增温，并护理前茬麦子、棉苗，促进棉苗早发。直播棉播种是要保证土壤墒情良好，播种后覆土均匀，并尽可能采用地膜覆盖，增加积温提高出苗率，保全苗，促早发，育壮苗。

（五）化学除草

棉花化学除草主要有两种形式：播种后出苗前或移栽覆土后、中耕灭茬后用 25% 敌草隆 150g 或 25% 敌草隆 100g 加 60% 乙草胺 40ml，或用 25% 敌草隆加 48% 氟乐灵 50ml 喷后耙匀，也可用 60% 乙草胺 100ml（田间湿度大时用 100～150ml）对水均匀喷雾，进行土壤封闭处理。出苗或棉苗移栽后，杂草长至 4～5 叶时用 15% 精稳杀得 50～70ml 或 12.5% 盖草能 50ml 左右对水喷雾，可直接杀伤棉田禾本科杂草。当田间阔叶杂草和多年生杂草密度大时，可在棉花株高超过 35cm，用草甘膦 200～400ml 在棉花行间对杂草进行低位定向喷雾，并使药液与棉株保持一定距离，严防药液洒到棉株产生药害。

五、科学施肥

肥料是影响棉花生长发育的一个最活跃的因素，也是影响棉花产量高低的一个关键的因素。我国不同棉区产量水平的差异，相当程度上是土壤肥力及施肥水平的差异。可以说 900～1 050kg/hm² 皮棉产量的低产棉田，关键是肥料的不足，采取适宜的施肥技术，增施肥料，可以迅速提高产量。

泗棉 3 号是一个高产类型品种，产量潜力较大，同时也是需肥量较大的品种。多年的试验种植均表现为在中高肥水平的试点，肥力水平好产量水平高的棉区，以及高肥水平的田块，泗棉 3 号都表现出较大的增产潜力与较大的增产幅度，并有随着肥力水平提高，施肥量增加，产量水平及增产幅度有增大的趋势。肥水条件较好的长江流域棉区 1992—1993 年区域试验，两年平均皮棉每公顷产 1 306.5kg，两年 26 个试点，泗棉 3 号在其中 13 个试点皮棉产量第一，8 个点第二，并表现出较大的增产幅度。安徽省 1993 年区域试验，泗棉 3 号平均每公顷产皮棉 1 545kg，比对照泗棉 2 号增产 13.36%。而黄河流域棉区由于多数试点产量水平相对较低，1993—1994 年黄河流域区试，对照中棉所 12 平均每公顷产皮棉只 894kg，泗棉 3 号平均单产只同中棉所 12 相当，但在产量水平较高的试点，特别是每公顷产 1 125kg 皮棉以上的试点均表现增产优势明显，增幅达 15% 以上。因此，泗棉 3 号越是在较高肥力水平的情况下，增产优势越是明显。

（一）泗棉 3 号需肥特性

具有需肥量大的成铃特性。泗棉 3 号单株总果节数多，结铃性强，成铃集中，成铃强度大，单株成铃多，营养条件好时，亚果枝、亚果节、外围果节都有较强的结铃性。1992—1993 年长江流域试验，泗棉 3 号结铃率达 33.19%，比其他品种高 1.37%～8.53%。1992—1993 年江苏省农林厅作物栽培技术指导站在全省各地调查，每公顷产 1 500kg 皮棉以上的田块，棉花生长的富照期内（7 月 30 日至 8 月 31 日）群体成铃强度达 22 500 个/（hm²·d）。1993 年江苏省宿迁市农业局调查，每公顷产 1 875kg 皮棉以上的田块，每公顷日增大铃 22 500 个以上的时间长达 49d。

成铃强度大，成铃集中，养分消耗大，必然要增加肥料用量。增施肥料，不仅增加成铃数，而且铃重亦明显增加。1993 年江苏省邳州市农业局调查，泗棉 3 号在低肥水平情况下，单铃重比苏棉5号轻0.53g，高肥情况下，却比苏棉5号增0.05g。

具有耐肥水的株型特征。泗棉3号株型特征为株高中等果枝上举，叶片中等大小，叶片缺刻较深，叶姿挺，叶色淡，适宜叶面积系数较大，株型、叶型表现为对肥水反应的弹性较宽。高肥情况下，叶面积变化小，叶形稳，叶姿仍挺而不披，生长稳健。稳健的株型结构，为增施肥料，提高产量提供良好的基础。1993年江苏省兴化市农作物良种繁育中心调查，泗棉3号繁殖田每公顷施225kg氮肥不早衰，每公顷施300kg氮肥不贪青。

具有需肥量大的生育规律。泗棉3号营养生长势偏弱，生殖生长势较强，特别是生育转换早而快，开花成铃以后营养器官同生殖器官在养分竞争上多处于劣势，缺肥首先表现为株型变矮，果枝层数减少，果枝短，果节少，开花成铃以后营养体生长难以同生殖生长同步进行，因而缺肥时营养生长首先受影响，进而影响结铃，铃小而少，易早衰，难以高产。生产上，泗棉3号表现为高产稳定，抗逆性好，灾后自我调节补偿能力较强，受灾时只要营养体发育良好，产量一般损失较小，但良好的营养生长，需良好的肥水条件。

棉花是喜钾作物。据研究，越是高产类型的品种，对钾的需要量越大，反应越敏感。施钾能增强其抗性，并促进对其他养分的吸收，特别是缺钾的棉田需增加钾肥的投入。试验结果指出，速效钾含量达150×10^{-6}的田块，增施钾肥，仍有显著增产效果；不注重施钾的田块，土壤中速效钾含量每年以减少$3 \times 10^{-6} \sim 5 \times 10^{-6}$速度下降。长期连作棉田，要注重施钾。土壤速效钾含量在150×10^{-6}以下的田块，每公顷需施足225kg氯化钾，土壤速效钾含量在100×10^{-6}，或每公顷产皮棉1 500kg以上超高产栽培的棉田，每公顷需施足300kg氯化钾。

（二）泗棉3号施肥方法

根据泗棉3号的生长规律及需肥特性，中等产量水平的田块，每公顷全生育期需施足300kg纯氮、600kg过磷酸钙，速效钾含量150×10^{-6}的田块，每公顷需施足300kg氯化钾，并搭配施好土杂肥及饼肥。高产栽培，施肥量尚需相应增加。总用肥量比中棉所12、泗棉2号等品种可增加15%～30%。

具体施肥方法是以有机肥、磷钾肥为主，施足基肥，早施花铃肥，重施桃肥。

基肥施足。针对泗棉3号初花期后生育转换快，生殖生长势强，营养生长高峰结束早的特点，实现高产，必须在开花前具有足量的营养体及较好的长势。也即开花前初步搭好丰产架子，达到9～10台果枝，株高50cm，开花时保持叶片中等大小，并有较强或稳健的长势。如果基肥用量少，开花前营养生长势弱，营养体小，果枝层在9台以下，开花后养分运输迅速转向蕾铃，更加抑制营养生长，势必造成营养生长不良，丰产架子小，产量低。多数低产田都是肥力差，基肥少，开花前营养生长不良造成的。中等产量田块，每公顷基肥需施足600kg过磷酸钙，300kg氯化钾，112.5～150kg尿素，750kg饼肥作基肥，并配以适量的土杂肥，保证开花期前营养生长良好，进入开花期以后营养生长同生殖生长相协调，为高产打好基础。

有机质含量低的棉田，为提高棉花产量，要增施有机肥，特别是基肥中要增加有机肥的比例。有机肥肥效稳长，能促进稳长，有利于改良土壤，协调土壤水、肥、气、热状况。同时提高土壤肥力，增强土壤保肥、蓄水能力，并全面地供给棉花生长发育所需的各种养分，尤其是微量元素，有利于增强抗灾能力，特别是耐旱、耐涝的能力。

花铃肥要早。泗棉 3 号具有现蕾开花早，初花以后，棉田群体光照条件好，中下部成铃多，养分消耗大，需肥高峰早的特点。同时基肥施后到开花已有近 2 个月的时间，因棉花吸收利用及养分挥发流失，为防止脱力，必须要早施花铃肥。一般可采取见花施肥，此次肥料可起到承前启后的作用，使棉花在前期生长的基础上，在生育中心转换后，在大量开花结铃时有充足的养分供应，营养生长也有适度的长势，继续搭好丰产架子。中高产水平田块，此次一般需每公顷施 300kg 左右尿素，搭配 300～450kg 土杂肥或 450kg 腐熟饼肥。

前期营养不良的田块，更需提前重施花铃肥，并以水调肥，促进生长，抑制生长中心过早转移，是防止早衰实现高产的关键。

后期肥要重。泗棉 3 号后期潜力较大，顶部果枝既能拉得开，又能结住桃，肥水条件好的田块，顶部果枝成铃率达 60%～70%，上部 3 层果枝可成铃 10 个左右，能实现每公顷近 2 250kg 皮棉的产量。并且外围果节、亚果节、亚果枝成铃期都在中后期。高产、超高产栽培必须在前中期良好生长的基础上，重施桃肥，增铃数、增铃重，充分发挥该品种后期的产量潜力。原江苏农学院（现扬州大学农学院）研究，泗棉 3 号棉株中上部成铃率与皮棉产量呈极显著的线性正相关，中上部成铃率每提高 1%，每公顷皮棉产量增加 45.45kg。

后期肥一般在 7 月底至 8 月初施，这时中部已大量结铃，增施肥料不会再形成疯长，高产、超高产栽培可以每公顷施 375kg 左右尿素。天气干旱时应结合灌水及根外喷肥，促进肥料的发挥，保持后期生长稳健。

六、合理化学调控

为提高泗棉 3 号产量水平，充分发挥其产量潜力，栽培过程中，采用促控结合的方法，用助壮素（缩节胺）适量进行化学调控，塑造中壮株型，建立高效群体，可以显著提高光合强度，促进养分合理分配，促进根系生长，增加铃重，并可增强抗旱、耐涝、防早衰的性能，较未化学调控的自然群体可以显著提高皮棉产量。

根据泗棉 3 号的生育特性及当地的气候特点，大田生长期喷施缩节胺（助壮素）化学调控 2～4 次，总用量 90～120g/hm² 为宜，分别于盛蕾期、初花期、盛花期及打顶以后 5～7d 施用，其用量分别为 7～15g、30g、37.5～45g 和 45g，使最终株高控制在 100cm 左右，果枝 16～18 台，并使主茎与果节间匀称。如棉株长势较弱，应减少助壮素用量与使用次数。

通过化学调控、建立高效群体是栽培目的，但如果使用不当，特别是一次用量过重，果枝与节间过分缩短，株型过于紧凑，甚至形成恶化群体，将严重影响棉株内部通风透光，影响光合产物的积累与分配，影响产量水平的提高。特别是中后期，棉花本身长势已减弱，恢复能力下降，更需注意不宜用药过重。总的化学调控原则是早、轻、勤，从苗蕾期即开始轻调，使棉株各个时期，不同器官都能协调发育均衡生长，顶部果枝化学调控以后尚能长出 4 个左右果节，成铃 2～3 个。化学调控以后，若辅之以打边心对调节养分分配、增加结铃、提高铃重亦有明显效果。对僵苗不发棉田，在盛蕾及初花期可用"920"生长素加磷酸二氢钾喷雾，盛花期以后有早衰迹象的棉田，可用"802"进行喷雾，防早衰，促稳长，增加上部铃重。

第二节 移栽地膜栽培技术及其高产机理

随着人口的不断增加，耕地的逐年减少，一方面，粮棉争地的矛盾越来越大，而另一方面人们对棉花的需求总量也在不断增加。因此，解决这一矛盾的唯一途径就是提高棉花单产。这就要求除在育种上培育具有高产潜力的品种外，在栽培技术上需要有新的突破。棉花生产过程中制约棉花产量提高的原因之一是出苗迟，现蕾开花晚，有效开花成铃时间短或成熟迟。而在栽培上采用地膜覆盖栽培技术，能有效地解决这些问题。

在江苏沿江棉区，黄颂禹等（1996）对泗棉3号采用地膜移栽拓行缩株，增氮补钾，合理化控等栽培措施，实现了每公顷产皮棉 2 224.5kg。据调查，实现这一产量的产量结构是：

单株平均果枝 18.9 台，单株果节 84 个，单株成铃 32.4 个，每公顷铃 145.5 万个，平均铃重 3.9g，衣分 39.76%。

成铃分布的特点是：

（1）水平分布。内围铃比率大、成铃率高。第一果节成铃率为 51.58%，成铃占全株成铃的 31.5%；第二果节成铃率为 47.37%，占全株成铃的 27.78%；第三果节成铃率为 33.33%，占全株成铃的 18.52%；第四果节成铃率为 25.33%，占全株成铃的 11.73%；第五果节成铃率为 23.98%，占全株成铃的 9.26%；第六果节成铃率为 4.44%，占全株成铃的 1.23%。其内围铃（第 1~3 果节）占全株成铃的 76.55%，成铃率为 44.29%。

（2）垂直分布。成铃的空间与时间分布比较合理，优质桃比率大，9月15日调查：每公顷铃 145.5 万个的高产田基本上实现了三桃齐结，上、中、下三部分单株成铃数分别为 6.9 个、11.3 个和 14.2 个，结铃率分别为 33.66%、40.36% 和 40%，成铃比率分别为 21.3%、34.8% 和 43.9%，平均每台果株成铃分别为 1.15 个、1.88 个和 2.03 个，各时间的成铃，伏前桃、伏桃、早秋桃和晚秋桃分别为 4.0 个、18.4 个、8.2 个和 1.8 个，分别占全株成铃的 12.34%、56.79%、25.31% 和 5.56%，其中优质桃（伏桃和早秋桃）每株为 26.6 个，占 82.1%。再从每个圆锥体成铃的情况看，以第四、第五两个圆锥体的结铃数和结铃率最高（表 6-1），从成铃的时间看，这两个圆锥体结铃的时间主要在 8 月 5~15 日。

表 6-1 各圆锥体的成铃情况

项目	第一圆锥体	第二圆锥体	第三圆锥体	第四圆锥体	第五圆锥体	第六圆锥体	第七圆锥体	第八以上圆锥体
成铃数	2	3	2	9	9	3	3	2
成铃时间（月/日）	7/20~7/26	7/25~7/30	7/30~8/5	8/5~8/10	8/10~8/15	8/15~8/25	8/25~8/31	8/28~8/31

（续表）

项目	第一圆锥体	第二圆锥体	第三圆锥体	第四圆锥体	第五圆锥体	第六圆锥体	第七圆锥体	第八以上圆锥体
成铃率（%）	66.67	50	22.22	75	60	16.67	16.67	13.33
占全株成铃的百分率（%）	6.06	9.09	6.06	27.27	27.27	9.09	9.09	6.06

个体与群体动态变化的特点是：

（1）个体动态变化。每公顷成铃 145.5 万个的田块棉株最终株高 125.0cm，分别在 6 月 21 日至 7 月 7 日和 7 月 11 日至 7 月 21 日出现两次株高日增高峰，8 月 5 日达株高高峰值。单株果节生长也出现两次高峰，第一次在 6 月 26 日至 7 月 5 日，其中 6 月 30 日为最高峰值，日增量达 2.0 个；第二高峰在 7 月 15～31 日，其中 7 月 21 日达高峰值，日增量为 3.3 个。在 6 月 23 日至 7 月 31 日的这段时间内共生长果节 70.2 个，占总果节的 78.88%，为优质铃的生长奠定了基础。单株成铃也出现双峰，大铃日增大于 0.5 个的峰期达 40d，出现在 7 月 21 日至 8 月 31 日，8 月 31 日前的单株大铃数为 32.4 个，实现了优质铃达 100%。

（2）群体变化动态。前期生长量较高，在 6 月 20 日至 7 月 20 日的一个月中，果枝的日增长量平均为 1.71 万台/hm² · d，果节日增长量平均为 7.71 万个/hm² · d。中后期转入生殖生长后，结铃强度高，持续时间长。成铃强度大于 1.8 万个/hm² · d 的时间长达 40d，其中 8 月 5～20 日和 8 月 23～28 日的成铃强度大于 2.7 万个/hm² · d，成为成铃的双高峰，说明移栽地膜棉的高产田块能与高能期同步，这有利于棉株前期早发稳长搭架，中后期多结铃，结优质铃。

实现 2 250kg/hm² 皮棉产量的栽培技术是：

（1）采用地膜移栽。通过移栽时覆盖除草地膜的增温保墒除草效应，促进棉株的生长速度和生育进程，在 5 月 14 日移栽，7 月 11 日揭膜，在覆膜的 59d 中，膜下地表温度比常规移栽棉（对照）共增温 241.9℃，膜下 5cm 地温共增 141.6℃，由于温度高，使棉株生育进程早，达到了 6 月 5 日现蕾，7 月 2 日开花，8 月 25 日吐絮，霜前花比率达 100%，比对照现蕾早 8d，开花早 7d，吐絮早 6d，霜前花比率多 8.9%，同时保墒除草效应好。

（2）扩大组合，适当降低密度。要使移栽地膜棉花的单产有一个突破，其组合必须扩大，密度必须适当降低。每公顷纯氮在 352.5～375.0kg 的水平下，具有随密度的降低，产量有所提高的趋势。1993 年，1.3m 组合，平均行距 0.66m，密度 6.324 万株/hm²，每公顷产皮棉 1 600.5kg；1994 年，1.5m 组合，平均行距 0.78m，密度 5.13 万株/hm²，每公顷产皮棉 1 912.5kg；1995 年，1.5m 组合，实行"四改三"，每公顷产皮棉 2 224.5kg。

（3）增加肥料投入。为实现三桃齐结，早发不早衰，增施肥料是关键。高产田块的肥料运筹，围绕前中期早发搭好架，后期不早衰的要求，以增加施肥总量，增加有机肥比例，增加钾肥比例，增加中后期用肥量为原则，每公顷施用纯氮 351.8kg，有机肥占 28.7%，氮磷钾三肥之比为 1：0.5：0.7。在具体方法上，移栽前在小行内开沟，每公顷施鸡栅灰6 000kg，棉花专用肥525kg。分两次重施花铃肥：第一次在7月6日，开沟每公顷施氯化钾225kg，鸡棚灰3 750kg，碳铵300kg；第二次在7月22日，开沟每公顷施尿素225kg、盖顶肥在8月9日开沟每公顷施尿素150kg，促进棉株个体和群体的协调生长。

（4）搞好化调，协调群体结构。针对移栽地膜棉生长发育特点，搞好化调是夺取高产的一项重要措施。在移栽时用"802"，在中期应用二次化控，每公顷用助壮素300ml，并结合治虫，在打顶后，喷三次"丰产灵"、"802"等生长调节剂，使棉株生长稳健，并有利于上部成铃率和铃重的提高，有利于提高单产。

（5）抓好治虫，增强抗灾措施。特别要抓好玉米螟、盲椿象、红铃虫、棉铃虫等害虫的防治，针对四代棉铃虫田间虫量多，世代重叠，田间虫态混生期长的情况，在治虫工作中，采取交叉使用农药，用小喷片、采用机动弥雾机统一防治，提高药液喷量的办法，可以收到较好的效果。

在江苏沿海棉区，苏生平等（1996）对泗棉3号麦套移栽地膜棉不同密肥措施比较试验结果表明：

①麦套移栽地膜棉与常规移栽棉相比，具有明显的早发增产效应；②麦套移栽地膜棉群体质量较常规移栽棉，不同调节密度和施氮水平，可有效地调节移栽地膜棉群体质量。在沿海棉区，以4.5万株/hm^{2}密度、375kg/hm^{2}施氮量群体质量最佳，其群体节枝比为4.88：1，铃枝比1.45：1，叶铃比4.12：1，单铃经济系数为73.4%，调节施氮量和种植密度，能有效地调节群体质量，适当施肥和合理密植，有利于提高群体经济系数，有利于实现高产稳产；③麦套移栽地膜棉获取每公顷产1 500kg以上皮棉产量，其理想的群体质量参数为每公顷果枝90万台以上，每公顷果节375万左右，每公顷成铃数不少于105万个，其内围成铃占80%左右，上部成铃不少于15%，主体桃占70%～75%，盛花结铃期叶面积系数在3.5以上，节枝比为5：1，铃枝比为1.5：1，叶铃比为4：1，株高100cm左右，霜前花率占90%左右；④实现每公顷产1 500kg以上皮棉产量麦套移栽地膜棉群体质量调控途径是：缩麦扩空幅，优化茬口条件。麦套移栽地膜棉前茬麦幅利用率控制在40%以下，确保空幅在80cm以上；增加膜幅，提高覆膜质量，膜幅确保在80cm左右；扩行降株，合理密植。在一般土壤肥力条件下，每公顷密度以4.5～5.25株为宜；增氮补钾，科学运筹。花铃肥追施总量不少于60%，时间不迟于7月上旬，铃肥追施总量确保达10%左右，时间不迟于8月10日；因苗制宜，搞好化调，前期侧重于早调多调，后期看苗轻调少调；狠治虫摘黄桃，保蕾保优质；移栽地膜棉发育早，早桃比重高，中、下部成铃高，易发生烂铃和招引盲椿象为害，应搞好虫情监测，采取统防统治，选用高效药种，提高用药效果，减轻虫害损失；后期及时摘黄桃，防烂桃，保优质，实现增产增收。

为探明泗棉3号移栽地膜棉高产的机理，吴云康等（1996）研究了移栽地膜覆盖及氮肥对泗棉3号根系吸收能力和光合生产的影响。研究结果表明，移栽地膜覆盖促进了根系活力，使叶面积增加，促进了光合强度的提高，并能促进养分向生殖器官输送，提高了棉花产量。

作物的根系活力可以用伤流量的大小表示，不同季节不同作物以及同一作物在不同环境条件下，根系生理活性强弱不同，伤流量亦不同，所以伤流量的多少可以作为根系生理活性强弱的一个指标。对泗棉 3 号移栽地膜覆盖棉和常规移栽棉（不覆盖地膜）的各个不同生育时期伤流量测量结果表明（表 6-2）：移栽地膜棉株根系伤流量随生育进程逐渐增大，到盛花期（7 月 20 日）达到最大，伤流量达 0.94g/h·株，此后逐渐减少至吐絮期（9 月 20 日）仅为 0.08g/h·株，这表明棉株生长后期根系活力处于下降趋势。移栽地膜棉与常规移栽棉相比，在盛花期（7 月 20 日）前，根系伤流量都表现为一直在增加，但移栽地膜棉大于常规移栽棉，如盛蕾期、初花期分别为常规移栽棉的 5.33 倍、3.2 倍，这表明移栽时用地膜覆盖改善了土壤结构，提高了土壤温度，促进了根系的生长，使根系生理活性得到改善，提高了根系活力，至结铃期移栽地膜棉的根系伤流量低于常规移栽棉如结铃盛期（8 月 15 日）移栽地膜棉根系伤流量为 0.26g/h·株，常规移栽棉为 0.33g/h·株，移栽地膜的根系伤流量为常规移栽棉的 79%，这表明移栽地膜棉后期根系活力下降较快，不利于后期棉铃发育。因此，移栽地膜棉在栽培管理上需提高后期根系活力，防止早衰。

表 6-2　泗棉 3 号不同处理对伤流量的影响（g/h·株）

处理	日期（月/日）						
	6/20	7/5	7/20	8/5	8/15	8/30	9/20
移栽地膜覆盖	0.16	0.32	0.94	0.57	0.26	0.17	0.08
常规移栽	0.03	0.10	0.56	0.58	0.33	0.24	0.12
移栽地膜覆盖/常规移栽	5.33	3.20	1.67	0.98	0.79	0.71	0.67

　　棉花的叶片是进行光合作用制造养分的主要器官，叶片叶面积的大小，颜色深浅即叶绿素含量的高低，叶片光合强度大小均影响叶片制造养分的数量。图 6-1 表明，泗棉 3 号移栽地膜棉和常规移栽棉的叶面积指数在整个生育期上随生育进程逐渐增大至结铃期（8 月 15 日）前后达到最大，移栽地膜棉的 LAI 为 3.59，常规移栽棉的 LAI 为

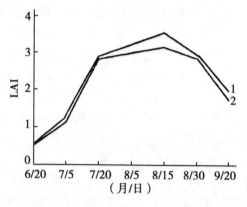

图 6-1　泗棉 3 号移栽地膜棉和常规移栽棉的叶面积指数（吴云康等，1996）
　　注：1. 移栽地膜棉；2. 常规移栽棉

3.17，以后逐渐下降，到吐絮期（9月20日）移栽地膜棉叶面积指数下降至1.86，而常规移栽棉降为1.72。移栽地膜覆盖和常规移栽法相比，前期叶面积指数移栽地膜棉为1.14，而常规移栽棉为0.64，移栽地膜棉比常规棉多78%。这显然是由于地膜覆盖促进叶片的分化和生长速度的缘故，而后期叶面积下降又较常规移栽棉快，结铃盛期至吐絮期，移栽地膜棉叶面积指数下降了0.96，而常规移栽棉下降了0.45，这可能由于移栽地膜棉株根系活力下降，限制了地上部叶片的生长，但在整个生育期，移栽地膜棉的叶面积指数均大于常规移栽棉。

棉花的有机养分绝大部分来自叶片的光合作用，叶绿体是光合作用的主要场所，因此叶绿素含量的高低直接影响叶片的光合功能。吴云康等（1996）研究结果表明，泗棉3号移栽地膜棉和常规移栽棉的叶片叶绿素含量都表现为：蕾期较高，至盛花期（7月20日）前后达最大，以后又缓慢下降，到结铃盛期（8月30日）前后，又略有回升。这可能由于花铃期施用了氮肥，延缓和增加了叶片的功能。移栽地膜棉与常规移栽棉相比，在结铃盛期（8月15日）以前，移栽地膜棉花叶片中叶绿素含量均高于常规移栽棉，如初花期（7月5日）、结铃期（8月5日）移栽地膜棉叶片中叶绿素含量比常规移栽棉分别高 0.02mg/cm², 0.118mg/cm², 在结铃盛期（8月15日）两者相差最大，为 0.343mg/cm², 后期（8月30日）移栽地膜棉反而比常规移栽棉小 0.107 mg/cm²。可见，移栽地膜覆盖在前中期能促进叶片中叶绿素的含量增加，而后期叶片中叶绿素含量下降，可能是由于根系活力下降不利于地上部器官生长所致。因而在栽培管理上移栽地膜棉应特别注意提高后期叶片功能，防止叶绿素含量下降过快，导致早衰。

泗棉3号移栽地膜棉和常规移栽棉的光合强度在整个生育期中变化表现为2个高峰，第1个高峰期在盛蕾期（6月20日），第2高峰在结铃盛期（8月15日），且后一高峰期的峰值均高于前一高峰期。移栽地膜棉与常规移栽棉相比，在相同的施肥水平下，移栽地膜棉的光合强度均高于常规移栽棉。可见，采用地膜覆盖能增加叶片的光合强度，这有利于制造较多的光合产物，满足棉铃对养分的需求。在地膜覆盖条件下，不同的施氮水平，对光合强度的影响表现为光合强度随施肥水平的提高而增加，这可能是由于施用氮素满足了叶片对养分的需求，使得光合强度提高（表6-3）。

表6-3 泗棉3号不同施氮水平对光合强度的影响（吴云康等，1996）

（μmol·O₂/d m²·h）

处理	日期（月/日）					
	6/20	7/5	7/20	8/5	8/15	8/30
25	190.20	63.55	75.59	141.15	218.82	88.32
20	147.81	53.01	72.93	108.28	206.22	86.33
0	117.36	47.12	62.33	97.36	180.68	57.25
CK（20）	124.89	50.99	70.94	102.3	187.68	81.99

注：25、20、0分别表示移栽地膜棉666.7 m²施氮量（kg），CK（20）表示常规移栽棉666.7 m²施20kg氮

无论是泗棉3号移栽地膜棉不同施肥水平还是常规移栽棉的经济器官干重一般随生

育进程不断地增加，移栽地膜棉在不同施氮水平间，随施氮水平增加经济器官干重随之增加，20kg/666.7m² 达到最大，施氮量至 25kg/亩又有所下降。这表明 20kg/666.7m² 施氮水平有利于促进结铃增加经济器官干重（表 6－4）。

移栽地膜棉和常规移栽棉相比，在整个生育期，经济器官干重增长快于常规移栽棉。如在盛蕾期（6 月 20 日）移栽地膜棉为 0.262g/株，而常规移栽棉为 0.100g/株；盛花期（7 月 20 日）移栽地膜棉为 12.07g/株，而常规移栽棉为 9.70g/株；结铃盛期（8 月 15 日）移栽地膜棉为 63.085g/株，而常规移栽棉为 50.622g/株，且在蕾期，移栽地膜棉比常规移栽棉增加一倍以上，这说明泗棉 3 号移栽地膜覆盖能促进蕾期生殖生长，促进现蕾和开花，这为棉花早结铃，结大铃打下了基础。

表 6－4　泗棉 3 号不同生育期不同处理对经济器官的影响（吴云康等，1996）　　（g/株）

处理	日期（月/日）						
	6/20	7/5	7/20	8/5	8/15	8/30	9/20
25	0.245	1.451	10.635	47.144	66.562	70.021	78.571
20	0.262	2.068	12.079	53.753	63.085	76.556	84.231
0	0.221	1.406	9.828	43.516	51.209	55.303	73.895
CK（20）	0.100	1.389	9.706	43.686	50.622	60.436	68.006

注：同表 6－3

为了了解各器官之间的相互关系以及养分的分配和运输方向和数量，以经济器官/茎枝、经济器官与叶的干重比来研究经济器官与营养器官的相互关系。结果表明（表 6－5），随着生育进程，无论是泗棉 3 号移栽地膜棉还是常规移栽棉，经济器官/茎枝，经济器官/叶的比值随生育进程而不断增加，如盛蕾期（6 月 20 日）经济器官/茎枝，经济器官/叶的比例分别为 0.073、0.053 至盛花期（7 月 20 日）分别为 0.313、0.421 到后期叶絮期（9/20）1.369 和 2.898，这表明养分逐渐从营养器官转向生殖器官。泗棉 3 号移栽地膜棉与常规移栽棉相比，且随着生育进程经济器官/茎枝，经济器官/叶之比都高于常规移栽棉，如盛蕾期（6 月 20 日）移栽地膜棉的经济器官/叶枝比为 0.053，而常规移栽棉仅为 0.032；经济器官/茎枝之比，移栽地膜棉为 0.073，常规移栽棉为 0.047。这表明泗棉 3 号移栽地膜覆盖促进养分从叶、茎枝向经济器官输送。

表 6－5　泗棉 3 号不同生育期的经济器官/叶片、经济器官/茎枝比（吴云康等，1996）

处理		日期（月/日）						
		6/20	7/5	7/20	8/5	8/15	8/30	9/20
经济器官/叶片	25	0.053	0.175	0.421	1.250	1.430	2.421	2.898
	20	0.032	0.140	0.364	1.239	1.319	2.022	4.438
经济器官/茎枝	0	0.073	0.146	0.313	1.041	1.122	1.246	1.369
	CK（20）	0.047	0.111	0.239	0.906	1.044	1.179	1.252

注：同表 6－3

第三节 泗棉 3 号超高产栽培技术研究

一、棉花超高产的概念、实施的可行性与技术途径

概念是思维的基本单位，是构成判断、推理的要素。一切科学都是由概念组成的理论体系。因此，在研究判断、推理之前，必须研究概念。如果科学概念不明确，就不能掌握科学的实质，就不能运用科学规律来指导实践。

超高产首先是日本于 1981 年开始实施的"超高产水稻开发及栽培技术确立"的大型合作研究项目。自此以后，我国在水稻、小麦、玉米等作物上先后开展超高产育种与超高产栽培研究。我国在水稻上，已从超高产育种与栽培研究进入到生产应用，成效显著，被誉为我国水稻生产史上的第三次革命。

尽管超高产概念已提出 36 年，实践证明也是行之有效的，但在其概念界定上尚未取得共识，当然这也是科学技术发展过程中的正常现象。一般说来，包括棉花在内的超高产概念是动态的、相对的，是包括品种、栽培、植保等在内的综合集成技术。动态的是指，随着生产水平的发展，产量指标是不断提高的。例如，1996 年我国农业部组织实施的超级稻育种计划中提出，通过品种改良及配套的栽培技术，至 2000 年 6.6hm² 连片田水稻单产达 $10t/hm^2$，2005 年达 $12t/hm^2$，2015 年达 $13.5t/hm^2$。相对的是指，超高产产量水平是以原有生产水平为基础的。例如，1981 年日本提出的超高产水稻品种比对照品种增产 50%；中国科学院院士李振声认为，超高产小麦品种要增产 30% 以上。综合集成技术是指，农作物是否高产，既决定于品种的遗传特性，也受栽培环境的影响和农艺措施的调控。由于栽培自然环境因子是不可控的，从这个意义上来讲作物是否高产，作物栽培研究非常复杂，特别是作物大面积高产更高产的栽培研究就更为复杂。世界上任何事物总是一分为二的，在开展超高产研究的同时，也有学者对这一提法进行质疑，认为"超高产"一词不可取，"超高产"指标难以实现。这是学术的争论，有争论才有发展，不同的学术观点，或许有助于对"超高产"慎密思考与研究。

实施棉花超高产生产的可行性主要有以下 3 条依据。

（1）棉花产量的理论潜力。作物产量潜力是指通过人为措施克服某一个限制因子、几个限制因子或所有限制因子后可能达到的最高产量。在改进作物代谢机制基础上，同时克服作物生长的所有限制因子而可能获得的最大产量即作物产量潜力极限。作物在长期的进化过程中产量演变遵循"S 线"增长规律，现在主要作物产量处于 S 线驻点（最快增长值点）左右，多数作物未来产量潜力与极限为现在的 2 ~ 3倍。刘晓冰（2001）提出，作物的潜在产量可定义为作物品种在养分、水分充足且不受病虫害、杂草、倒伏和其他胁迫得到有效控制情况下的产量。作物干物重的 95% 来源于光合产物。现有棉花品种的光能利用率很低，就生物学产量面言，对光合有效光（可见光）的利用率为 0.8%，以经济产量为准则小于 0.33%；而玉米相应值则为 3% 和 1%。Nasyror 等（1978）提出设想，将棉花光能利用率增高至 3% ~ 5%，棉花单产可达 $8t/hm^2$。由此可见，棉花单产在现在的产量水平上再提高 30% 以

上是有理论依据的。挖掘棉花产量的技术措施包括内在潜力和外在潜力。内在潜力指通过改变内部遗传基因或遗传机制可能获的最高产量，外在潜力指克服生长环境中的障碍因子下可能获得的产量。

（2）1949 年以来我国棉花单产在波动中上升。从图 6 - 2 中可知，我国棉花总产量的增长主要依赖于单产的提高，而播种面积基本保持相对稳定，皮棉单产从 1949 年的 161kg/hm² 增加至 2005 年的 1 126kg/hm²，平均每年递增 16.9%。播种面积则多在 500 万 hm² 左右波动，同时总产量的波动也主要受播种面积的影响。

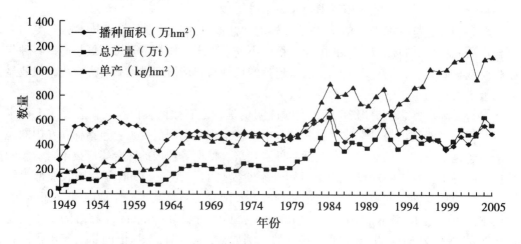

图 6 - 2　1949—2005 年我国棉花播种面积、单产与总产量的变化

江苏省棉花总产量的增长也主要依赖于单产的提高，而播种面积自 2005 年以来持续下降，皮棉单产从 20 世纪 50 年代的 248.3kg/hm² 增加至 2005 年的 1 088.7kg/hm²，增加了 3.38 倍，但年际间波动较大。从图 6 - 3 可见，江苏省 20 世纪 60 年代至 90 年代的 4 个 10 年，棉花平均单产分别为 507.0kg/hm²、707.7kg/hm²、851.3kg/hm² 和 959.6kg/hm²，分别比全国平均水平高 45.2%、55.8%、16.3% 和 10.3%。进入 21 世

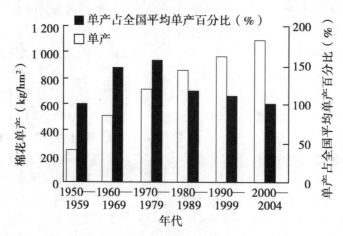

图 6 - 3　江苏省棉花平均单产每十年变化情况及其占全国平均单产百分比

纪，江苏省棉花单产水平已进入平台期，2000—2004 年平均单产达到 1 088.7kg/hm²，与全国平均单产水平持平。

（3）棉花高产田块的实例。在长期的棉花生产过程中，我国不同生态区涌现出大量的棉花超高产典型。1990 年经中国棉花学会等单位专家验收，新疆兵团农三师 45 团 15 连 1.4hm² 棉田上产皮棉 2 970 kg/hm²。1999 年新疆策勒县 0.35hm² 试验地产皮棉 3 867kg/hm²。新疆棉区陆地棉皮棉产量 2 250kg/hm² 以上大量涌现。2001 年南疆皮棉产量 2 250kg/hm² 以上的面积达到 4.58hm²，其中喀什地区 2.20 万 hm²、阿克苏地区 1.35 万 hm²，并出现了皮棉产量 2 700kg/hm² 以上的田块。2004 年新疆农二师种植 2.7 万 hm² 棉花，平均皮棉产量 2 107.5kg/hm²，其中皮棉产量为 2 250～2 700kg/hm² 的面积达 0.95 万 hm²、为 2 700～3 000kg/hm² 的面积达 420hm²、3 000kg/hm² 以上的面积达 293hm²，分别占植棉总面积的 35.19%、1.56% 和 1.09%。黄河流域和长江流域棉花超高产纪录不断被刷新，山东省出现了皮棉产量 2 340kg/hm² 的高产田，四川省简阳市曾创皮棉产量 2 631 kg/hm² 的植棉高产纪录。江苏省灌云县图河乡安福村，1996 年种植的 67hm² 移栽地膜棉，皮棉产量 2 380.5kg/hm²；江苏省铜山县柳新乡马楼村由于引进高产品种和推广先进的植棉技术，取得了皮棉产量 2 398.5kg/hm² 的好成绩。这些高产实例，揭示了棉花的高产潜力，证明开发棉花超高产栽培技术是可行的。2009 年我国又出现一批超高产栽培实例：江苏大丰市稻麦（棉）原种场各品种 0.33hm²，亚华棉 10 号、CO150 和科棉 6 号子棉产量分别为 7 111.5kg/hm²、7 657.5kg/hm² 和 7 362.5kg/hm²；江苏兴化市安丰镇 0.47hm²，实收子棉 7 076.3kg/hm²；安徽东至县大渡口镇，子棉单产达 5 694kg/hm²；江西湖口县环鄱阳湖 6.7hm² 棉田，子棉产量达 7 605.9kg/hm²；湖北黄梅县孔垄镇 7.2hm²，子棉产量 6 255kg/hm²；湖南安乡县安裕乡 6.7hm²，子棉产量 7 514.1kg/hm²；辽宁辽阳县木头城小镇 3.42hm²，子棉产量 5 373kg/hm²；新疆阿克苏农一师十六团五连 4hm²，子棉产量 12 090kg/hm²；2010 年：辽宁朝阳县木城小镇 5.33hm²，子棉产量 6 357kg/hm²；湖南澧县合口镇 6.67hm²，子棉产量 7 222.5kg/hm²。2011 年：河北河间市瀛洲镇 4hm²，子棉产量 6 972kg/hm²；南宫市王大寨乡 5.3hm²，子棉产量 7 128kg/hm²；2012 年：江苏东台市五烈镇 0.23 万 hm² 和梁垛镇 0.22hm²，皮棉单产 2 400kg/hm²；甘肃瓜州县 0.23 万 hm²，子棉产量 6 023.85kg/hm²、皮棉产量 2 314.5kg/hm²。2013 年：新疆图木舒克市农三师 45 团八连 16.5hm²，子棉产量 9 450kg/hm²。2014 年：山东聊城市农业科学研究院科技示范园 3.5hm²，子棉产量 6 517.5kg/hm²。

实施棉花超高产栽培的技术途径是品种、栽培技术和减灾抗灾措施。

（1）品种是实现棉花超高产生产目标的核心技术。棉花生产是一个由"天气(天)—土地（地）—棉花（苗）—人类耕作活动（人）"交织构成的复杂系统（图 6-4）。

由图 6-4 可知，品种是这一系统结构中的核心，所有环境条件均作用于品种才能起作用，也就是说品种是"内因"，环境条件是"外因"，外因只有通过内因才能起作用。

通过育种手段提高作物的产量潜力，是迄今为止提高作物产量潜力的最主要途径，长期以来它在农业生产上占据决定性地位。20 世纪 50 年代以来，我国棉业取得飞跃发展，选育出高产、优质、早熟、抗病、抗虫、低酚、耐旱碱及彩色棉等多种类型的棉花优良品种。一般认为，在正常情况下，良种占增产份额的 20% ~ 30%。转基因抗虫棉的培育，节省了大量农药，降低了生产成本，显著提高了棉花产量。近 60 多年来，我国主要棉区进行了 7 次大规模的品种换代，每次都使棉花单产提高 10% 以上。这表明品种是实现棉花超高产生产目标的核心技术。研究结果已证实，单铃重和衣分主要取决于棉花品种的遗传特性，在超高产棉花生产中，选择高铃重、高衣分品种可为超高产提供有力的保障。

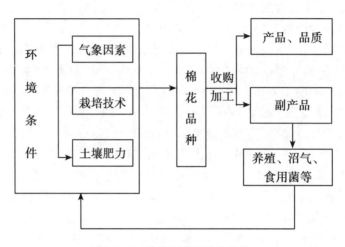

图 6 - 4　棉花生产系统的结构

（2）栽培技术是实现棉花超高产生产目标的必要条件。通过栽培技术提高作物产量最具现实意义。棉花栽培技术的进步对棉花生产的促进作用重大，一般认为栽培技术在棉花增产中占 35% 以上的份额。多年来，江苏省棉花生产每一个新的突破都与棉花栽培技术的发展密切相关。20 世纪 50 年代，在围绕推广良种的条件下，开展了以早播密植为主要内容的棉花栽培技术改造，实现了棉花单产增 1 倍；20 世纪 60 年代研究推广了争"三桃"夺高产的高产栽培技术，实现了棉花总产量、单产增 1 倍以上的目标；20 世纪 70 年代，试验、示范、推广了棉花薄膜覆盖营养钵育苗移栽技术，保证了"三桃"齐结和早发稳长不早衰，取得了良好的增产增收效果；20 世纪 80 年代，在积极推广棉花营养钵育苗移栽技术的同时，为进一步提高单产，以主攻单产为目标，研究总结了以棉花育苗移栽为主的配套栽培技术，从而形成了新型植棉栽培技术体系；20 世纪 90 年代以来，为了实现皮棉单产、纤维品质和经济效益三者同步增高，积极研究和推广应用了移栽地膜棉，取得了明显的促早发和增产增收效果；21 世纪以来，研制创立了"壮个体、适群体、高产出"的"棉花协调栽培技术体系"，实施了转基因抗虫棉配套栽培和高品质棉的保优栽培技术，有效地挖掘了转基因抗虫棉和高品质棉的增产潜力。随着科技进步、生产条件的改善，棉花单产应有较大幅度增长，棉花栽培科技的进步是提高单产的重要途径。在现有技术的基础上，将传统技术与现代技术相结合，研究棉花超高产综合生产技术体系是棉花栽培技术研究的重要课题。

（3）减灾抗灾措施是实现棉花超高产生产目标的技术保障。自然界不仅为农业提供基本的生产资料，而且自然条件尤其是气候条件的变化直接决定了农业经营结果的成败。2003年气候呈现极端高温、旱间有涝的特征，高温热害致使棉花花粉败育，中部脱离严重，形成"中空"和畸形铃；持续阴雨出现在10月上旬，这次低温和阴雨对迟发和遭受热旱急需补偿的棉花影响很大，补偿能力被大大削弱，还是引起黄萎病和烂铃的主要诱因。2005年是江苏省棉花重大灾害年，全年棉花生长势比2004年差了近一成，全省平均减产30%以上；由于后期连续阴雨，导致棉花烂铃增多，吐絮不畅，棉花收获后无法及时晾晒，导致棉花减产和品质下降。制订预案、及时抓好灾后田间诊断的补救措施，挖掘抗逆品种资源、培育抗逆品种、研制抗逆技术，不断制订抗高温、雨涝和渍害的栽培技术以及制订灾害后应变措施，提升人工干预天气水平、增强抗御灾害的能力等都是实现棉花超高产生产目标的技术保障。

二、泗棉3号每公顷产1 875kg皮棉的超高产栽培技术研究

一个高产品种增产潜力的充分挖掘，必须根据其品种特性，努力创造一个适于其生长发育的生态环境条件。泗棉3号作为一个将高产株型和高效生理活性有机融为一体的优良品种，充分发挥它的高产潜能及其应用价值，在栽培技术措施上完善配套是为关键。纪从亮等（1999）对泗棉3号皮棉产量在1 875kg/hm^{2}以上的超高产栽培技术进行了研究。研究结果表明：

泗棉3号在超高产水平以下以较低的群体起点（密度3.75万~4.5万株/hm^2），配以科学的肥料运筹［氮素300~375kg/hm^2；安家肥：花铃肥：盖顶肥=（20%~25%）:65%:（10%~15%）；N:P$_2$O$_5$:K$_2$O=1:0.4:0.8］，能够调节棉株生理机能，改善叶层与叶角分布，增加光合能力，积累更多的干物质并以较大的比例分配到生殖器官、增加成铃数量。此外，缩节胺化调有助于塑造理想的株型结构，促进养分向棉铃分配，是超高产栽培的重要手段，超高产棉花一生用缩节胺化调3~4次，每公顷用量110~150g为宜。密肥调配合为高产品种丰产性的充分表达创造了良好的环境条件。

（一）泗棉3号超高产栽培的密肥组合

密肥组合的光合生产效应。由密度3.0万株/hm^2（A1）、3.75万株/hm^2（A2）、4.5万株/hm^2（A3），氮肥300kg/hm^2（B1）和375kg/hm^2（B2）的密肥组合的试验表明，在适宜的蜜肥组合（A2B2）下，其群体的净同化率结铃盛期保持较高的水平（表6-6），而且在前期低氮水平比高氮水平的净同化率要高；至生长后期则相反，高氮水平的净同化率相对较高。可见在（A2B2）组合条件下，全生育期保持相对较高的净同化率，这有利于保持稳长，促进产量水平的进一步提高。

由不同密肥组合棉株生殖器官的积累和积累速率、总干物质的积累量和积累速率表明（表6-7、表6-8），在开花后，（A2B2）组合一直保持高的水平，说明适宜的密肥组合能够促进泗棉3号干物质积累，特别是开花后的干物质积累，从而促进产量的提高。

表 6 – 6 不同密肥组合不同生长阶段净同化率

处理（月/日）	净同化率（g/m² · d）					
	6/20 ~ 7/5	7/6 ~ 7/20	7/21 ~ 8/5	8/6 ~ 8/15	8/16 ~ 8/30	8/31 ~ 9/20
A1B1	7.61	6.35	5.86	4.77	2.15	4.41
A2B1	6.03	6.07	6.82	3.74	1.93	3.67
A3B1	7.52	5.10	6.66	5.65	0.45	2.57
A1B2	6.65	9.72	3.97	6.06	2.34	4.44
A2B2	7.09	7.18	3.54	7.31	4.56	3.13
A3B2	8.36	4.64	3.32	7.48	3.46	1.94

表 6 – 7 不同密肥组合生殖器官干物质积累量和积累速率

处理（月/日）	积累量（kg/hm²）			积累速率（kg/hm² · d）		
	6/20 ~ 7/5	7/6 ~ 7/30	8/21 ~ 9/20	6/20 ~ 7/5	7/6 ~ 8/30	8/31 ~ 9/20
A1B1	148.1	3 593.7	1 604.8	9.75	65.40	80.25
A2B1	173.6	4 147.6	1 941.1	11.55	75.45	97.05
A3B1	178.8	4 225.5	1 118.1	11.85	76.80	55.95
A1B2	154.5	2 662.8	2 108.2	10.35	48.45	105.45
A2B2	166.6	4 646.5	2 442.6	11.10	84.75	122.10
A3B2	243.9	3 409.9	1 960.8	16.20	61.95	98.10

表 6 – 8 不同密肥组合总干物质积累量和积累速度

处理（月/日）	积累量（kg/hm²）			积累速率（kg/hm² · d）		
	6/20 ~ 7/5	7/6 ~ 7/30	8/21 ~ 9/20	6/20 ~ 7/5	7/6 ~ 8/30	8/31 ~ 9/20
A1B1	1 014.3	7 533.1	2 677.9	67.65	136.95	133.95
A2B1	1 335.0	8 118.4	3 310.1	69.00	147.60	165.45
A3B1	1 288.5	8 734.3	2 580.9	85.95	158.85	129.00
A1B2	757.1	5 065.5	3 173.7	50.40	92.10	158.70
A2B2	1 404.9	9 043.8	4 852.1	93.60	164.40	242.55
A3B2	1 525.2	8 337.7	3 697.1	101.70	151.50	183.60

　　密肥组合的生态效应包括密度和氮素与冠层叶角分布的关系、密肥组合对光照与叶源的影响和密肥组合的产量效应。

　　密度和氮素与冠层叶角分布的关系。表 6 – 9 表明，在氮肥 300kg/hm² 条件下，叶角分布表现为低角度（≤40°）较多，而随着密度增高，40°以上的叶角增多。在氮肥 375kg/hm² 条件下则表现为≥40°的叶角较多，而且同样随着密度增高，40°的叶角增多，这可能与密度增高，棉株之间竞争加强，因而叶角变大。同时表 6 – 9 还表明，泗棉 3

号在适宜的密度和氮肥组合下，40°以上的叶角增多，研究为 A2B2 组合（37500、375）效果最佳。因此密、肥的合理应用可进一步调节泗棉 3 号冠层的叶角分布和排列，促进叶片直立、通风透光，创造一个更为有效合理的群体。

表 6 – 9　密度（Ai）和氮素（Bj）对叶角分布的影响

处理	叶角分布率（%）			
	0～20°	20°～40°	40°～60°	60°～90°
A1B1	37	30	21	12
A2B1	34	31	24	11
A3B1	39	26	29	6
A1B2	39	21	29	11
A2B2	31	20	36	14
A3B2	29	23	30	18

　　密肥组合对光照与叶源的影响。表 6 – 10 表明，泗棉 3 号在不同的密肥组合下群体透光率表现出一定的规律性。在整个生育期，相同的氮素水平下，基本上是随着密度的提高，中部光照强度呈下降趋势。但棉株下部光照则表现明显的不同，无论在 B1 水平，还是在 B2 水平下，前中期都表现为在中密度 A2 水平下，下部透光率最高，尤以 A2B2 组合最佳，这可能是由于在适宜密度和氮肥条件下，养分较多的运往生殖器官，因而在株型上相对理想，形成了透光率相对较好的群体。

表 6 – 10　不同密肥组合的群体透光率（%）

（月/日）处理	7/4		7/19		8/1		8/12		8/27	
	中部	下部	中部	下部	中部	下部	中部	下部	中部	下部
A1B1	51.4	14.3	34.1	13.2	16.5	2.5	11.2	1.9	5.8	3.4
A2B1	40.8	16.5	32.1	9.5	11.0	3.0	8.5	1.5	7.2	3.5
A3B1	36.5	11.3	21.7	6.6	13.3	3.0	5.8	2.8	6.1	6.3
A1B2	40.1	12.3	22.9	10.6	14.7	3.4	12.0	2.4	6.5	3.5
A2B2	30.6	20.4	30.1	13.0	9.5	3.9	10.8	1.4	6.4	2.8
A3B2	36.2	11.3	17.6	6.2	10.1	2.9	8.6	0.8	4.4	1.3

　　由冠层叶角与光照强度和光合强度的关系也进一步表明（表 6 – 11），在低角度下，整个冠层的光照强度较低，光合强度也低。在高角度下，冠层内光照好，光合强度也高，而且也是以 A2B2 的冠层光照强度和光合强度较高。由此表明，在中高肥力条件下，以密度 37 500 株 kg/hm^2、氮素 375kg/hm^2 的组合能有效地改善群体的光照条件，促进冠层光合功能的增强。

表 6 – 11　冠层叶角与光照强度（10Lx）和光合强度（$\mu mol\ O_2/dm^2 \cdot h$）

处理	$0 \sim 20°$		$20° \sim 40°$		$40° \sim 60°$		$60° \sim 90°$	
	光照强度	光合强度	光照强度	光合强度	光照强度	光合强度	光照强度	光合强度
A1B1	1 160.7	66.0	1 273.3	132.0	1 189.1	126.6	1 460.6	163.8
A2B1	1 172.9	89.4	1 340.3	96.0	1 679.1	107.4	1 924.4	145.8
A3B1	576.4	59.4	943.4	112.2	1 274.3	122.4	1 648.8	143.4
A1B2	891.7	70.8	1 324.5	106.2	1 583.3	112.2	1 527.0	116.4
A2B2	1 093.1	109.8	1 331.5	124.2	1 163.1	139.2	1 424.4	174.6
A3B2	844.1	64.8	985.9	109.8	1 685.9	154.2	1 865.3	169.2

不同密肥组合的 LAI 动态变化也进一步表明（表 6 – 12），在 A2B2 条件下 LAI 在整个生育期较为适宜，因而有利于群体光照条件的改善，促进光合强度提高。在适宜密肥组合 A2B2 条件下，LAI 下降速度最慢，有利于提高泗棉 3 号后期的物质生产能力，防止早衰，因而使得产量达到了更高的水平。

表 6 – 12　不同密肥处理各生育阶段的 LAI

处理（月/日）	6/20	7/5	7/20	8/5	8/15	8/30	9/20
A1B1	0.45	1.49	2.50	3.19	3.47	3.18	2.96
A2B1	0.62	1.44	2.88	2.85	4.00	3.68	3.00
A3B1	0.64	1.79	2.94	4.13	4.28	3.87	3.17
A1B2	0.44	1.03	2.21	3.11	3.77	3.28	3.18
A2B2	0.55	1.42	3.13	3.81	4.07	3.74	3.43
A3B2	0.69	2.04	3.06	4.06	4.40	4.30	3.99

密肥组合的产量效应。由表 6 – 13 不同密肥组合的棉株成铃纵向分布及产量构成表明，在 A2B2 组合下，又以上中部成铃较多，成铃率较高，从而促进了总铃数的增加。由此可见，泗棉 3 号在超高产水平，尤其要促进中上部成铃率的提高，这也正好发挥了泗棉 3 号的结铃性强的特性。

表 6 – 13　不同密肥组合的成铃分布与产量构成

处理	成铃率（%）			铃数（万/hm²）	单铃重（g）	皮棉产量（kg/hm²）
	上	中	下			
A1B1	40.7	39.3	34.2	121.50	4.41	2 089.65
A2B1	39.4	48.5	32.8	127.05	4.33	2 194.50
A3B1	38.2	38.6	38.3	128.70	4.36	2 127.30
A1B2	43.2	45.3	22.7	137.70	4.24	2 335.35
A2B2	31.0	31.6	28.6	128.55	4.16	2 032.05
A3B2	37.8	39.2	26.7	133.65	4.04	2 105.85

（二）泗棉 3 号超高产栽培的氮、磷、钾肥运筹

氮肥的合理运筹。表 6 - 14 表明，氮肥的运筹在整个生育期以 A3 处理（安家肥、花铃肥和盖顶肥比例为 25%：65%：10%）铃数量高，总铃数达 104.7 万个/hm²，皮棉产量 1 655.85kg/hm²，比 A1、A2 两种运筹分别高 19.12% 和 22.22%。可见合理的肥料运筹能够发挥品种优点，弥补不足，促进产量潜力的发挥。

表 6 - 14　不同肥料运筹对皮棉产量的影响

处理（%）	总铃数（万/hm²）	皮棉产量（kg/hm²）	增减率（%）
A1（25% ~75% ~0）	90.45	1390.05	19.12
A2（10% ~65% ~25%）	84.90	1354.80	22.22
A3（25% ~65% ~10%）	104.70	1655.85	

表 6 - 15 表明，在施用纯氮 375kg/hm²，其中花铃肥占 65% 的水平下，第一次花铃肥的比例不同对泗棉 3 号影响也不一样，施用比例为 30% 时，LAl 比较适中，光合强度在施肥后至 8 月 5 日都较高，成铃强度也较大，在 7 月 21 日至 8 月 5 日为 0.505 个/株·d，8 月 5 ~ 15 日成铃强度达 0.570 个/株·d。第一次花铃肥施用量占 40% 时，虽然与 30% 处理光合强度、成铃强度相差不大，但由于施用量较大，易引起 LAI 过大，在 8 月 5 日时已达 4.05。因此，泗棉 3 号的第一次花铃肥以 30% 为宜，它可以满足该品种库形成早、结铃多的需要，有利于增结伏前桃、伏桃。

表 6 - 15　第一次花铃肥施用比例对泗棉 3 号的影响

处理（月/日）	光合强度（μmol O₂/dm²·h）		LAI		成铃强度（个/株·d）	
	7/24	8/15	7/24	8/5	7/21 ~8/5	8/6 ~8/15
20%	123.89	208.9	2.88	3.25	0.490	0.495
30%	142.93	215.6	3.35	3.83	0.505	0.570
40%	143.74	213.4	3.55	4.05	0.495	0.570

由表 6 - 16 不同盖顶肥施用比例试验结果表明，盖顶肥用量在 15% 时（每公顷总施氮量为纯氮 375kg）能保持后期有较高的 LAI、光合强度及成铃强度，保证秋桃的形成。这主要是由于充足的营养供应，使得泗棉 3 号后期能够继续保持较强的源活性和较高的库强，可以充分发挥了泗棉 3 号的高产潜力，使其产量水平进一步提高。

表 6 - 16　不同盖顶肥比例对泗棉 3 号的生育及产量影响

处理	光合强度（μmol O₂/dm²·h）		LAI		成铃强度（个/株·d）		皮棉产量（kg/hm²）
	9/5	9/25	9/6	9/27	8/25 ~8/29	8/30 ~9/20	
5%	139.25	87.6	2.75	1.32	0.445	0.213	1 387.50
15%	146.75	108.9	2.96	1.88	0.496	0.305	1 944.00
25%	149.37	111.2	3.42	2.52	0.432	0.286	1 537.50

氮、磷、钾肥的合理搭配。表 6 - 17 不同氮、磷、钾肥料运筹结果表明，4 个处理在密度为 41 400 株/hm² 时，以处理 3 的成铃强度、单株成铃、群体总铃数都是最高的，因而皮棉产量最高，其次为处理 4。

表 6 - 17　不同氮磷钾运筹对泗棉 3 号产量的影响

| 处理 | 施氮水平 | 基肥 | 花铃肥 | | 盖顶肥（8 月 4 日） | 成铃强度（7/20 ~ 8/30）（个/株·d） | 单株铃数（个） | 总铃数（万个/hm²） | 皮棉产量（kg/hm²） |
			第一次	第二次					
1	225	碳铵 330.0	264.0	177.0	100.5	0.41	22.4	86.925	1 297.5
		磷肥 450.0	352.5						
		钾肥 112.5	75.0						
2	300	碳铵 441.0	352.5	22 860	130.5	0.40	24.8	108.225	1 578.0
		磷肥 600.0	472.5						
		钾肥 150.0	100.5						
3	375	碳铵 552.0	441.0	285.0	163.5	0.42	25.0	114.810	1 813.5
		磷肥 750	592.5						
		钾肥 187.5	126.0						
4	450	碳铵 661.5	525.0	343.5	196.5	0.39	23.9	114.135	1 743.0
		磷肥 975.0	630.0						
		钾肥 1 500	150.0						

注：花铃肥、盖顶肥为尿素，肥料单位：kg/hm²

棉株一生积累氮素总量与其产量并不成正比例增长关系（表 6 - 18），在吸氮量适当的情况下，随氮素积累量增加，其产量也相应提高，但体内积累氮素过多时，产量反而下降。在较低产量（1 200 kg 皮棉/hm² 左右）水平下，每生产 50 kg 皮棉需吸收氮约 7 kg；在高产 1 500 kg 皮棉/hm² 时，每生产 50 kg 皮棉，需氮约 6 kg。由此可见，产量水平的提高，可提高氮素利用率，提高经济效益。

在一定范围内，随着棉田钾素投入水平的提高，产量水平逐渐增加（表 6 - 18）。当每公顷施用钾素 240 kg 时，产量达最高。此后随钾素用量的增加产量反而下降，这说明产量的增长与植株体内钾素积累量不成正比例关系。由此可见，维持棉株体内钾素积累量在适宜水平是夺取高产的关键。此外，随着施钾量的增加，钾肥的利用率反而下降，故从钾肥经济利用方面考虑，棉田钾肥的施用量要适当。

表 6 - 18　皮棉产量与氮、钾吸收量的关系

皮棉产量（kg/hm²）	氮：磷：钾施用比例	氮吸收量（kg/hm²）	K₂O 吸收量（kg/hm²）
1 290.30	0：1：2	179.70	
1 601.55	1：0.4：0.8	194.25	175.50
1 284.45	1：0.32：0.64	196.50	
1 241.55	1：0.4：0		112.50
1 471.95	1：0.4：0.6		147.30

（续表）

皮棉产量（kg/hm²）	氮∶磷∶钾施用比例	氮吸收量（kg/hm²）	K₂O 吸收量（kg/hm²）
1 503.15	1∶0.4∶1		202.8

此外，表 6 – 18 还说明，施用氮（纯 N）、磷（P_2O_5）、钾（K_2O）比例为 1∶0.4∶0.8 时产量最高，达 1 601.55kg 皮棉/hm²，其次是 1∶0.4∶1，产量为 1 503.15kg皮棉/hm²。由此表明，要获得棉花高产，必须氮、磷、钾比例协调，才能有利于棉花生长发育。

（三）泗棉 3 号的化调应用

泗棉 3 号在初花期喷施化学调节剂能增强叶片的光合强度（表 6 – 19），其中以缩节胺作用最为明显，喷施后盛花期（7 月 23 日）光合强度比对照增加 44.2%，结铃期增加 39.8%。光合产物向生殖器官输送提高 5.9% ~ 12.6%，单铃重高 3.0% ~ 18.2%。由此表明，通过施用缩节胺可使得养分加速向棉铃输送，促进产量的提高。表 6 – 20 进一步表明，泗棉 3 号在相同的密度条件下，应用生长调节剂，使其达到了高产群体株型的目的。泗棉 3 号一生中化调 3 ~ 4 次，每公顷 110 ~ 150g（缩节胺）的条件下，可建立较理想的株型，可促进泗棉 3 号高产潜力的发挥。表 6 – 21 皮棉产量在 1 875kg/hm²以上的超高产栽培实践证明了这一点。

表 6 – 19　化学调节剂处理对光合强度和¹⁴C 产物分配的影响

处理	光合强度(μmol O₂/dm²·h)			单铃重(g)	¹⁴C 产物分配（%）					
	日期（月/日）				7 月 23 日			8 月 6 日		
	7/23	8/6	9/10		本果枝	上部	其他	对位铃	果枝顶端	其他
缩节胺	137.9	173.5	108.5	4.74	52.4	40.7	6.9	85.6	12.2	2.2
802	117.5	165.4	95.8	4.52	49.3	46.1	5.6	80.7	14.3	5.0
PSA	108.6	156.9	90.91	4.13	45.4	51.8	2.8	77.8	19.2	3.0
CK（清水）	95.6	115.8	85.86	4.01	39.8	51.7	8.5	75.7	18.4	6.9

表 6 – 20　缩节胺对棉花株型的调节效应

处理	株高（cm）	主茎节间（cm）	果枝节间（1 ~ 5 节 cm）	单株铃数（个）	总铃数（万/hm²）	皮棉产量（kg/hm²）	增产（%）
缩节胺	87	3.76	5.85	24.5	110.25	1 510.5 ~ 1 675.5	11 ~ 23
CK（清水）	135	5.87	7.52	10.9	89.55	1 362.1	

表 6 – 21　皮棉产量 1 875kg/hm²以上的化控次数和用量

年份	试点	缩节胺		皮棉产量（kg/hm²）
		化控次数（次）	化控用量（g/hm²）	
1996	铜山	5	112.5	2 023.50
	宿迁	3	120.0	2 011.50
	太仓	3	127.5	1 893.00

（续表）

| 年份 | 试点 | 缩节胺 | | 皮棉产量（kg/hm²） |
		化控次数（次）	化控用量（g/hm²）	
1997	铜山	4	112.5	2 201.25
	宿迁	4	142.5	2 187.45
	灌云	3	97.5	2 136.00

综上所述，棉花生长的好坏和产量的高低，是棉花品种遗传特性与外界生态条件相互作用的结果。泗棉 3 号棉花品种超高产栽培，就是根据泗棉 3 号的特征特性，通过栽培措施调节和控制棉花生长与环境的矛盾，满足各生育各阶段对环境的不同需求，协调源流库的关系，使泗棉 3 号固有的生产力潜力得以发挥，最终获得高产优质的棉纤维。

三、泗棉 3 号每公顷产 2 100kg 皮棉的栽培技术研究

铃重是构成棉花产量的三个主要因素之一。增加铃重也是实现泗棉 3 号超高产栽培的技术研究思路之一。陈德华等（2003）就泗棉 3 号每公顷产 2 100kg 皮棉条件下增铃重与株型的关系进行了研究。试验处理设氮钾肥与缩节胺（DPC）化控 2 个试验因子。氮钾肥施用量分别设纯氮 375kg/hm² 与氯化钾 300kg/hm²（处理 A_1）、纯氮 300kg/hm² 与氯化钾 240kg/hm²（处理 A_2）及不施氮钾肥（处理 A_3）3 个处理。DPC 化控分别设喷施 4 次（处理 B_1）、喷施 2 次（处理 B_2）和不喷施（处理 B_3）3 个处理。B_1 处理分别于盛蕾、初花、盛花和打顶后 7d 进行，用量分别为 15、30、45、60 g/hm²；B_2 处理分别于盛蕾和初花进行，用量与 B_1 处理对应期相同。共 9 个处理，分别为 A_1B_1、A_1B_2、A_1B_3、A_2B_1、A_2B_2、A_2B_3、A_3B_1、A_3B_2、A_3B_3。研究结果表明，主茎和果枝节间保持适宜的长度、较多的果枝数及适宜的节枝比，可增加果枝粗度，尤其是上部和中部外围的果枝粗度，增加中上部果枝向值，是泗棉 3 号超高产棉铃增重的结构基础；果枝向值这一指标可衡量果枝和叶片的着生状况。

（一）铃重分布及产量

由表 6 - 22 可知，产量高的处理，铃重相对较高。在不同的肥控条件下，2 年的不同处理铃重的横向分布表现基本一致。总的趋势是：肥控结合的条件（处理 A_1B_1、A_1B_2、A_2B_1、A_2B_2）下第 3～5 果节特别是第 3、第 4 果节位的铃重与对照（处理 A_3B_3）相比有明显提高，与各自内围第 1～2 果节相比，第 3～4 果节铃重变化趋势不一。棉株铃重分布的变异系数，内围（第 1～2 果节）为 10.2%，外围为 16.2%，表明可通过提高外围果节铃重来提高整株铃重。由表 5 - 22 还知，在棉株下、中、上 3 个部位，肥料配合 DPC 的处理，单铃重由高到低依次为上部、中部、下部。在单施肥或单化控及不施肥、不化控条件下，铃重由高到低依次为中部、下部、上部，说明施肥配合 DPC 化控显著增加上部铃重。

表 6 – 22 不同处理的铃重分布与产量

处理	横向果节序铃重（g）					纵向部位铃重（g）			皮棉产量（kg/hm²）
	1	2	3	4	5	下	中	上	
A_1B_1	4.122	4.921	4.486	4.853	4.409	4.024	4.356	4.365	2 152.05
A_1B_2	4.048	4.126	3.755	4.896	4.233	3.533	4.181	4.289	1 983.15
A_1B_3	3.660	3.986	3.697	3.586	3.216	3.516	4.032	4.221	1 722.75
A_2B_1	4.370	4.371	4.462	4.268	4.023	3.968	4.536	4.555	2 184.60
A_2B_2	4.267	3.505	3.872	4.880	4.968	3.993	3.928	4.221	2 117.40
A_2B_3	3.733	3.428	3.653	3.562	2.989	3.785	3.379	3.613	1 921.35
A_3B_1	4.249	4.232	4.059	3.446	3.346	4.411	4.451	3.894	1 136.10
A_3B_2	4.141	4.129	4.046	3.694	2.996	3.556	3.883	3.706	1 265.35
A_3B_3	3.529	3.319	3.143	3.165	3.063	3.556	3.883	3.706	1 276.80

（二）主茎及果枝长度与产量及铃重关系

由表 6 – 23 可知，棉花主茎及各果枝节间长度分布特点主要表现为：①各果枝的节间长度由内向外逐渐缩短；②主茎及果节间长度与产量、铃重呈开口向下的抛物线关系，表明主茎和各果节间都有适宜的长度值。当主茎节间平均长度在 5.48 cm 时，第 1 果节间长度在 11.45cm 左右，第 2 果节间在 8.70cm 左右，第 3 果节间在 7.99cm 左右，第 4 果节间在 6.19 cm 左右，第 5 果节间在 5.38 cm 左右，产量保持在高产水平（2 000kg/hm² 以上），铃重达 4.250g。1999 年验证结果表明，A8 均处理在主茎和各果节间长度与 1998 年模拟适宜值基本相同条件下产量达 1 967.85 kg/hm²，铃重为 5.050g，处理 A_3B_3 产量为 983 kg/hm²，铃重 3.752g。

表 6 – 23 不同处理的棉株主茎和果枝节间长度分布

处理	主茎及横向各果节间长度（cm）							单铃重（g）
	1	2	3	4	5	6		
A_1B_1	5.54	10.30	6.68	6.22	5.70	4.00	3.98	4.248
A_1B_2	5.48	10.40	7.68	7.23	6.50	5.23	4.96	4.001
A_1B_3	6.67	14.25	12.14	11.54	9.65	8.46	7.64	3.969
A_2B_1	5.70	11.58	8.52	7.12	6.28	5.30	4.42	4.353
A_2B_2	5.67	11.47	9.00	8.62	8.56	7.82	6.47	4.047
A_2B_3	5.88	13.16	10.40	10.00	9.67	9.14	7.70	3.592
A_3B_1	4.50	8.76	6.45	5.53	4.97	4.22	3.46	4.252
A_3B_2	5.18	10.40	7.47	7.16	6.69	5.43	4.93	3.572
A_3B_3	5.50	12.30	10.20	8.96	7.78	7.54	2.30	3.842

（三）果枝粗度

由表 6 – 24 可知，各个果节间的横向分布粗度随果节位外延呈逐渐下降趋势，不同处理间随化控次数的增多，粗度相应增大。在相同的氮钾肥水平下，DPC 化控次数越多，粗度越大。在纵向分布上，下、中、上 3 个部位的果枝的粗度表现明显不同。在 2 个氮钾施肥水平下，处理 A_1B_1 和 A_2B_1（DPC 化控 4 次）果枝的粗度由粗到细依次为上部、中部、下部，而处理 A_1B_2、A_2B_2（DPC 化控 2 次）表现为中部或下部较高；在不施肥条件下，无论化控与否，果枝粗度由粗到细依次为下部、中部、上部。

表 6 –24　不同处理的果枝粗度分布（1998）

处理	单铃重（g）	横向分布果枝粗度（mm）					纵向分布果枝粗度（mm）		
		1	2	3	4	5	下部	中部	上部
A_1B_1	4.248	0.547	0.488	0.444	0.408	0.386	0.413	0.443	0.534
A_1B_2	4.001	0.536	0.466	0.435	0.389	0.349	0.423	0.493	0.408
A_1B_3	3.969	0.476	0.414	0.377	0.336	0.301	0.381	0.411	0.376
A_2B_1	4.353	0.563	0.514	0.472	0.426	0.371	0.383	0.497	0.523
A_2B_2	4.047	0.496	0.442	0.404	0.370	0.341	0.418	0.405	0.402
A_2B_3	3.592	0.456	0.395	0.3396	0.298	0.268	0.398	0.358	0.348
A_3B_1	4.252	0.497	0.452	0.402	0.372	0.337	0.450	0.429	0.369
A_3B_2	3.572	0.494	0.440	0.397	0.353	0.293	0.394	0.385	0.375
A_3B_3	3.842	0.482	0.439	0.376	0.342	0.315	0.404	0.388	0.383
与铃重相关系数		0.732*	0.773*	0.680*	0.832**	0.882**	0.548	0.628*	0.770*

注：*、**分别表示达 5%、1% 差异显著水平

相关分析表明（表 6 –24），棉花的果枝粗度与铃重密切相关，在横向上各个果节间的粗度与铃重呈显著或者极显著正相关，特别是第 4、第 5 果节间果枝粗度与铃重呈极显著正相关，说明提高棉花第 4 ~ 5 果节位的粗度，更有利于铃重的增加。在纵向分布上，中、上部果枝粗度与铃重密切相关。

（四）果枝数和节枝比

果枝数：由图 6 –5 可知，A_2B_1 处理的果枝数达 19.3 台，铃重为 5.050g，A_3B_2 处理的果枝数为 17.3 台，铃重为 3.752g，A_3B_1、A_2B_3 处理分别为 17.5 台和 17.8 台，铃重分别为 4.439g 和 4.325g。

节枝比：回归分析表明，在施用氮钾肥条件下，节枝比与产量的关系为 $Y = -1\,812.952 + 684.641x - 59.801x^2$，与铃重的关系为 $Y = -31.105 + 11.974x - 1.01x^2$（图 6 –6、图 6 –7）。在产量与铃重达最大值时，两者节枝比基本一致（5.8 左右），说明在该研究种植密度条件下，节枝比以 5 ~ 6 较为适宜。

（五）果枝向值

由于果枝的长度和直立性不同，其着生状态也不同，这可用果枝向值表示，其计算公式为：$FOV = \sum A\,(L_f/L_s)\,/n$，其中 FOV 为果枝向值、A 为仰角、L_f 为果枝长度、L_s 为果枝基部至顶端的直线距离。果枝向值反映了果枝向主茎的程度，其值越大，果枝越偏向于主茎，在较大密度栽培条件下果枝越直立，越有利于通风受光。

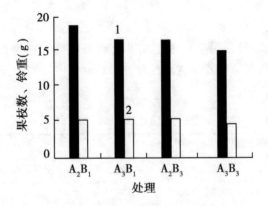

图 6 – 5 不同处理果枝数与铃重的关系

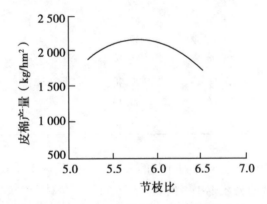

图 6 – 6 节枝比与产量的关系

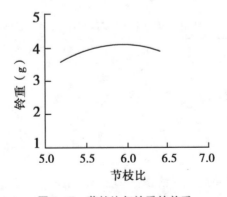

图 6 – 7 节枝比与铃重的关系

由表 6 – 25 可知，在高氮、钾肥条件下，DPC 化控处理能增加中下部的果枝向值，减少上部果枝向值；在中氮、钾肥条件下，DPC 化控的下、中、上部果枝向值都得到增大。对照（A_3B_3）上部果枝向值虽较大，但果枝短，成铃少。由于不同处理棉株的果枝向值不同，群体内部的光照强度、棉株基部的透光率有较大的差异。在施用同样氮、钾肥条件下，基部透光率随着 DPC 化控次数的增加而增加，如增加幅度由高到低

依次为 A_1B_1、A_1B_2、A_1B_3。在同样的化控水平下，施肥水平增加基部透光率下降，如下降幅度由高到低依次为 A_2B_1、A_1B_1。各处理基部透光率与铃重相关分析表明，8 月 4 日和 20 日的基部透光率与铃重呈显著正相关，相关系数分别为 0.865^* 和 0.852^*，说明肥料与化控能调控棉花果枝着生状态，改善棉花群体内光照条件，有利于群体光合效能提高、铃重增加。

表 6 – 25　不同处理棉株的果枝向值

处理	果枝向值			基部透光率（%）	
	下部	中部	上部	8 月 4 日	8 月 20 日
A_1B_1	26.05	29.28	32.89	4.62	3.18
A_1B_2	27.17	28.21	33.17	3.61	2.54
A_1B_3	18.87	28.16	39.38	2.52	1.56
A_2B_1	35.34	34.50	35.90	5.38	3.75
A_2B_2	32.34	37.71	39.72	4.15	2.85
A_2B_3	21.80	30.76	32.89	2.66	1.72
A_3B_1	23.72	27.56	27.40	6.78	5.79
A_3B_2	27.40	27.20	34.40	5.32	4.78
A_3B_3	24.36	25.28	33.30	4.93	3.98

此外，果枝的角度分布也影响到叶角的分布。一般情况下，果枝与主茎夹角越小，则该果枝上叶片与主茎的夹角越小。由表 6 – 26 可知，果枝着生角度与叶角分布呈显著正相关，且叶角几乎和果枝的夹角相等。要缩小叶片叶角，改善群体的光照条件，可从缩小果枝与主茎夹角入手。

表 6 – 26　果枝角度（与主茎）与叶角的关系（1999—8—2）

处理	冠层果枝夹角（°）	平均叶角（°）	冠层下方透光率（%）	单铃重（g）
A_2B_1	52.6	53.4	67.6	4.35
A_3B_1	54.3	55.9	63.2	4.25
A_2B_3	56.2	58.5	60.8	3.59
A_3B_3	58.5	59.6	58.5	3.84

综上所述，泗棉 3 号超高产栽培，整株棉铃增重需具有理想的株型。在长江下游棉区，其株型结构主要表现为：主茎和果枝间保持适宜的长度、较多的果枝数和适宜的节枝比；果枝粗度特别是上部和中部外围的果枝粗度增加；中上部果枝向值增大。

关于适宜的节枝比指标，因各生态区适宜果枝台数不同而异。适宜果枝台数少的，节枝比适宜值低。江苏棉区在 20 世纪 80 年代以前，果枝台数为 13 ~ 15 台，适宜的节枝比为 3 ~ 4（皮棉产量为 3 500kg/hm²，密度为 60 000 株/hm²）。20 世纪 90 年代初，果枝台数提高至 16 ~ 18 台，节枝比在 5.0 左右，皮棉产量达到了 1 875kg/hm²，密度为

45 000株/hm^{2}左右。现在果枝台数提高至18~20台，节枝比则以5~6为宜，产量进一步提高至1 875~2 250kg/hm^2，密度降为37 500株/hm^2。果枝向值由禾本科的叶向值引用而来，可作为衡量棉花果枝着生状况的指标。在肥料和 DPC 化控的配合条件下，增加棉株果枝向值，特别是中上部果枝向值的提高，有利于叶片保持直立状态，改善群体内光照条件，增加铃重，从而提高棉花产量水平，实现优质高产高效益的栽培目标。

第七章 不同棉区的应用实践

泗棉 3 号品种育成以后，在我国主要产棉区进行了广泛的推广种植，应用范围覆盖长江流域、黄河流域中南部，及西北内陆的南疆棉区，各地在栽培应用过程中，从当地农业生产的具体情况，进行探索研究总结，总结形成多种栽培技术体系，对促进该品种在各地的推广应用都产生了重要的作用。应用面积较大及推广应用技术资料比较详细的地区主要是：

第一节 江苏省

江苏棉区位于长江、淮河下游，地跨长江流域和黄河流域两个棉区。北部处于黄淮海平原东南端，与皖北、豫东及鲁西南棉区连成一片，南部位于长江下游，与上海、浙江东部棉区连成一片。江苏省棉花生产有着悠久的历史，在全国棉花生产中占有重要地位，是我国 20 世纪及其 21 世纪初形成的六大产棉省、区（山东、河北、河南、江苏、湖北和新疆）之一。其时常年棉田面积约占全国棉田面积的 1/9，产量在 20 世纪 80 年代前约占全国棉花总产的 1/5，80 年代以来约占全国的 1/9，商品率 95% 以上。

江苏棉花产区，解放前主要集中在沿江、沿海一带。1949 年后，植棉地域逐步扩展，至 20 世纪 60 年代初期比较集中分布在沿江冲积土地区、沿海盐渍土和淮北废黄河沿岸的花碱地三个地带。20 世纪 70 年代中期以后，随着水利建设发展和耕作制度改革，除沿江、沿海和淮北三个主要产棉区仍保持植棉优势外，里下河及镇扬丘陵地区棉花生产有较快发展。依照生态条件的差异，江苏棉区划分为淮北、沿海、里下河、沿江（包括沿江、太湖农业区）及丘陵五个棉区。

一、淮北棉区高产栽培技术

本棉区位于黄淮海平原的东南部，江苏省北部沿淮河及苏北灌溉总渠以北的全部地区。东滨黄海，西邻安徽，北与山东接壤，南与里下河农业区毗邻，是全省面积最大、人口最多而密度相对较低的地区。包括徐州和连云港、宿迁市全部、淮阴市大部和盐城市苏北灌溉总渠以北地区，共 17 个县（市）。计有丰县、沛县、铜山、睢宁、邳县、灌云、灌南、沭阳、泗阳、涟水、响水县的全部，东海、宿迁、淮安、泗洪、滨海、阜宁县（市）的一部分乡，共 431 个乡（镇）。耕地总面积近 146.7 万 hm²，植棉乡（镇）354 个，占总乡（镇）数的 82.13%。20 世纪 60 年代以前，全区棉田面积只有6.7 万 ~10 万 hm²，1982 年发展到 14.9 万 hm²，1985 年为 16.3 万余 hm²，占耕地面积的 11.12%，占全省棉田面积的 27.5%。超过沿江老棉区，成为全省仅次于沿海棉区的第二位商品棉生产基地。

淮北棉区系江苏省唯一的属于黄河流域棉区，地处暖温带南部，属湿润、半湿润季风气候，具有由黄河流域向长江流域过度的气候特征。春季气温上升快，夏季炎热，雨水集中；秋季天高气爽，降温较早；冬季寒冷干燥，雨雪稀少。该区光照条件在全省棉区中最优，全年太阳辐射总量 477.15~527.37kJ/cm²。日照时数为 2 233~2 631h，年日照百分率为 50%~59%。日平均气温≥10℃时期内的日照时数为 1 400~1 500h。光照的地域分布表现"两高一低"，东部沿海为一高值区，以赣榆、连云港为高值中心；西北部又一高值区，以丰县、徐州为高值中心；中部沿中运河为一低值区，以淮阴、泗阳为低值中心。热量条件在全省棉区中最差，年平均温度为 13.2~14.4℃，日平均稳定通过 10℃的积温为 4 300~4 700℃。无霜期为 200~224d，比苏南短 20d 左右。昼夜温差在全省棉区中最大，4~5 月达 10℃以上，9~10 月为 8.5~10.5℃，年平均 9.1~10.8℃。区内各地热量差异为 300~400℃（0℃以上积温），由东北向西南递增。年际间热量差异亦较大，各界限温度初日最早与最迟年相差 30d 左右，终日相差 35d 左右，持续日数最长与最短年份相差 60 多天，活动积温相差 500~700℃。降水充沛，但年际变率大，年内分布不匀。年平均降水量 782~1 014mm，80% 年份在 670~840mm。降水量分布自东南向西北递减。由于各年季风进退迟早和强弱不一，降水的年际变化较大，最多年为 1 100~1 647mm，最少年为 463~672mm；降水的年内分布多集中于夏季，强度大，暴雨多。常形成春旱、夏涝和秋冬干旱。此外，冰雹每年春、夏、秋都有发生，以初夏为最多，是全省多雹地区。沿海一带每年还受台风的边缘和暴雨的影响。

水资源总量丰富，常年降水量约 912mm。但空间分布不匀，调蓄能力差。年降雨的 70% 左右、径流量的近 95% 都集中在汛期的 6~9 月。淮、沂、沭、泗诸河外来客水丰枯变幅大。丰水年份，夏雨集中，上有洪水压境，下有海潮顶托，行洪河道流量大，水位高，持续时间长，洪涝威胁严重；枯水年份，上游来水不足，甚至断流，造成缺水干旱。

土地资源相对丰富，耕地的人均占有水平为全省最高，而且还有一定比重的耕地资源可供进一步开发利用，这是该区的一大优势。区内土类复杂，耕作土壤主要有三种类型，第一是黄泛冲积土，包括淤土、两合土、沙土、碱土等；第二是湖洼淤土和沂沭河冲积土，其中多数是淤土和两合土；第三是丘陵岗土。土壤的低产因素：一是养分普遍较低，一般有机质含量为 0.5%~0.8%，肥力较高的两合土、淤土也只有 1.0%~1.6%；全氮含量在 0.04%~0.1%，全磷含量虽较高，而有效磷含量多在 5×10^{-6}，速效钾一般为 $40 \times 10^{-6} \sim 80 \times 10^{-6}$。二是耕层浅，物理性状差，除两合土和黄土外，其他土壤多偏黏偏沙，结构不良，耕性及保水保肥性差。三是部分土壤含有特殊的障碍层次，如砾石、砂姜、白浆层及盐碱，同时废黄河两岸的粉沙土地区和丘岗地区，水土流失较重。

淮北棉区发展棉花生产潜力较大，它接壤于长江、黄河流域两大棉区，具有光照条件优于长江流域棉区，热量条件优于黄河流域棉区和降水少于南方而多于北方的气候特点。春季气温回升早，中期光、热足，梅雨、台风和秋涝威胁几率小。4 月上旬平均气温即达 12℃左右，有利棉花早播早苗。4 月下旬气温超过 15℃，5 月下旬达到 20℃以上，有利于棉花壮苗早发。夏季正值棉花现蕾结铃期，气温高、水分足，从 6 月下旬到 8 月下旬，日均温在 25～30℃，常年降雨 300～400mm，雨热同步，适合蕾铃发育的要求。光照足，昼夜温差大，有利于棉株光合产物的合成与积累。秋季降雨少，常年为 144.8～205.9mm，雨日 19～24d，特别是 10、11 两个月，一般降雨仅 30mm 左右。秋高气爽，有利棉铃成熟、吐絮和采收。不利的因素是春季和初夏较旱，夏季雨水集中，夏、秋常有冰雹，以及秋季降温较早，一般 10 月 29 日始霜。因此在生产技术措施上要着重争早，充分利用前期气温回升快的有利条件，发挥育苗移栽的优势，提早开花结铃期，避免降水高峰期与花铃高峰期重叠以及秋季早霜危害。

（一）泗棉 3 号每公顷产 1 950kg 皮棉栽培技术

1. 产量结构

每公顷实收密度 40 380 株，株高 95.5cm，自然高度约 103mm；打顶后单株果枝 17.14 台；单株总果节数 71.9 个；单株成铃 30.83 个。每公顷总果枝数 69.15 万台。铃枝比为 1.8：1；节枝比为 4.2：1。每公顷成铃 125.7 万个，单铃重 4.06g，衣分 40.18%，总果节数 209.4 万个，成铃率 42.9%，每公顷产皮棉 2 050.5kg（表 7 - 1）。

表 7-1　高产田产量结构

年份	地点	面积（hm²）	实收密度（株/hm²）	单株成铃（个）	烂铃（个）	亩总铃（个）	铃重（g）	衣分（%）	每公顷产皮棉（kg）
1992	宿豫耿车	2.3	39 855	30.5	2.1	79 718	4.89	40.27	1 969.5
		2.7	42 585	28.41	3.83	80 656	4.18	40.27	2 037.0
		3.0	55 455	33.71	2.73	87 655	3.83	40.27	2 028.0
1993	宿豫王官集	4.2	40 815	29.96		81 488	4.26	40.44	2 106.0
1994	宿豫耿车	2.8	36 930	33.5		82 472	4.24	39.4	2 067.0
	平均	15	43 185	29.1		83 773	4.86	40.16	2 050.5

2. 成铃分布

泗棉 3 号高产田的伏前桃、伏桃、秋桃各占 12.93%、42.28% 和 44.97%（表 7 - 2）。在高产栽培条件下，泗棉 3 号在早发增结伏桃的基础上增结秋桃潜力大，只要增加肥水，管理得当，早发易早衰的地膜移栽棉同样可以早发不早衰。在空间分布上，下、中、上三部桃分别为 31.86%、41.68% 和 26.45%，分布比较均匀（表 7 - 2）。

表 7-2　皮棉亩产 130 千克棉株成铃时空分布（江苏宿豫）

年份	单株成铃（个）	季节分布						部位分布					
		伏前桃		伏前		秋桃		下部		中部		上部	
		个	%	个	%	个	%	个	%	个	%	个	%
1992	38.83	3.01	9.76	14.93	48.42	12.99	41.81	8.83	20.64	12.48	40.48	9.52	30.00
1994	33.5	5.35	15.85	12.26	36.59	15.93	47.56	11.66	34.8	14.34	42.8	7.59	22.40
平均	32.17	4.16	12.93	13.68	42.28	14.41	44.79	10.25	31.86	13.41	41.68	8.51	26.45

3. 生育动态

3月底播种，4月8日前后出苗，5月15日前后移栽，6月10日前后现蕾，7月4日前后开花，8月25日前后吐絮，全生育期约140d。个体生育动态列于表7-3。

表7-3 高产田棉株生育动态

时间(日/月)	真叶(片)	株高(cm)	果枝(台)	蕾数(个)	当日花(朵)	小铃(个)	大铃(个)	吐絮(个)	烂铃(个)	脱落数(个)	总果节(个)	脱落率(%)	单株成铃(个)	每公顷果枝(万个)	每公顷果节(万个)	每公顷成铃(万个)	成铃率(%)
15/5(移栽)	3.7	15															
20/6		28.2	4.67	6.64							6.64			18.9	26.9		
20/7		76.3	11.9	22.0	1.48	1.52	1.49			2.50	30.00	8.63	3.01	48.0	121.2	12.2	
15/8		95.5	17.14	25.9	2.91	6.81	9.13			17.04	61.83	27.45	17.97	69.2	249.6	75.5	
7/9		95.5	17.14	1.68	1.19	2.63	28.06		1.83	29.32	64.76	45.4	30.83	69.2	261.5	124.5	
20/9		95.5	17.14			0.63	26.87	1.17	2.89	40.51	71.91	56.99	31.4	69.2	290.4	126.8	42.9

每公顷果枝数从6月5日前后见蕾开始，逐步增长。到6月10日达21 000个左右，日增量4 200个；6月20日18.9万个，6月11~20日日增量为16 500个；7月20日48万个，6月21至7月20日日增量为9 450个；8月15日69.15万个，7月21至8月15日日增量为81 000个。

每公顷果节数从6月5日前后见蕾开始，逐步增长。6月10日达27 000个左右，日增量5 400个；5月20日达26.85万个，日增量24 150个；7月20日121.2万个，日增量31 500个；8月15日249.6万个，日增量51 300个；9月7日261.45万个，日增量5 400个；9月20日290.85万个，日增量126 000个。

每公顷成铃数7月20日为121 500个；到8月15日为72.45万个，从7月21日至8月15日成铃强度为23 190个/（hm² · d）；9月7日每公顷成铃数达124 850个，从8月16至9月7日，成铃强度仍达226 500个/（hm² · d）。可见高产栽培条件下的泗棉3号，成铃强度22 500个/（hm² · d）的时间长达49d。

4. 关键栽培技术

（1）采用通气网膜，培育壮苗 培肥钵土要选择肥沃的沙壤土作苗床。冬前深翻15cm左右。每个标准苗床（10m×1.33m）施腐熟厩肥200kg、饼肥2kg。3月中旬施碳酸氢铵、氯化钾及过筛的过磷酸钙各1kg，并做到肥、土充分拌匀。

（2）采用通气网膜覆盖育苗 选用泗棉3号原种，于3月中旬晒种，3月下旬至4月5日间抓住冷尾暖头抢晴播种。播前灵福合剂拌种，随拌随播，每钵1~2粒健子。播种盖土后平盖地膜，再支架覆盖通气网膜。齐苗后从苗床一端抽去地膜。覆盖通气网膜育苗，不需日揭夜盖，不仅可以简化管理程序，节省用工，而且有利于提高床温，促进出叶和花芽分化，培育大壮苗。据试验，从出苗到移栽，苗床温度一直维持在20~37℃，日均温度比常规苗床高1.1℃。移栽时考查，单株苗有真叶4.81片，高24.5cm，茎粗0.52cm，鲜重8.21g，干重0.68g，分别比常规苗床的棉苗多1.64片、6.10cm、0.28cm、

1.9g 和 0.17g。移栽后蹲苗期缩短 2 ~ 3d。

（3）移栽加盖地膜，延长结铃时间　5 月中旬，即麦收前 15 ~ 20d，在预留棉行间施足基肥，结合耕整翻入土中，按预定的株行距足水移栽，并随即整平表土，覆盖地膜，在棉苗处划破地膜使其露出，再用细湿土封严地膜。移栽加地膜覆盖，增温保湿效果明显，促进了棉苗早活棵，有利于加快生育进程，提高棉花产量。据试验，移栽地膜棉 6 月 5 日现蕾，6 月 29 日开花，分别比对照早 8d 和 9d；8 月 18 日吐絮，比对照早 4d；单产皮棉比对照增产 25.7kg，增产 20% 以上。

（4）增加肥料投入，科学运筹肥水　全生育期比常规棉田每公顷多投纯氮 150 ~ 180kg，过磷酸钙 300kg，氧化钾 150kg，以满足泗锦 3 号早结铃、多结铃、长时间结铃对养分的需求。除厩肥、饼肥外，全生育期每公顷施化肥折纯氮 375kg 左右，五氧化二磷 90 ~ 105kg，氧化钾 180 ~ 195kg。其比例为 1 : 0.24 : 0.48。

（5）施足基肥　移栽前在预留棉花小行内外每公顷施腐熟厩肥 37 500 ~ 45 000kg，饼肥 750kg，过磷酸钙 750 ~ 825kg，氧化钾 300 ~ 330kg，尿素 270 ~ 300kg，结合耕整翻入土中。

（6）科学追肥　折纯氮约 375kg/hm^2 的氮肥化肥中，除 30% 作基肥外，初花期追 30%，7 月 25 日前后追 25%，15% 在 8 月 10 日前后作桃肥。追肥方法为打洞穴施，天旱带水，施后盖土。由于花铃肥、长桃肥占氮化肥总量的 70%，有利于实现三桃齐结，铃多、铃大、不早衰。施用桃肥的比对照单株成铃多 1.2 个，铃重增加 0.36g，每公顷增皮棉 145.5kg。

（7）深沟高垄，主动抗旱　盛蕾、初花期揭膜，追第一次花铃肥后随即培垄清沟，有利于防涝、降渍、提高抗倒能力。在棉花盛蕾期遇旱，或在棉花大量开花结铃季节遇伏旱、秋旱，若不及时主动抗旱就会引起蕾花铃大量脱落。当土壤含水量低于 17%、倒 3 叶出现浓绿或灰绿，盛蕾期株高日增不足 1cm，初花期不足 2cm，7 月下旬打顶前绿茎不足 16cm，8 月上旬绿茎不足 10cm，且天气预报近期无雨时，即应主动灌水抗旱。一般季节应 18：00 后，高温季节晚 8 时后灌水，次晨排清，坚持沟、窨灌。据调查，及时抗旱的比不抗旱的成铃率提高 7.9%，上部三台果枝多结铃 2.4 个，增产皮棉 12.3%。

（8）适当降低密度　在早发足肥前提下，必须适当降低密度，合理配置株行距。6 块次高产田的平均密度为每公顷 43 185 株，其中 3 6930 ~ 42 585 株的有 5 块，占 83.3%，45 000 株以上(55 455 株) 仅一块。从试验看，每公顷产 1 950kg 以上的适宜密度为 37 500 ~ 45 000 株，密度过高，个、群体矛盾突出，光照条件恶化。据考查，每公顷 55 455 株与 42 585 株相比，铃重（3.83g）低 0.35g，烂铃（2.7 个）多 0.72 个；虽然每公顷总铃(1 314 825 个) 多 10 485 个，但单产仍低于后者。株行距配置以大行 1m，小行 0.5m，株距 31 ~ 35cm 较为适宜，既适合间套种、节省地膜和盖膜用工，又有利于塑造高光效群体。

（9）全程化学调控　全程化学调控是棉花高产栽培中培育壮苗，塑造高效群体不可缺少的重要手段。

苗床化学调控齐苗后，每个标准苗床（10m × 1.33m）用壮苗片一片对水 1.5kg 喷雾，使苗矮壮敦实，叶色浓绿，根系发达。移栽时考查，与对照相比，苗高 17.52cm，相差 5.63cm；真叶数 3.14 张，多 0.26 张；一级侧根 44.2 条，增加 14.4 条；单株鲜重 7.3g，多 0.6g；茎粗 3.3mm，增 0.51mm。栽后蹲苗期缩短 2～3d。

（10）大田化学调控　由于高产田施肥水平明显提高，棉苗生长较旺盛，缩节胺用量亦应相应提高。一般大田用缩节胺 3 次，每公顷用总量 120～150g，第 1 次 8～9 叶期每公顷用缩节胺 30g，对水 300～450kg 喷雾；第 2 次在 16～18 叶期每公顷用缩节胺 37.5～45g，对水 450～600kg 喷雾；第 3 次在 7 月底打顶后 5～7d 每公顷用缩节胺 52.5～75g，对水 860kg 喷雾。据调查，用缩节胺化学调控得当，可以改善棉田生态条件，减少烂铃 2.1 个，单株成铃增加 3.4 个。过量使用缩节胺，会造成果枝节间过短，自身荫蔽，增加烂铃。另外，在开花后每隔 7d 喷 1 次丰产灵，每公顷用量 225ml，连续 3 次，可以提高成铃率和铃重。据调查，成铃率提高 4.2%，铃重增加 0.32g。

（11）病虫害防治　泗棉 3 号高抗枯萎病但不抗黄萎病，故需搞好种子处理。苗床期及大田期分别用治枯灵对水喷雾。由于高产栽培条件下的泗棉 3 号移栽地膜棉特别早发、旺盛，易引诱害虫，要及时查治棉蚜、棉铃虫等害虫，尽量减轻虫害损失，确保丰产丰收。

（二）泗棉 3 号每公顷产 2 250kg 皮棉栽培技术

邳州市岱山乡生墩村八组 7hm² 大蒜、西瓜套棉花三种三收高产高效，平均每公顷收干蒜头 9 375kg，西瓜 60 750kg，蒜、瓜每公顷产值合计为 39 750 元（干蒜头按 1.0 元/kg，西瓜 0.50 元/kg 计算）；每公顷产皮棉 2 268kg，产值 36 157.8 元（皮棉按 700 元/50kg，子棉按 1.30 元/kg 计算），累计蒜、瓜、棉每公顷产值 75 907.8 元，提高了棉田综合经济效益。

1. 蒜瓜套棉花的产量结构与形成

（1）结铃基础　丰产方行距 1.0m，株距 0.25m，每公顷密度 40 035 株，果枝 65.6 万台，果节 2 550 万个。平均株高 106.62m，果枝长度 43.4cm，株宽为株高的 81.4%，节枝比 3.88，节铃比 1.92，铃枝比 2.02。

（2）产量结构　单株成铃 33.2 个，每公顷总铃 1 344 105 个，单铃重 4.22g，衣分 40%，每公顷产子棉 5 667kg（皮棉 2 268.3kg）。成铃分布。时间三桃比例为 19.28%、26.50%、54.22%。空间三桃比例为 32.23%、30.65%、37.12%。节位三桃比例为内围 1～3 节 66.56%，中围 4～5 节为 33.44%，全田无 6 节以外铃。

（3）生育进程　移栽棉于 3 月 28 日育苗，4 月 5 日齐苗，5 月 10 日移栽，5 月 15 日通过缓苗期，5 月 27 日 10% 植株现蕾，6 月 5 日进入现蕾期，6 月 25 日始花，7 月 5 日进入开花期，7 月 15 日盛花，8 月 13 日见絮，8 月 22 日吐絮，全生育期 147d。

（4）植株生育动态　移栽时株高 14.7cm 真叶 4.04 片，6 月 20 日株高 34.7cm，果枝 4.4 台，现蕾 6.4 个。7 月 20 日株高 100.92cm，果枝 15：9 台，果节 55.2 个，大铃 2.6 个，脱落率 14.93%。8 月 15 日株高 106.62cm，果枝 16.4 台，摘边心保留果节 63.7 个，大铃 12.5 个，脱落率 34.1%。10 月 10 日吐絮铃 15.2 个，大铃 18.0 个，自然成铃率（不摘果枝边心）41.41%，摘边心后成铃率提高到 52.12%。

2. 蒜瓜套棉花关键栽培技术

（1）推广规范化套作模式，保证棉花密度　根据徐州地区气候生态特点和生产条件，结合泗棉 3 号株高中等、株型疏朗呈塔形的形态特征与地力基础，套作棉田 5m 畦面上，配置 1m×0.25m 的行株距，确保每公顷不低于 39 900 株，在栽植大蒜时预留瓜、棉空幅。西瓜植于大蒜空幅中间，棉花栽在西瓜两侧。为提高棉田综合效益，在不影响棉花生产的前提下，大蒜、西瓜应保持适宜行、株距和群体密度。

（2）选择良种，优化育苗，培育早、大壮苗　丰产方棉花选用高产、优质、抗病、早熟的泗棉 3 号原种。为了确保棉苗的早、全、齐、壮，在育苗技术上，除抓好短苗床、高支架、足肥大钵，精细播种和三阶段控温等常规技术外，重点推广 4 项技术。一是实行双膜育苗，可提高床内地温 2～3℃，提前出苗 2～3d，出苗率提高 5%～10%，棉苗素质也有提高；二是普及苗床化除，喷洒床草净，除草效果达 91.2%，提高产量 3%～5%；三是实行干子下种，既可避免低温阴雨造成烂种，又可实现全苗；四是施用苗床专用肥，通过培肥钵土，可增叶片 0.5 张。

丰产方内大蒜覆地膜，棉花移栽在大蒜膜边，能获得大蒜膜内的热量，比露地大蒜的棉早返苗 2～3d，西瓜铺地膜盖天膜，棉花定植在西瓜膜侧，受西瓜膜内横传导热影响，还能得到西瓜膜内的水分，使靠膜一侧的侧根数量增多，发育粗壮，有利于协调地下部分和地上部分的生长，促进早发多结，延缓早衰。棉花移栽后再覆地膜，有利于壮苗早发，比露地棉早现蕾、开花、吐絮 7～8d，使结铃高峰期与最佳结铃期同步，单株优质桃比常规育苗移栽苗多 5.0～7.5 个，铃重提高 10% 左右，单产增 20% 左右。

（3）重施肥料　蒜瓜套棉花丰产方除按季，分作物施足大蒜底肥、薹肥、蒜头膨大肥和西瓜壮苗肥、分枝肥、开花长果肥外，棉花全生育期每公顷施有机肥 63 000kg，饼肥 3 750kg，计用无机氮 466.5kg，五氧化二磷 84kg，氧化钾 208.5kg。有机肥和饼肥全部用作基肥，无机肥底施占 32.11%，移栽肥占 9.98%，苗蕾肥占 13.57%，花铃肥占 37.52%，长桃肥占 6.82%。

（4）系统化学调控　丰产方苗床（7m×12m）每平方米用害草净 2ml 对水 1kg 喷洒于盖子土上，既可防除 90% 以上的杂草，又可矮化棉苗 10%～15%。移入大田后，实行全程化学调控，平均 4 次，每公顷用 25% 助壮素 750ml，其中 6 月 20 日盛蕾期 75ml，7 月上旬初花期 150ml，7 月 20 日盛花期 225ml，8 月 5 日成铃后期 300ml，既降低了脱落率又培育了中壮株型。

（5）改进植保　蒜、瓜套棉，实行综合防治，防止产品污染。为严防棉花施药对大蒜的污染，在栽培上采取了早熟品种，适期早播，薄膜覆盖等措施，并在 7 月上旬棉花病虫害大发生前收获。植保上做到四改、四坚持。四改：一是病虫初发期改化学防治为人工防治；二是对刺吸式口器害虫改喷药为涂茎；三是对蒜、瓜病虫改喷低毒农药如菊酯类；四是对棉花病、虫害的单一防治改为病、虫、作物兼顾和药、肥、调统一管理。四坚持：一是坚持棉苗移栽时在苗床喷药，使棉苗带药移栽；二是坚持苗蕾期涂茎防治；三是坚持在天敌能控制害虫时，进行生物防治；四是坚持喷施高效低毒、低残留农药。

二、沿海棉区高产优质栽培技术

该区是一个成陆较晚的滨海平原。位于省境东部，东临黄海，西界串场河，南至启东吕四港，北至灌溉总渠，是江苏省最大的棉区。本区自有垦殖历史以来，棉花就是种植业结构的主体，棉田面积约占耕地的 38%，自西向东逐渐增加。棉田比重最大的是沿海垦区，播种面积占耕地的 50% 左右，射阳县中、南部及大丰市中、东部在 80% 左右。1985 年全区棉田面积 18.5 多万 hm^2，占耕地面积的 37.78%，占全省棉田面积的 31.8%。

沿海棉区属亚热带湿润季风气候，因滨临黄海，又具有比较典型的沿海气候特征。年平均气温 13.9 ~ 14.6℃，日平均 ≥10℃ 的活动积温 4 450 ~ 4 770℃。1 月最冷，平均气温 0.4 ~ 1.3℃。春季温度回升缓慢，夏季炎热，最热的 8 月平均气温 26.9 ~ 27.3℃，秋季温度下降较慢。近海地区，由于受海洋影响，温度较低，尤以春季为甚，群众谓之"冷窝"，对棉花早播、早发不利。日平均气温稳定通过 12℃ 的初日为 4 月 15 ~ 18 日，80% 保证率日期为 4 月 20 ~ 23 日；日平均气温稳定通过 20℃ 的初日为 5 月底、6 月初，80% 保证率日期为 5 月 31 日到 6 月 7 日，终日 9 月 24 ~ 25 日，80% 保证日期为 9 月 18 ~ 20 日。全年无霜期 217 ~ 224d，平均初霜期为 11 月 9 ~ 12 日，终霜期为 4 月 1 ~ 5 日。全年日照时数为 2 052 ~ 2 362h，自南向北、自东向西递增。≥10℃ 期间的日照时数为 1 320.6 ~ 1 522.3 h。全年各月相比，以 8 月日照时数最多，平均在 216.3 ~ 249.9h。全年太阳总辐射量 490.67 ~ 506.61kJ/cm^2，其中以 8 月辐射值最高，平均达 544.12 kJ/cm^2。年平均降水量 1 013 ~ 1 072mm，80% 年份降水量在 800mm 以上。年际间降雨量变幅较大，年降水量相对变率为 19% ~ 22%。由于季风气候的影响，降水具有明显的季节性。冬季（12 月至翌年 2 月）降水少，占年降水量 7% ~ 9%，春、秋季各占 20% 左右，夏季（6 月）降水多，占 48% ~ 54%，但年际变化很大，因而降水多的年份易成涝渍灾害。7 月降水量高达 196.7 ~ 250.6mm，此时正值棉花由营养生长转向生殖生长阶段，雨水过多易增加蕾铃脱落。台风发生频率和强度较其他棉区为大，7 ~ 9 月最集中，正是棉花结铃吐絮期，往往造成蕾铃脱落和烂铃。

该区垦殖历史短，可垦土地资源是省内最丰富而集中的地区，垦殖指数仅 41.2%，棉垦区在 40% 以下，远较省内其他地区为低，是省内唯一具有大面积可垦荒地的后备土地资源基地，全部已围未垦和可供围垦的面积约 16 万 hm^2，加上零星荒地共达 18 万 hm^2，扩面的潜力远较其他棉区为优。土壤属滨海盐渍土，一般为粉沙土和砂壤土，质地疏松易耕，通气透水，导热性能良好，但保水保肥能力较差。如果耕作不当，易产生次生盐渍化，因成陆年限短，土壤普遍含盐，含盐量高低，与距海远近相关，形成明显的盐土演替系列。作物分布亦根据其耐盐能力强弱而形成系列，成为以棉花为主体的种植业结构。经多年综合治理，盐土面积已显著减少，土壤和地下水盐分已大为下降，盐土面积 1959 年有 21.9 万 hm^2，20 世纪 80 年代初已降到 13.1 万 hm^2。其中重盐土由 9.2 万 hm^2 下降到 4 万 hm^2。土壤肥力亦有所提高，但有机质含量一般仍在 1.5% 以下，全区土壤有效磷含量低，平均仅 3×10^{-6} ~ 5×10^{-6}，全钾含量较高。

沿海棉区对棉花不利的气候因素主要是春季气温回升较迟，特别是近海地区春温较低，其次是夏季降雨较多，7 ~ 9 月有台风袭击。但有利的条件是夏季光热资源足，8 月份气温达 27℃ 左右，日平均日照时数 7 ~ 8h，辐射值高达 544.12kJ/cm^2，此时正值棉花开花结铃盛期，对产量的形成十分有利，同时秋季降温较慢，霜期较迟，有利于增结秋桃。因此在棉花栽培技术上，通过育苗移栽、地膜覆盖和建设田间水系等增温降渍措施，以促为主，促中有控。在早壮苗稳长的基础上，使开花结铃盛期与最佳结铃期（7月20日到8月25日）同步而达伏桃、早秋桃多，桃重，产量高，建立稳产高产商品棉基地是有基础的。同时，沿海棉区还具有可垦土地资源丰富的优势，积极利用、开发沿海滩涂植棉具有极大的潜力。

（一）泗棉 3 号高产优质栽培技术

1. 高产优质群体生育指标

沿海棉区大面积生产棉花"三高"（高产量、高质量、高效益）要求是：高产，每公顷产皮棉 1 125kg 以上；优质，平均售棉品级 3 级以内，成熟度 1.75 以上；高效，劳动生产率、投入产出率达到或超过大面积大宗粮食作物，单位面积效益达到或超过大宗经济作物，一般每公顷纯收益 18 000 元以上。

实现"三高"，从栽培角度而言，要主攻铃多、铃重、铃优三个目标，生育上要围绕早发、稳长、增后劲三个要素，关键技术上要抓住密肥调三个核心。

棉花拿到三桃、实现三高，技术措施的实施和效果，最后都要落实和体现在个、群体的生长发育上，所以棉花的栽培，尤其是优质高产栽培要有较理想的个、群体指标为先导。棉花的产量、质量、效益又都是建立在单位面积上的，因而更具有指导意义的、对生产起主导作用的是群体指标。

根据多年的栽培实践，在沿海自然生态和应用泗棉 3 号品种条件下，每公顷产皮棉 1 125 ~ 1 500kg 高产优质棉花的群体指标是：

群体总量。每公顷产 1 125 ~ 1 500kg 皮棉，每公顷果枝 90 万 ~ 105 万台、果节 300 万 ~ 360 万、总铃 120 万个以上，平均铃重 3.5 ~ 3.8g，平均衣分 38% 以上。

生育进程。6 月上旬见蕾，6 月 15 日左右进入现蕾期；7 月上旬见花，7 月 15 日左右进入开花期；7 月底进入盛花期；8 月底进入吐絮期。

株高生长动态。占最后株高，现蕾期为 20% 左右；开花期为 50% 左右；7 月底为 90% 左右。

叶面积动态。叶面积指数，现蕾期 0.2 左右；现蕾期到开花期间，前半月平均 3d 增 0.1，后半月平均 2d 增 0.1，开花期达 1.5 左右；开花后平均每 1.5d 增加 0.1，有效蕾终期（8 月 15 日左右）达最高值，以不超过 3.5 为宜；有效蕾终期后平均每 3d 下降 0.1 左右，至有效花期前后下降到 2.5 左右。

果枝增长。占最后总果枝量，6 月底为 30% 左右，开花期为 60% ~ 65%。

果节增长。占最后总果节，6 月底为 10% ~ 15%，开花期为 45% ~ 50%，7 月底为 75% ~ 80%，有效蕾期内为 90% 左右。

蕾数消长。呈抛物线发展，现蕾后稳定上升，每公顷产 1 125 ~ 1 275kg 皮棉和 1 350 ~ 1 500kg 皮棉水平，开花期分别为 90 万 ~ 120 万个、120 万 ~ 150 万个；进入盛花期达最高值，分别为 80 万 ~ 150 万个、150 万 ~ 180 万个；8 月 15 日进入早秋桃结桃期有 90 万 ~ 120 万个；8 月底、9 月初进入秋桃结桃期有 45 万 ~ 60 万个；9 月中旬有效花终期仍有 6 万 ~ 7.5 万个。

增铃速度。占最后总铃数，7 月底达 25% ~ 30%，8 月 15 日即伏前桃、伏桃达

65%～70%，8月底即伏前桃、伏桃加早秋桃达90%。

2. 密肥调技术

密度。多年实践证明，棉花个体群体的发育与土壤肥力、施肥水平、气候条件密切相关。肥沃土壤棉株个体生长快、株型大，群体发展快、总量高；贫瘠土壤棉株个体株型小，生长量不足，群体发展慢，总量低。

分析盐城市1986—1995年10年大面积苗情实绩，棉花株高真实反映了田间个群体实际状况，株高与单株果枝（$r=0.87^{**}$）、每公顷总果枝（$r=0.72^{**}$），株高与单株果节（$r=0.86^{**}$）、每公顷总果节（$r=0.88^{**}$）都呈极显著正相关。由此可见，株高不仅较客观地综合反映了基础肥力和施肥管理水平，也反映了个群体在一定生产条件下的发展状况。所以以土壤有机质为基础，常年株高为指导，根据棉花高产优质的群体指标规范棉花密度，不但较准确，而且也简便容易掌握。由于株高与个、群体发展，土壤肥力，施肥水平都是正相关关系，所以株高指标与密度指标呈负相关关系，既有一定量的株高又有一定量的密度，株高上升、密度下降，株高下降、密度上升。

综合沿海大面积生产实践，以株高定密度的指标是，中等肥力土壤，常年株高100cm左右，密度52 500株左右/hm²较为合理。具体指标是，有机质1.2%～1.5%的土壤，常年株高100cm左右的应以52 500株左右/hm²为中心；有机质1%～1.2%，株高90cm左右的，应以60 000株/hm²为中心；有机质>1.5%，常年株高在110cm左右的应以45 000株/hm²为中心。在此基础上因施肥水平升降。

密度还与行株距配置密切相关，行株距不仅影响棉株的个体发育，而且更影响群体质量和光能等自然资源利用率。根据实践经验，较合理的行距指标是：宽窄行种植，株高与大行距1：1左右，株高与小行距1：0.5左右；等行种植，株高与行距1：0.8左右。

施肥因土壤肥力定产量。据盐城市多年多点实测，基础产量（不施肥产量）与土壤有机质呈极显著相关（$r=0.84^{**}$），最高产量（施肥产量）与土壤有机质呈极显著相关（$r=0.92^{**}$），而基础产量与最高产量的关系亦达到极显著水平（$r=0.81^{**}$）。因此，可将土壤有机质含量作为确定产量指标的基础，再加上培肥管理水平进行相应调整。在沿海地区，一般土壤有机质含量1%～1.2%，产量指标可定为1 125kg皮棉/hm²左右；土壤有机质含量为1.2%～1.5%，产量指标可定为1 200～1 350kg/hm²；土壤有机质含量为1.5%以上，产量指标可定为1 500kg皮棉/hm²或1 500kg以上。

因产量定吸肥量。从试验测定得出的棉花吸肥量为，每生产50kg皮棉需氮8.9kg、磷3.2kg、钾7.8kg。生产75kg皮棉需氮9.5～10.5kg、磷3.4～4.5kg、钾9.5～10.5kg；生产100kg皮棉需氮13～17.5kg、磷4.5～5.5kg、钾13～14kg。单位产量棉花吸肥量的差异主要是经济系数不同。所以，一定产量指标的吸肥量可以据理论试验确定。

因基础肥力定施肥量。到底应该施多少肥料，除施肥量外，还要考虑土壤肥力和肥料利用率。土壤肥力与土壤有机质密切相关。经测定，土壤全氮含量与土壤有机质的相关系数，黏壤土为主地区为0.752^{**}、砂壤盐土为主地区为0.688^{**}。有机质年矿化一般5%左右。因此，从土壤有机质可以估算出土壤供肥量，再根据产量指标、肥料的利用率和肥料的类型可以估算出施肥量。例如，有机质 1.2%、全氮含量 0.08% 的土壤，可供氮量 225 万 kg（耕层土重）×0.08%×5% = 90kg。如果产量指标 1 125 kg 皮棉/hm²，需氮量 150kg，需补氮量为 60kg。生产上肥料的利用率一般不足 40%，所以施氮量应为 150kg。大面积为了用地养地结合和有利棉花生产，有 30%～40% 是有机肥，当年利用率很少（一般不超过 5%）。因而生产上包括有机肥折算，每公顷实施施氮量要达 225kg 以上。即每生产 1kg 皮棉，实际施用标肥需 1kg 左右。所以，土壤基础肥力既是定产量指标的依据，又是定施肥量指标的依据。不同的产量要求，不同土壤条件施肥量指标不同。沿海棉区大面积生产上一般施肥量指标为：每公顷产 1 125 kg 皮棉，土壤有机质 1%～1.2%；每公顷产 1 275 kg 皮棉，土壤有机质 1.2%～1.5%，施氮量 180～240kg/hm²；每公顷产 1 350kg 皮棉，土壤有机质 1.2%～1.5%，每公顷产 1 500 kg 皮棉、土壤有机质 1.5%～2%，施氮量 240～330kg。具体施用量还需据密度和其他条件进行调整。

因需肥的阶段性定投肥比例。棉花不同生育阶段需肥性不同，栽培上各个时期主攻方向、长势长相目标不同，这就要求不同生育阶段投肥比例有差别。在沿海地区一般掌握所占总肥量，钵土肥 10%～15%、移栽醒棵肥 15%～20%、发棵接力肥 10% 左右、花铃肥 50% 左右、桃肥或盖顶肥 10%～15%。每一次施肥多少，应根据该时期不同生育类型（长势长相、栽培方式）掌握。

因土壤养分定施肥配方。磷、钾等肥料需根据土壤普查、土壤测定和作物缺素状况制定多种元素肥料和有机肥料的配方指标，同时因土壤养分丰缺、各种养分特点、棉花需肥特性确定施用方法。一般掌握为磷肥、钵土肥普施。大田测土施，土壤速效磷 0～5×10⁻⁶ 棉田，基肥移栽增施磷肥；6×10⁻⁶～10×10⁻⁶ 棉田，前作麦子绿肥增施磷肥；10×10⁻⁶ 以上棉田，一般可不增施磷肥，施好有机肥。钾肥，严重缺钾棉田，每公顷需施钾 120～150kg；缺钾棉田，每公顷需施钾 75～120kg；施钾时期，30%～40% 移栽醒棵施，60%～70% 花铃肥施。

因群体生育状况定肥料运筹。肥料运筹、决策的依据是个群体生育动态状况，目的是在提高生物学产量的基础上，增加和延长利用光热资源的面积和时间，提高光合产物积累，提高经济产量、质量。即充分利用有效开花结铃期，提高结铃强度、充实强度和优质铃比例。

化学调控。制定化学调控指标的主要依据是苗情，因此应是动态的。总的可掌握因长相定化学调控次数，因长势定化学调控用量，因个体定剂量轻重，因群体定时间早迟。根据棉花的生育特点和沿海地区生态特点，缩节胺的使用主要在四个时期：一是苗床控高脚育壮苗；二是蕾期控节间保稳长；三是开花期控叶面积推迟封行；四是打顶前后控顶部果枝防荫蔽。通过调控培育高光效群体结构，夺取高产优质。具体用法用量围绕群体动态指标因苗制宜。

密肥调技术配套。密度、施肥、化学调控技术指标绝不能分开单独制定，而应密切配套才能充分发挥各项技术的优势。其配套总的原则是：据基础条件定产量指标，据产量指标定群体、个体发展指标，据群体、个体发展指标定施肥、化学调控指标。密、肥、调指标是相对的，适用于一般情况，所以在应用中要灵活掌握，积极应变。密肥调技术要与其他农艺措施密切配合，提高质量，以充分发挥密肥调技术在夺取棉花高产优质高效中的作用。

（二）泗棉3号超高产栽培技术

1. 产量结构

每公顷皮棉1 650kg以上的群体结构棉田单株成铃多、成铃分布合理，总铃数、子棉产量、衣分和皮棉产量均较高，而且中部优质桃多，成熟早，霜前花比例大，棉花品质好。单株成铃21.64个、每公顷总铃127.2万个、单铃重3.86g、皮棉产量1 705.5kg/hm²。成铃空间分布为下部33.6%、中部40.1%、上部26.3%，时间上分布为伏前桃19.87%、伏桃68.85%、秋桃11.28%。

2. 群体质量指标

生育期。播期为3月31日，出苗期4月7日，移栽期5月2日，现蕾期6月15日（初蕾期6月10日、盛蕾期6月28日）、开花期7月10日，吐絮期8月22日。

群体指标。密度58 485株/hm²、株高93.76cm、果枝87.0万台/hm²、果节330万个/hm²、每公顷总铃127.5万个、铃重3.86g、衣分38.8%。高产群体指标和动态变化列于表7-4。

表7-4 高产指标的动态变化

时间（月/日）	叶龄（片/株）	株高（cm）	果枝数		蕾数		当日花（朵）	小铃（个）
			（台/株）	（万/hm²）	（个/株）	（万/hm²）		
6/20	11.52	37.31	5.04	29.5	6.58	38.5		
7/20	20.76	79.92	14.0	81.9	34.0	198.8	0.64	3.48
8/15	21.88	93.76	14.06	86.9	3.04	178	1.04	4.84
8/30	21.88	93.76	14.86	86.8				
9/20		93.76	14.86	87.0			6.5	0.5

时间（月/日）	大铃（个/株）	脱落数（个/株）	总果节数（个/株）	脱落率（%）	节枝比	铃枝比	叶龄比
6/20			6.58		1.30∶1		
7/20	2.56	5.28	45.96	11.5	3.29∶1	0.32∶1	15.5∶1
8/15	16.78	21.5	47.4	45.78	3.19∶1	1.29∶1	3.6∶1
8/30	21.64	35.12	56.76	61.9	3.82∶1	1.46∶1	3.63∶1
9/20	23.64	35.12	56.76	61.9	3.82∶1	1.46∶1	

叶龄动态。占最终叶片数，现蕾期为23.1%左右，开花期为84.4%左右，7月底为88.1%左右，8月15日左右达到峰值。

果枝增长。占最终总果枝量，现蕾期为34%左右，开花期达94%左右，8月上旬达到峰值。

果节变化。占最后总果节，现蕾期为10%，开花期为80%左右，8月15日为85%左右，8月底达峰值。果节强度的变化特点为现蕾至开花期最高，果节强度为77 220

个/（hm²·d），7 月 20 日至 8 月 15 日，由于受持续高温干旱的影响，果节生长速度缓慢，果节强度降低，其值为 2 805 个/（hm²·d），8 月中下旬旱情解除后，出现 2 次生长，果节萌生速度又出现增长趋势，8 月 15～30 日，果节强度为 18 240 个/（hm²·d），其后果节强度为零值。

蕾数消长。蕾数呈抛物线形发展，现蕾后呈迅速上升趋势，至开花期达到最高值，每公顷 195 万个左右，其后现蕾速度逐渐减慢，8 月 15 日每公顷有蕾 45.6 万个。

成铃特点。从铃数（大铃）的变化来看，至 7 月 20 日占最后成铃数 11.8%，至 8 月 15 日占最后成铃数 77.5%，8 月 30 日为成铃终止期；从铃强的变化来看，伏桃铃强大，7 月 20 日至 8 月 15 日铃强为 27 720 个/（hm²·d），秋桃铃强下降，8 月 16～30 日铃强为 9 465 个/（hm²·d），8 月 30 日后铃强为零。

叶铃比及铃重分布特点。叶铃比的变化为 7 月 20 日 15.5：1，8 月 15 日 3.6：1，8 月 30 日 3.63：1，7 月 20 日进入开花结铃盛期后，叶铃比大幅度降低，单位棉铃供应养分的棉叶数减少，此期必须补足肥水，提高光合效率，满足棉铃充实对光合产物的需求，以增铃增重。铃重的分布为伏前桃 3.60g、伏桃 3.91g、秋桃 3.78g，伏桃 > 秋桃 > 伏前桃。

节枝比与铃枝比。节枝比的变化为 6 月 20 日 1.306：1、7 月 20 日 3.29：1、8 月 15 日 3.19：1、8 月 30 日 3.82：1、9 月 20 日 3.82：1、铃枝比的变化为 7 月 20 日 0.32：1、8 月 15 日 3.29：1、8 月 30 日 1.46：1、9 月 20 日 1.46：1，高产高效群体最终一台果枝上平均有 3.82 个果节，1.46 个大铃。

3. 主要调控技术

选用优质良种。选择使用泗棉 3 号一代棉种，棉种采用三道精选、泡沫酸脱绒、药剂包衣，提高棉种的发芽势、发芽率和棉苗抗逆性。

双膜育苗。推广"先地膜平铺，再加覆膜"的双膜育苗技术，以增温保墒、加速钵土养分分解，加快出苗，提高出苗率、出苗整齐度和棉苗素质。

优化密度。根据土壤肥力水平，确定优化密度，并注意株行距的合理配置，以充分发挥群体和个体双方面的增产潜力。密度 58 485 株/hm²，大行距 0.9m，小行距 0.4m，株距 0.28m。

地膜移栽。棉田移栽后，在棉田小行根际覆盖一层地膜，以增温、保墒、防渍、加速养分转化，提高棉株根系对养分的吸收利用，促进棉苗栽后活棵早发，提早开花结铃，把开花结铃期向前延伸，延长有效开花结铃期，以实现高产高效的目标。

增加投入。投入是产出的基础，要获得较高的产量水平，就必须有足量的投入。通过高投入实现高产出，一方面精培细管棉田，增加活化投入；另一方面增加物化投入，增加肥料用量，科学配方施肥，满足棉株生长发育对肥料的需求。每公顷平均施纯氮 262.5kg、五氧化二磷 82.5kg、氧化钾 217.5kg，并注意配施硼、锌等微量元素。

全程化调。进行棉花全程化调，培育壮苗，塑造株型，协调生长，提高光合效率。化调技术为：棉苗子叶平展分心期每张标准床（23.3m×1.3m）使用壮苗素 10ml，缩节胺蕾期 15.0g/hm²、开花期 30g/hm²、花铃盛期 37.5g/hm²、打顶后一周 45g/hm²。

抗灾治虫。在管理中除抓好常规措施外，及时进行了抗旱治虫，根据旱情和虫情抗旱 3 次，治虫 8 次，及时缓解旱情，解除旱象，控制棉虫危害。

三、里下河棉区高产成铃规律及其配套栽培技术

本区位于江苏省境中部，处于江、淮之间，北以灌溉总渠为界，东至通榆运河和串场河，南至老通扬运河，西靠丘陵边缘。土质肥沃，河网纵横，水源充足，是以粮食为主的稻棉轮作区。本区不仅是江苏主要商品粮生产基地，也是棉田面积比较稳定、产量水平较高的新兴棉区。全区包括扬州、盐城、南通、淮阴四市的 12 个县（市），计有兴化市、宝应县全部，高邮市、江都、姜堰、阜宁、建湖及盐都大部分乡，海安县白甸、墩头区，大丰、东台、金湖少部分乡，共 283 个乡（镇）。耕地总面积多于 68 万 hm²，植棉乡（镇） 204 个，占总乡（镇）数的 72.08%。该棉区地势低洼，过去多为水稻，棉花多在高田、垛田零星分散种植，面积不大。其中南通市所属里下河部分种植比例较多，约占耕地的 30%；盐城市属部分次之，占 20%；扬州市属部分最少，仅占耕地的 12%。

里下河棉区光能资源优于沿江棉区，热量资源好于淮北棉区，雨量适中，光、热、水三者配合比较协调，东部距海岸线仅 40 多千米，受海洋气候影响较大。加之境内水网密布，水体对气候有一定的调节作用，气候温和湿润。年太阳辐射总量在 460.41 ~ 506.45kJ/cm²，年日照时数为 2 130 ~ 2 360h，由西南向东北逐渐增多。≥10℃期间日照时数为 1 370 ~ 1 520h。盐城、兴化一带全年日照时数多达 2 300h 以上，是全省光能资源的高值地区之一。年内日照偏少时段主要集中在冬、春两季和梅雨季节；7 ~ 9 月日照时数较多，最多为 8 月，这一时期正是棉花蕾铃发育的关键时期，较多的日照对产量的形成十分有利。年平均气温为 14 ~ 15℃，年内温度的变化比较平缓，4 月平均气温 13.2 ~ 14.3℃。夏季 7 月温度最高，平均为 27 ~ 27.7℃，35℃高温日数年平均不足 7d。秋季的日平均温度通常在 20℃左右。区内气温总的趋势是南部高于北部，西部高于东部。年平均降水量为 894 ~ 1 042mm，春季 3 ~ 5 月平均为 200mm 左右。≥10℃期间的降水量为 850 ~ 950mm。7 ~ 9 月是全年的降雨高峰期，达 400 ~ 500mm。特别是 8 月，多数超过 200mm。雨热同季，对棉花生长有利。但降水年际变率较大，年平均相对变率达 18% ~ 23%。降水的稳定性差，易旱易涝。该区受季风进退早迟和强弱的影响，降水和温度年际差异比较明显，气象灾害较为频繁，主要有涝、渍、旱、连阴雨、台风和低温等。春季及夏初冷暖气团交锋于江淮一带，常伴有连阴雨天气和较长时期的梅雨，形成涝渍；但"空梅"年份亦可能造成伏旱；8 ~ 9 月易受台风影响并伴有暴雨；秋季少雨亦可能形成秋旱。连阴雨是该区的主要气象灾害，一般春季连阴雨的几率仅次于苏南，为 30% ~ 40%，以 4 月中旬出现较多；夏季连阴雨的几率约 4 年一遇，以 6 月中旬较多；秋季连阴雨几率，北部约 4 年一遇，中、南部为 3 年一遇。此外春季的低温和晚霜也时有发生。

（一）泗棉 3 号高产优质栽培技术

1. 高产成铃规律

高产棉花成铃的时间分布特点。后期成铃多，从表 7 - 5 可以看出，高产棉田三桃均多于对照田块，且越到后期增加幅度越大。其秋桃单株成铃数比对照多 5.4 个，多 12.02%，秋桃增加数占结铃数增加量的 77.7%。再从高产棉田本身三桃分布情况看，也以秋桃比例最大，伏桃、伏前桃相当。说明增结秋桃对棉花高产相当重要。

表 7 – 5　棉花"三桃"分布情况

处理	单株成铃（个）	伏前桃		伏桃		秋桃	
		个	%	个	%	个	%
高产田	27.15	3.61	13.30	11.94	43.98	11.60	42.72
对照田	20.20	3.15	15.60	10.85	53.70	6.20	30.70
＋　－	+6.95	+0.46	-2.30	+1.09	-9.72	+5.40	+12.02

　　成铃强度较高。从图 7 – 1 中可以看出，棉花成铃强度的变化呈双峰曲线，第一次高峰值出现在 7 月 20～30 日，高产棉田的峰值要比对照高 44.11%，第二次高峰高产棉田出现在 8 月 20～30 日，对照田块则出现在 8 月 10～20 日，高产棉田的峰值数比对照高 45.16%。在整个成铃过程中，高产棉田成铃期要比对照提早 10d 左右，且大部分时间的成铃数均高于对照，后期下降也较慢，获得了每公顷皮棉 1 650kg 的高产，比对照增产 39.98%。

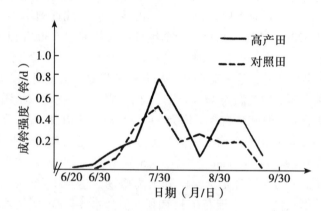

图 7 – 1　棉花成铃强度的变化

　　高产棉花成铃的空间分布特点。上部果枝成铃数显著增加，试验结果表明（表 7 – 6），在棉铃的纵向分布上，高产棉花的上、中、下三个部分成铃分布比较均匀，差异较小，均高于对照，其中，差异最大的是上部果枝，成铃数要比对照多 3.48 个，占增加量的一半以上。因此，要增加棉花成铃，必须在保证中、下部成铃数的基础上，重点主攻棉花的上部成铃。

表 7 – 6　棉花成铃数的纵向分布

处理	上部		中部		下部	
	成铃数（个）	%	成铃数（个）	%	成铃数（个）	%
高产田	7.89	29.06	9.0	36.1	9.46	34.81
对照田	4.41	21.83	8.58	42.22	7.26	35.95
＋　－	+3.48	+7.23	+1.27	-6.12	+2.2	-1.11

棉花铃蕾的变化规律呈单峰曲线。从图 7 - 2 中可看出，棉铃铃重先是随着时间缓慢增加，在 10 月 15 日时达高峰，随之迅速下降，由此可知，在 8 月 30 日前形成的棉铃铃重较高。所以在棉花高产栽培中，应注意增加 8 月 30 日前的优质桃，达到高产优质。

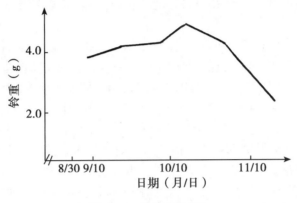

图 7 - 2　棉花铃重变化

桃肥可增加棉花成铃数和提高铃重。从表 7 - 6 可知，增施桃肥可促进棉花成铃，成铃数增加 20.47% ~ 23.64%，增铃效果以每公顷施尿素 180kg，氧化钾 90kg 为好。同样，从表 7 - 7 中可以看出，桃肥也能提高棉花铃重，一般可使铃重增加 0.13 ~ 0.24g，增加 3.44% ~ 6.35%。综合桃肥对棉花成铃数及铃重的影响，其增产作用主要是增加了成铃数。

表 7 - 7　桃肥对棉花成铃的影响

处理	单株成铃（个）	铃重（g）	子棉产量（kg/hm²）
每公顷施尿素 180kg，氧化钾 90kg	27.42	4.02	4 504.5
每公顷施尿素 270kg，氧化钾 225kg	28.14	4..25	4 695.5
不施肥	22.76	3.78	3 516

2. 配套栽培技术

培育适龄壮苗，提高移栽质量。壮苗是早发的基础，棉苗素质的好坏，将影响到整个棉花生育过程。培育壮苗的关键：一是足肥熟土大钵。苗床在冬翻冻土、春翻晒垡的基础上，分期施好基肥，做到有机肥与无机肥相结合，每公顷苗床折纯氮 369.5kg；五氧化二磷 124.2kg；氧化钾 331.5kg，从而满足棉苗对各种养分的需要；二是适期抢晴播种。麦后棉于 3 月底至 4 月初播种，播种时一次性浇足水，干子播种，双层覆盖技术；三是抓好苗床化除化控。播种盖土后，每个标准苗床用害草净 2ml 对水 1kg 均匀喷雾。二叶一心期喷一次壮苗素，对苗床化除和棉苗矮化效果较好，栽前棉苗素质好，株高 14.5cm，真叶 5.5 张；最大叶宽 6.8cm。

提高移栽质量。麦收后抢晴天按密度要求，板茬打洞移栽，每公顷用含量 25% 的复合肥 300kg 加氧化钾 225kg 丢塘安钵，避免大量速效氮肥塘施，造成烧根伤苗。移栽时坚持大小苗分级移栽，栽后及时窨水，以利缩短蹲苗期。

宽行窄株，优化群体结构。根据密肥试验和示范种植密度，泗棉 3 号的适宜密度是每公顷 37 500 ~ 42 000株。泗棉 3 号果枝较长，采用宽行窄株，改善通风透光条件，增加边行优势，有利于增加单株结铃和减少烂铃。在高产田中采用行距 70 ~ 87cm，株距视密度而定，以保证群体成铃率在 40% 左右，每台果枝成铃 1.5 ~ 2 个，较为经济合理。

加强栽后管理，促进棉花早发。棉花活棵后，抢施提苗肥，每公顷用碳酸氢铵 300kg 左右对水浇施，以利促发棵。活棵 10d 左右，灭茬松土，以防过早灭茬松土，影响新根生长，产生二次蹲苗。对僵苗用 "802" 3 000倍液加 0.2% 磷酸二氢钾，喷施促转化。现蕾后狠抓中耕松土，促根下扎，扩大根系吸收范围，以利满足棉株开花成铃对养分的需要。

因苗主动调控，确保早发稳长。按照高产棉田不同生育期的生育动态，及时采用调控措施。针对棉花栽后先阴雨、后干旱、发棵慢的新情况，于 6 月中旬每公顷施 150ml "802"，促进棉花营养生长。根据泗棉 3 号长势长相稳健的特点，推迟了化学调控时间，以轻控为主，第一次于 6 月 24 日每公顷用 25% 助壮素 90ml；第二次于 7 月 12 日每公顷用 25% 助壮素 150ml，促生长中心的转移；第三次摘顶心 5d 后，用 25% 助壮素 150 ~ 225ml 进行封顶，从而有效地控制株型，改善了通风透光条件。开花结铃后期，喷施一次丰产灵；10 月 20 日前后喷施乙烯利，促进早熟，提高品级（保种田除外）。

增加肥料投入，主攻增铃增重。根据泗棉 3 号源强、库大、耐肥性好的特点，结合气候条件，在增氮的同时，增加磷、钾肥的比例，在肥料运筹上，提高桃肥的比重。坚持在 8 月 10 日前施用，以防贪青迟熟。高产棉田一生每公顷中施纯氮 405.5kg，五氧化二磷 121.5kg，氧化钾 243kg，其比例分别为 1 : 0.3 : 0.6。氮素肥料运筹比例为基苗肥占 30%；平衡肥占 8%；花铃肥占 50%；桃肥占 12%。五氧化二磷：基苗肥占 55%；第一次花铃肥占 45%。氧化钾，基肥、花铃肥分别占 30% 和 70%。在整个大田施肥中，有机肥占 15%，无机肥占 85%。由于增加了肥料投入，将施肥重心后移，达到初花期稳而不旺，盛花期壮而不疯，吐絮期健而不衰，结铃分布均匀，实现嫩过 8 月、青枝绿叶吐白絮的要求。

主动抗灾治虫，立足灾后补偿。深挖棉田沟系，便于抗旱降渍，促进根系生长；雹灾及大风雨后及时扶理棉株，并适当追肥，喷肥进行恢复补救；遇伏期持续干旱天气，主动窨水抗灾，保证花铃期适期施肥。吐絮如遇持续阴雨天气，组织抢摘黄桃，用 1% 的乙烯利溶液喷洒棉铃，覆膜闷盖 24h 晾晒。移栽到吐絮的整个过程中，及时搞好育蟠象、玉米螟、红蜘蛛、棉铃虫、红铃虫等害虫的用药防治，主动做好喷药后棉田害虫的扫残工作。

（二）泗棉 3 号超高产栽培技术

1. 产量构成

密度为 43 000 株/hm²（平均行距 66.7cm），平均单株结铃 23.5 个，每公顷总铃为 100. 万个。平均单铃重为 4.2g，衣分率为 40.5%，每公顷产量为 1 600kg 皮棉以上。

2. 成铃空间分布

每公顷产 1 500kg 皮棉成铃空间分布与四桃比例列于表 7－8。由表 7－8 可以看出，主体桃（伏桃＋早秋桃）均占成铃总数的 80% 左右，优质桃较多；从部位桃上看，下部桃均达 40% 以上，中部桃 30% 以上，上部桃 16% 以上，由此可知要实现泗棉 3 号 1 500kg/hm² 皮棉须攻中下部成铃，充分发挥泗棉 3 号增产潜力，达到前期桃多、伏桃满腰、秋桃盖顶，实现三桃齐结。

表 7－8　成铃空间分布与四桃比例

四桃比例（%）				空间分布比例（%）				
伏前	伏桃	早秋桃	晚秋桃	上部	中部	下部	内围	外围
9.0	48.8	24.3	19.1	22.1	34.1	43.8	57	43

3. 生育进程及主要群体质量指标

在棉花集中成铃期日照充足，积温较高，后期干旱少雨天气，加之技术措施应用得当的条件下，棉花生长表现为生育进程快，前期早发，中期稳长，后期早熟不早衰的好势头。

生育进程快。3 月 20～25 日播种。3 月 28 日至 4 月 1 日出齐苗，5 月 8～12 日移栽，6 月 3～5 日现蕾，6 月 29 日至 7 月 2 日开花，8 月 18～23 日吐絮，铃期 50～55d，前中期最短的仅 48d 左右，故而后期成铃吐絮较快，有效开花结铃期长达 85d 左右。

棉田群、个体生长协调。由于密度合理，肥促化调得当，使得个体生长健而不旺，群体生长大而不庞，群个体矛盾协调，使其棉花丰产架子大、高产基础好。主要表现为：单株果枝为 18.6 台，每公顷果枝 77.0 万台，果节量大，8 月 20 日和 9 月 20 日单株平均果节分别为 69.6 个和 85.3 个，每公顷果节量分别为 250.5 万个和 352.5 万个，有效果节量占总果节量的 71.6%，成铃率为 31.9%，棉花果节、果枝、成铃动态情况列于表 7－9。

表 7－9　果枝、果节及成铃动态

调查日期	果枝数		果节量		成铃数	
	单株	每公顷（万个）	单株	每公顷（万个）	单株	每公顷（万个）
6 月 20 日	3.2	22.35	3.4	14.91		
7 月 20 日	13.7	56.70	40.6	168.0	2.39	9.9
8 月 15 日	18.6	76.95	60.6	224.5	11.9	49.2
8 月 30 日	18.6	76.95	75.7	313.5	17.48	72.3
9 月 20 日	18.6	76.95	85.3	352.5	22.1	91.8

群体质量。营养生长和生殖生长协调发展期，主要表规在：①叶铃比较合理。其动态变化是伏前桃时段的叶铃比为（4.0～4.5）∶1，伏桃时段为（4～4.5）∶1，早秋桃时段为（3.5～4）∶1，并保持到 9 月 20 日，说明每 3.5～4 张叶片制造的养分能供

应一个大铃的生长发育的需要，基本上实现比较理想的库源关系。②节枝比与铃枝比变化合理。说明棉株个体的纵向和横向生长、分化、发展协调（表 7 – 10）。

表 7 – 10　节枝比、铃枝比

项目	6 月 20 日	7 月 20 日	8 月 15 日	8 月 30 日	9 月 20 日
节枝比	1.34：1	3.33：1	3.65：1	4.5：1	4.89：1
铃枝比		0.14：1	0.72：1	0.89：1	1.15：1

成铃强度大、铃重分布合理。获得 1500kg/hm² 皮棉，在棉花成铃高峰期与光能富照期的成铃强度必须较大并保持稳定发展状态，7 月 30 日至 8 月 30 日，持续 30d 时间成铃强度平均达 17 215.5 个/（hm²·d），9 月 1～20 日仍然保持为 9 390 个/（hm²·d）（表 7 – 11）。成铃强度大，高峰明显且维持时间长，下降速度慢，则产量就越高。

表 7 – 11　不同时期成铃强度（个/hm²·d）

项目	7 月 11～20 日	7 月 21～30 日	8 月 1～15 日	8 月 16～31 日	9 月 1～10 日	9 月 11～20 日
	7 975.5	16 497	17 752.5	16 677	10 981.5	7797

全株铃重情况分布为：上部 3.95g，中部 4.3g，下部 4.06g，平均 4.13g。

4. 主要栽培技术措施

适期早播，科学管理，培育早大壮苗。在搞好冬春翻土各 2 次，每公顷施人粪尿 4 500kg 的基础上于制钵前 3d 每公顷大田苗床施碳铵 45kg，磷肥 60kg，钾肥 45kg。播前每公顷制 7cm 大钵 9 万个，种子经过硫酸脱绒，灵福合剂包衣，一钵二粒，干子播种后及时覆土盖灰，盖地膜，然后覆盖弓膜，实行双膜育苗，以增温保湿促进齐苗。为培育大壮苗移栽，要求在 3 月下旬播种，以确保 4 月初齐苗，套栽棉 5 月 5 日前后达到 4 叶；育苗期间在坚持三段控温的基础上，坚持药肥混喷，促控结合，即：于子叶展平时每公顷用壮苗素 45ml 加 30g 10% 灵福合剂防苗病和高脚苗，于喷药后 7d 再用 300g 灵福合剂第 2 次防苗病，1 叶后连用 DDV 熏蒸防盲蝽象，于 2 叶 1 心时每公顷用 75ml 壮苗素，2 叶后间隔 7d 连用 3 次 0.2% 磷酸二氢钾促进壮苗。

适时早栽，提高移栽质量，促进棉苗早发。为了克服棉花迟栽迟发，有效花铃期短，影响产量的弊端，在棉花移栽上坚持适时早栽，于 5 月上中旬移栽结束，最迟不超过 5 月 25 日；为了提高地温促使早活快发，利用地膜增温保湿抑草的作用，在移栽时实行地膜移栽，这样可以提高根系活力，增强根际微生物活动，加速土壤养分转化，促进根系的发育，以加快地下部生长，促进地上部生长、发育，同时全面采用 602 蘸根，以缩短缓苗期，促进早活早发；要轻起钵、轻运钵、轻摆钵，不栽无头病弱苗，不栽碎钵断钵苗，大小苗分开移栽，与此同时搞好密度及株行配制。密度为 42 000 株左右/hm²，宽窄行，大行 0.8～0.9m，小行 0.53～0.6m，以改善棉株下部的通风透光条件，减少烂铃，减轻脱落，提高下部铃的品质，达到高产高质，发挥群体与个体潜力。

坚持全程化调，塑造理想株型。在化调技术的应用上，采取主动促、及时控的原则，即该促则促，该控则控。棉花一生应用的促进剂有 802 和乙烯利，利用时间分别为：802 以移栽时用 4 000 倍蘸钵，开花后于 7 月 5 日用 3 000 倍液与助壮素混喷，促控同时并举，乙烯利则为 10 月 15～20 日每公顷喷 2 250g 的 40% 水剂，抑制剂主要是壮苗素和助壮素，壮苗素主要用于苗床，助壮素使用的时间则为现蕾叶，叶龄 10 叶，开花期叶龄 16～17 叶，打顶后 2d，分别每公顷用 25% 助壮素 75～105ml，150～180ml，225～300ml。到 9 月 20 日成熟期，株型控制比较合理，最后株高不超过 110cm，果枝 18.9 台左右。

合理肥料运筹，达到足肥、全肥的施肥技术。根据泗棉 3 号需肥水平高、结铃性强，增产潜力大的特点，在肥料施用上坚持用量足、元素全、长短效相结合，运筹上是为前轻、后重，即：每公顷用肥量达到纯氮 382kg，五氧化二磷为 130kg，氧化钾 176kg，其中有机肥占总氮量的 8%，施用比例上，移栽基肥每公顷施碳铵 300kg，磷肥 450kg，氯化钾 150kg，加复合肥 450～600kg，活棵后施架子肥每公顷施碳铵 225kg 对水浇施，初花期亩用碳铵 225kg。加饼肥 450～750kg，加磷肥 300kg，加钾肥 150kg，当平均单株大铃 1.5 个左右时，每公顷施尿素 300～375kg，桃肥每公顷用尿素 150kg，根外喷肥尿素 37.5kg，磷酸二氢钾结合治虫、化调，多次使用。

积极主动采取抗灾应变措施。在棉铃虫防治上搞好预测预报，策略上是采取人工和药防相结合，防治上采取打卵不打虫，打虫不见虫，打小争主动的策略，防治次数上是二代二交、三代四交、四代五交，以达到二代压基数，三、四代保蕾铃，药剂上坚持长短效相结合，方法上以弥雾机喷雾为主。药剂防治上做到三统一分，基本上把虫害压到了最低限度。同时搞好深沟高垄，由于里下河地区地下水位高，常年易遭雨涝和渍害，因此搞好高标准棉田一套沟，做到一方棉田，二头出水，三沟配套（标准一、二、三），四面脱空，能排能灌的独立水系。针对 1 500kg/hm² 皮棉产量水平下，后期桃多，单株载铃多，重心高，易倒伏的特点，因此在前期管理，搞好基础建设的同时，中期搞好高培土壅根，确保大风后棉株不倒伏。

四、沿江棉区高产高效群体质量及其调控技术

该棉区处于长江两岸，地跨沿江及太湖两个农业区，包括苏州、无锡、常州、镇江、南京、扬州、南通 7 个市的 20 个县（市）和 2 个市郊区。计有常熟、张家港、太仓县（市）的全部，江阴、武进、金坛、溧阳、镇江市郊区、丹徒、丹阳、句容、六合、江宁、江浦、高淳县（市）的一部分乡（镇），靖江、启东、海门、南通、如东、海安县（市）大部分乡（镇）及南通市郊区，如皋市全部，共 492 个乡（镇），耕地总面积 81.8 万 hm²，植棉乡（镇）284 个，占总乡（镇）数的 57.22%。该棉区棉花生产以沿江农业区为主体，是江苏省集中的高产优质商品棉基地。

沿江棉区属北亚热带湿润气候区，气候条件优越，春雨适量，夏无酷暑，秋霜较迟，冬寒不冽，光热资源较好。年平均日照时数 2 040～2 280h，年辐射量 452.03～489.70 kJ/cm²。年平均气温 14.6～15.5℃，西南部地区高于东北部沿海。无霜期 220～235d，年降雨量 1 000～1 060mm，主要集中在 5～9 月，占全年总雨量的 60% 以上。由于空间分布不匀，棉花生产某些时段常受涝渍危害。春夏季的持续阴雨，往往造成水控

僵苗，或水发疯长；秋季连续阴雨，易造成烂铃。台风主要在 7 月下半月至 10 月上半月，其中以 8、9 月频率较高，对棉花有影响的台风，平均 1 年 2 次左右。10℃以上的活动积温为 4 550～4 770℃，相应日照时数 1 400～1 500h，棉花生长期间的总降水量为 700～750mm，光、热、水三者都能满足棉花一生的需要。从时段分布上来说，6 月上旬的平均气温能基本满足现蕾的要求，如能早发苗、早现蕾，则充分利用初夏的光热资源，多结早桃。但由于春季气温回升迟，以及稻茬棉田养分释放慢的特点和麦套棉的生育条件，苗蕾期生育进程慢，往往因迟发不能达到早现蕾、多现蕾，增加早桃比例的要求；秋季降温慢，昼夜温差大，对后期坐桃和棉铃成熟有利。研究结果表明，棉铃的发育从开花到吐絮，积温超过 1 300℃，才能保证纤维成熟度好，品质优良；积温达到 870℃以上，纤维才能用于纺织。按此标准计算，该棉区优质棉开花终止期应在 8 月 23 日之前。9 月上旬开的花仍能用于纺织，比淮北棉区迟 7～10d。但降水多的年份对蕾铃生育不利，影响产量和品质。

该区土地质量好，但缺乏后备资源，几乎全部土地均已利用，无荒可垦。土壤类型较多，沿江两侧圩田、洲地、江南高平田一带为淤泥土类。其中除淀沙土较差外，大都为黏壤土，保水保肥性能较好，肥力较高，一般有机质含量 1.5%～2%，全氮 0.1%～0.2%，属于高产土壤。江北中部地带以旱地土壤灰潮土类为主，也包含一部分夹沙土，土壤肥力属中等或中等稍低水平，一般有机质含量在 1.2%～2%，全氮 0.06%～0.15%，速效磷含量 5×10^{-6}～10×10^{-6}，速效钾 60×10^{-6}～80×10^{-6}。但地区之间差别较大，通扬高沙土区的土质比较沙瘦，养分含量低。沿海一带还有一部分盐潮土，有机质含量低，一般为 0.96%～1.5%，速效养分含量略高。这一类土壤还需加强盐土改良工作。

（一）泗棉 3 号高产优质栽培技术

1. 高产高效群体质量

高产高效是指每公顷产皮棉 1 500kg，产值 15 000 元。泗棉 3 号高产高效群体质量主要表现在以下四个方面：

结铃分布合理，产量结构优化。密度 63 000 株/hm²，单株桃 16.5 个，每公顷桃102.6 万个，单铃重 4g，平均衣分 40.8%。三桃分布：上部桃 3.8 个，占 23%；中部桃 6.5 个，占 39.4%；下部桃 6.2 个，占 37.6%。伏前桃 2.5 个，占 15.2%；伏桃13.5 个，占 81.8%；秋桃 0.5 个，占 3%。内围铃 11.6 个，占 70.3%。平均结铃率为29.9%，其中上部为 21.3%，中部为 34.4%，下部为 31.9%。

生育进程提早，有效铃增加。棉花生长发育早，3 月 31 日播种，4 月 8 日出苗，5月 16 日移栽。现蕾期 6 月 10 日，开花期 7 月 8 日，比历年提早 5～7d。相应前伸了棉花有效开花期。7 月中旬就进入开花结铃盛期，单株日增大铃≥0.3 个的结铃高峰期为7 月 16 日至 8 月 15 日，历时 30d。

株型疏朗，个体发育稳健。棉株生长平衡，株高 100～110cm，呈宝塔形。果枝15.7 台，单株果节 55.2 个，节枝比 3.52∶1，其中上部为 3.18∶1，中部为 3.64∶1，下部为 3.74∶1。铃枝比 1.05∶1，其中上部为 0.82∶1，中部为 1.15∶1，下部为1.19∶1。

结铃强度提高，群体生长良好。在棉花结铃高峰期（7月16日至8月15日），结铃强度较高，平均27 045个/（hm² · d），到8月15日，成铃已达99.45万个/（hm² · d）。由于泗棉3号叶片缺刻深，加上调控技术得当，中下部通风透光条件好，烂桃少。9月20日调查，单株烂桃2.2个，占12.7%，比其他品种低5.2%。

2. 调控技术

为了提高棉田群体质量，实现高产高效，应采取以下几项调控技术：

培育壮苗技术。在培育棉花壮苗上，主要做到四个坚持：一是坚持施足基肥，每25m苗床施碳铵4kg，磷肥5kg，人畜肥150kg；二是坚持大钵育苗，选用直径7.5cm的制钵器制钵育苗；三是坚持双膜育苗。即在原来塑料薄膜育苗的基础上，苗床内再加地膜平盖；四是坚持喷壮苗素后再搞搬钵假植。在棉苗两片真叶时，每25m苗床用棉花专用壮苗素一支。在移栽前15d搞好搬钵假植。移栽时调查，株高22.3cm，真叶4.3张，茎粗0.34cm，比对照株高矮5.7cm，真叶多0.4张，茎粗0.05cm。

合理密植。试验结果表明，泗棉3号每公顷60 000株，植株性状表现最好，产量最高。节枝比2.42：1，铃枝比1.07：1，每公顷产皮棉1 417.5kg，比其他4个密度增产10%～19.5%（表7-12）。

表7-12　泗棉3号不同密度株型及产量结构比较

密度（株/hm²）	果枝（台）	果节（个）	节枝比	铃枝比	单株桃（个）	亩桃（万）	单铃重（g）	衣分（%）	皮棉产量（kg/hm²）
67 500	14.3	48.3	3.41：1	0.93：1	13.3	5.99	3.44	39.5	1 221.0
60 000	15.9	54.4	3.42：1	1.07：1	17.0	6.80	3.52	39.5	1 417.5
52 500	15.9	55.9	3.52：1	1.09：1	17.4	6.09	3.57	39.5	1 288.5
45 000	16.4	63.7	3.88：1	1.20：1	19.6	5.88	3.67	39.5	1 278.0
37 500	16.8	68.2	4.06：1	1.24：1	20.9	5.23	3.83	39.5	1 186.5

科学施肥技术。在结铃盛期连续40多天（6月28日至8月10日）严重干旱情况下，每公顷施纯氮112.5～262.5kg，随用肥量增加，株高、果枝数增加，上部结铃率提高，每公顷产量也依次递增。

不同氮肥用量对棉花株型结构的影响。随氮肥用量增加，株高、真叶、果枝都有呈明显增加趋势。8月16日考察，每公顷施纯氮150～262.5kg的与每公顷施纯氮112.5kg比较，植株高3.4～16.6cm，果枝多0.4～1.5台。

不同氮肥用量对棉花结铃分布的影响。不论何种施肥水平，单株伏桃数一般为14～15个，无明显差异，而对秋桃影响较大，一般随氮肥用量增加，秋桃比例相应提高。以每公顷施纯氮112.5kg作对照，每公顷施纯氮150～262.5kg，秋桃比例依次高1.1%～6.3%。从三桃分布部来看，每公顷施纯氮150～262.5kg，比每公顷施纯氮112.5kg的，上部桃比例高2.1%～10.3%，内围铃多1.5～3.6个，高6.8%～11.2%（表7-13）。

表 7 – 13　泗棉 3 号不同氮肥水平结铃分布状况

氮肥用量 （kg/hm²）	单株桃 （个）	时间性三桃						部位性三桃						内围桃	
		伏前桃		伏桃		秋桃		下部		中部		上部		个	%
		个	%	个	%	个	%	个	%	个	%	个	%		
112.5	15.2	0.6	3.9	14.1	92.8	0.5	3.3	6.3	41.5	7.3	48.0	1.6	10.5	9.4	61.8
150.0	15.9	0.7	4.4	14.5	91.2	0.7	4.4	6.8	42.8	7.1	44.6	2.0	12.6	10.9	68.6
187.5	16.6	0.7	4.2	11.7	88.6	1.2	7.2	6.7	40.4	7.3	44.0	2.5	15.6	11.5	69.3
225.0	16.9	0.8	4.7	14.8	87.6	1.3	7.7	6.9	40.8	7.2	42.6	2.8	16.6	12.0	71.0
262.5	17.8	1.2	6.7	14.9	83.7	1.7	9.6	7.0	39.3	3.7	20.8	3.0	20.8	13.0	73.0

不同氮肥用量对棉花产量结构的影响。每公顷桃、铃重、衣分随氮肥用量增加都呈增加趋势。每公顷施纯氮 150 ~ 262.5kg，与每公顷施纯氮 112.5kg 作比较，每公顷桃增 4.5 万 ~ 16.5 万个，单铃重增 0.24 ~ 0.51g，衣分高 0.5% ~ 1.3%。因此，最终产量也随用肥量的增加而增加。每公顷产皮棉增 165 ~ 480kg，产量依次增 13.8%、21.8%、26.9%、40.2%（表 7 – 14）。

表 7 – 14　泗棉 3 号不同氮肥水平产量结构

氮肥用量 （kg/hm²）	密度 （株/hm²）	单株桃 （个）	每公顷桃 （万）	单铃重 （g）	衣分 （%）	每公顷产 皮棉（kg）	增产 （%）
112.5	4 200	15.2	95.7	3.27	38.2	1 195.5	0
150.0	4 200	15.9	100.2	3.51	38.7	1 360.5	13.8
187.5	4 200	16.6	104.6	3.58	38.9	1 461.1	21.8
225.0	4 200	16.9	106.5	3.65	39.0	1 516.5	26.9
262.5	4 200	17.8	112.2	3.78	39.5	1 675.5	40.2

从生产实践来看，棉花每公顷施纯氮 231kg，比 202.5kg 增 14.1%。在肥料运筹上，坚持前轻、中重、后增的原则，苗床肥、安家肥占 25%，两次花铃肥占 65%，盖顶肥占 10%，喷洒 3 ~ 4 次叶面喷氮。

抗灾应变技术。在抗灾应变技术上，主要抓三方面：一是抗虫灾。8 月中下旬连续使用药剂防治，结合人工捕捉，把其为害压到最低限度。二是抗旱灾。在 7 月中下旬到 8 月上旬的高温干旱季节，全力以赴投入抗旱，确保棉花正常生长；三是抗风灾。8 月中旬，遭台风边缘影响，棉花有一定程度倒伏，台风刚过境，就及时扶理，并补施肥料，促进棉株尽快恢复生机。

（二）泗棉 3 号超高产栽培技术

1. 产量结构与成铃分布

（1）产量结构。棉株高度为 124.6cm，每公顷密度 45 120 株，单株果枝 19.1 台，单株果节 87.9 个，单株成铃 30.5 个，每公顷成铃 137.55 万个，铃枝比 1.60：1，铃重 3.9g，衣分 39.1%，皮棉 2 151kg/hm²。

（2）成铃分布

水平分布。结铃率比较高，内围铃占比例大。成铃率34.7%，比大面积生产上的成铃率高6%以上。内围铃比例68.5%，比大面积生产上的内围铃比例提高5%~8%。各果节结铃分布情况，第一果节成铃率为51.6%，占全株成铃的30.3%；第二果节成铃率为47.4%，占全株成铃的27.8%；第三果节成铃率为33.3%，占全株成铃的18.5%；第四果节成铃率为25.3%，占全株成铃的11.7%；第五果节成铃率为24%，占全株成铃的9.3%；第六果节成铃率为4.4%，占全株成铃的1.23%。内围铃（1~3果节）成铃率为44.3%，占全株成铃的76.6%（表7-15）。这说明，较高的成铃率和内围铃比例大是夺取超超高产的保证和主攻方向。

表7-15　各果节水平成铃分布

成铃 \ 果节	第一果节	第二果节	第三果节	第四果节	第五果节	第六果节	桠果木枝
成铃数（个）	9.8	9.0	6.0	3.8	3.0	0.4	0.4
占总成铃（%）	30.25	27.78	18.52	11.73	9.26	1.23	1.23
结铃率（%）	51.58	47.37	33.33	25.33	23.98	4.44	

垂直分布。三桃分布与成铃时间分布比较合理，优质铃比例较大。基本上实现了三桃齐结。上中下三部单株成铃分别为7.5个、10.7个和12.4个，结铃率平均分别为32.61%、35.20%和37.46%，占总成铃比例分别为24.5%、35.0%和40.5%。上中下三部每台果枝平均成铃分别为1.13个、1.68个和1.95个（表7-16）。

表7-16　超高产田棉株纵向结铃分布

部位	果节数（个）	结铃数（个）	成铃占比例（%）	结铃率（%）	平均每台果枝结铃数（个）
上	23.0	7.5	24.5	32.61	1.13
中	30.4	10.7	35.0	35.20	1.68
下	33.1	12.4	40.5	37.46	1.95

从各个时间的成铃看，成铃分布比较合理。伏前桃、伏桃、早秋桃、晚秋桃分别为4.0个、18.4个、8.2个和1.8个，分别占全株成铃的12.34%、56.79%、25.31%和5.56%，其中优质桃（伏桃和早秋桃）为26.6个，占82.1%。再从各个圆锥体成铃的情况看，以第四、第五两个圆锥体的结铃数最多，结铃率也较高，这两个圆锥体的成铃时间主要在8月5~15日。从不同圆锥体的成铃情况看，超高产棉田的成铃数主要集中在第3~5个圆锥体，成铃时间一般在7月下旬至8月15日。因此，采取措施，在7月下旬前形成一定的营养体，使其在7月下旬至8月15日之间结住一定量的棉铃，这是超高产的关键。与此同时，加强后期管理，提高第六以上圆锥体的成铃数和成铃率，这是提高棉花产量的潜力所在。

2. 生育进程与生长动态变化

（1）生育进程。从生育进程看，3月底至4月初播种，4月上旬出苗，5月中旬移栽，实现了 6 月初现蕾，6 月底至 7 月初开花，8 月中下旬吐絮，全生育期 133d。与大面积生产上棉株生育进程相比，超高产田的生育进程要早 5~7d。

（2）个体动态变化。超高产棉田的最终株高为 124.6cm。株高日增出现两次高峰，分别出现在 6 月中下旬至 6 月底 7 月上旬和 7 月中旬至 7 月下旬。其中第一峰比较平稳，峰值为 2.2cm 左右；第二峰峰值为 2.9cm 左右，其余时段株高日增在 1.5cm 左右。总的看来，超高产田块棉株长相前期快而不旺，中期稳，后期健壮不早衰，株高生长没有出现旺长现象。

棉株果节的日增量出现三次高峰，分别为 6 月中下旬、6 月底至 7 月中旬和 7 月下旬，在 6 月下旬至 7 月底的这段时间内所生长果节占总果节的 78.88%，为优质桃的生长奠定了基础。

超高产田块的成铃日增量，总的趋势是有效结铃期时间拉长，明显表现为前伸后延。结铃期的拉长，为单株结铃的增加奠定了基础。成铃日增出现双高峰，大铃日增大于 0.3 个的峰期长达 40d，出现在 7 月下旬~8 月底，比一般田块前伸 6~8d。

（3）群体变化动态。超高产田块的群体变化的特点是：前期生长量较高，中后期结铃强度高，持续时间长，能形成 2~3 个成铃高峰。这说明移栽地膜棉的超高产田块能与光照高峰期同步。6 月 20 日至 7 月 20 日的一个月中，果枝的日增长量平均为 17 100 台/hm²，果节日增长量平均为 77 100 个/hm²，日成铃强度大于 18 000 个/hm² 的时间长达 40d，其中 8 月 5~10 日和 8 月 23~28 日的日成铃强度大于 27 000 个/hm²，这有利于棉株前期早发稳步搭架，中后期多结铃，结优质铃，为提高棉花产量打下了基础。

3. 高产栽培技术

（1）采用地膜移栽（即移栽地膜棉）是获得高产的一条重要措施。每年 4 月下旬在棉花小行中间开沟（独行种植的偏行开沟），按标准施好基肥。4 月底至 5 月初，遇雨后抢墒盖好除草地膜。地膜宽 80cm，以确保覆盖小行距，5 月中旬打洞移栽。由于除草地膜的增温、保墒、除草效应，促进了棉苗早发快长。据对膜下温度的测定，在 5 月 14 日移栽，7 月 11 日揭膜的 59d 覆膜时间中，膜下地表温度比露地棉共增温 241.9℃，膜下 5cm 共增温 141.6℃。由于温度高，使棉花生育进程早。超高产田与同期移栽的露地棉相比，现蕾期要早 5~8d，开花早 6~8d，吐絮早 5~7d，霜前花多 6%~10%。

（2）扩大组合，适当降低密度。根据移栽地膜棉的生长特点和泗棉 3 号的特性，超高产田的平均组合为 165.6cm，小行距 70cm，平均株距 22.2cm。实践表明，要使移栽地膜棉花的单产有一个突破，其组合应扩大，特别是小行距要放宽，这是协调好个体与群体生长的关键。据 7 月 25 日棉花花铃期对植株展开度的调查，超高产田棉株展开度分别是 98.6cm、109.3cm 和 94.4cm，平均 100.7cm。扩大组合为移栽地膜棉的生长创造了一个良好的环境。

（3）选用良种，培育早壮健苗。泗棉 3 号株型比较清秀，果枝上举，有利获得高产。同时三桃分布较为合理，结铃率高，内围铃比例大，衣分平均达 39.2%，平均铃重 4g，这些为棉花高产奠定了基础。留足苗床，在 3 月底至 4 月初用 7.5cm 大钵育苗。

育苗期间坚持促控结合，药肥混喷，适当提高床温。移栽时选用子叶完整，株高 20 ~ 25cm，真叶 4 片左右，红茎 50% 左右的棉苗，这些均是获得超高产的前提条件。

（4）增加肥料投入，达到肥足肥全。根据移栽地膜棉花的栽培要求和泗棉 3 号的生长特点，在超高产田的肥料施用上，坚持肥料用量足、元素全，做到有机无机相结合，长期短期相结合，氮磷钾微肥相结合。在肥料运筹上围绕前中期早发促搭架，后期不早衰的要求，增加施肥总量，增加有机肥比例，增加钾肥用量，增加中后期用肥量。每公顷施纯氮 402kg，有机肥占 28.1%，氮、磷、钾三肥比例为 1 : 0.48 : 0.85。具体方法是栽前施好有机肥（在小行内开沟，每公顷施羊棚灰粪 7 500 ~ 9 000kg，棉花专用肥 525kg），分两次施足施准花铃肥（第一次在 7 月上旬，开沟施好氯化钾、饼肥、复合肥、碳酸氢铵，第二次在 7 月 20 ~ 25 日，以尿素为主），看苗施好盖顶肥。通过施肥数量的增加和方法的改进，特别是有机肥比例的提高，氮、磷、钾配比较为合理，促进了棉株个体和群体协调生长，这些都是获得超高产的重要条件。

（5）搞好科学化调，塑造理想株型。在化调技术的应用中，超高产田坚持主动促、及时控的原则。具体为：苗床普遍推广壮苗素，控旺促壮苗；移栽时应用 "802" 来缩短蹲苗期；在现蕾、花铃期和打顶后用好助壮素来提高结铃率，使植株生长稳健；中后期结合治虫，施用活力素、920 等激素，从而使超高产田块的生长始终稳而不衰，有利于果枝、果节和结铃率的提高，有利于提高铃重，增加产量。

（6）抓好治虫、增强抗灾措施。针对超高产田棉株生长嫩绿，虫害较多的特点，着重抓好玉米螟、盲蝽象、棉铃虫等虫害的防治。采取交叉使用农药，机动弥雾机统一防治，适当加大水量，同时推广双波灯来诱杀棉铃虫等成虫，有效地控制虫害的发生，提高防治效果。另外高标准开挖好棉田一套沟，提高抗灾能力。

第二节　浙江省

浙江省地处我国东南沿海，自然条件适合棉花生长发育。年平均气温 16℃ 左右，日平均温度稳定通过 15℃ 的初、终日期在 4 月中下旬至 10 月下旬，或 11 月初，长达 180 ~ 200d。日平均温度稳定通过 20℃ 的初、终日期在 5 月中下旬至 9 月下旬或 10 月初，达 130 ~ 150d，热量足够。雨量丰富，全年降雨量 1 100 ~ 1 700mm。全年日照时数达 1 800 ~ 2 100h。但是也存在一些不利因素，特别是雨水分布不匀，形成春雨、梅雨、伏期干旱，秋季台风暴雨，或秋雨连绵，与棉花需水规律不相协调。棉花生长期 4 ~ 10 月，降水量为 900mm 左右，其中 4 ~ 6 月，棉花苗、蕾期需水较少，而这时期降雨量达 400 ~ 650mm，多雨低温，不利于保全苗争壮苗。7 ~ 8 月棉花花铃期需水较多，而这时期正值相对偏旱，气温高，蒸腾旺盛，降雨量却又偏少。一般 7 月中旬至 8 月中旬，降水量仅 100mm 上下，常出现伏旱、连秋旱，棉铃脱落增多。9 月间棉花吐絮成熟期，需水较少，而降雨又偏多，一般 8 月下旬至 9 月中旬，除金华地区 100mm 左右外，其他棉区都在 250 ~ 300mm，导致棉花烂铃僵瓣，铃重减轻，影响棉花产量和品质。

全省棉花种植地域，大体上可分为三片：钱塘江口和杭州湾南北两岸棉区；象山港以南的东南沿海棉区；内陆盆地金华、瞿县、兰溪等市（县）沿江沿溪棉区。

钱塘江口和杭州湾南北两岸棉区包括平湖、海盐、海宁、余杭、肖山、绍兴、上虞、余姚、慈溪、镇海、鄞县、奉化县（市）的滨江沿海棉田，以及紧靠杭州湾的定海、普陀岛屿上的小片滨海平原棉田。该区棉田集中，比重最大。面积和总产均占全省80%左右。自然条件适于棉花生长。余姚、慈溪等市（县）植棉历史悠久，经验比较丰富。到 19 世纪末期，上海、宁波等地棉纺工业兴起需要棉花，在其刺激下，余姚、慈溪一带，形成以种植棉花为主的农业生产区。新中国成立以后，国家采取一系列措施，扶植棉花生产，诸如规定棉粮比价，发放预购定金等，棉花生产更趋兴旺。植棉范围逐渐扩大，钱塘江北岸的平湖、海宁、海盐县（市）也扩大种植棉花，于是成为浙江省的主要棉区。该棉区是由海涂围垦，经耕作熟化而成，土质以粉砂壤土为主。近钱塘江口棉田沙性较重，东部近海地带如慈溪东部、镇海、定海、普陀等县棉田黏性较重。土层深厚，基本上已脱盐，土性呈微碱性至中性反应。但沙性重的土壤，保水、保肥力较差。肖山、上虞等县（市）沙性重的老棉田缺钾严重，影响棉花产量。春季气温回升稍慢，春雨、梅雨较多，伏期干旱，8~9 月有台风秋雨，对棉花产量和品质有一定影响。

东南沿海棉区为象山港以南的滨海产棉县（市），包括宁海、象山、黄岩、临海、三门、温岭等县（市）滨江沿海棉田，是浙江省第二个主要产棉区。该棉区植棉历史也比较长，自然条件与钱塘江口和杭州湾南北两岸棉区基本相似，土地亦为海涂经垦种而成。土壤黏粒含量较多，比较带黏性，呈微碱性反应。春季气温回升稍早，对棉花播种保苗有利，但秋季雨量较多，台风影响稍大。棉花一般发棵较早，结铃性较好。

金华、瞿县、兰溪内陆棉区系浙江省新扩棉区，包括金华、瞿县、兰溪、武义、浦江、江山、常山、永康、开化、缙云等市（县）。在 20 世纪 50 年代初期种植面积只有 600hm² 左右，一度扩大到近 2 万 hm²，后又缩小，到 20 世纪 70 年代一直保持在 1.5 万 hm² 左右面积。棉田主要分布在金华、瞿县、兰溪等市（县）的沿江、沿溪一带，少部分棉花种在黄土丘陵。沿江棉田土壤多数是河谷冲积而成，属河谷泥沙土，沙性较重，土壤通透性好，多数排水良好，但保肥、保水能力较差，有效磷、钾含量较低，耕作层较浅，沿江易发生洪涝。但地下水位较低。春季气温回升早而快，棉花生育前期雨水较多，但秋雨显著减少，台风影响少，日照较充足，后期气温下降也慢，有利于增结秋桃，棉花品质较好。

一、泗棉 3 号的表现

高产稳产。根据 1993—1995 年浙江省棉花育种联合试验，浙江省棉花品种区域试验和浙江省农业科学院棉花品比试验，泗棉 3 号都表现比中棉所 12 增产。1993 年省棉花育种联合试验中，泗棉 3 号每公顷产皮棉 1 774.5kg，居 9 个参试品种首位，较对照中棉所 12 增产 30.66%，达极显著水平。1994—1995 浙江年省棉花品种区域试验中，参试品种有泗棉 3 号、浙 102、萧 1592 和淮 910，以中棉所 12 为对照，在全省 10 个试点中泗棉 3 号比中棉所 12 增产 8.34%，2 年均达显著水平；1994 年浙江省农业科学院棉花品比试验中，泗棉 3 号每公顷产皮棉 1 183.5kg，居 16 个参试品种首位，较对照中棉所 12 增产 26.81%，达极显著水平。这表明泗棉 3 号在浙江省适应性广，稳产高产。

平湖市黄姑镇 1994 年试种示范 10.8hm²，每公顷平均皮棉 1 350kg，比该镇棉花平均皮棉产量 975kg/hm²，增产 38.5%；其中一农户种植泗棉 3 号 2.6hm²，平均皮棉产量达 1 900.9kg/hm²。1994—1995 年金华市品比试验，平均皮棉 1 646kg/hm²，较对照中棉所 12 增产 12.2%。1996—1997 年金华市 10 点次生产试验，平均 1 629kg 皮棉/hm²，较对照中棉所 12 增产 10.5%。其中 1996 年金华县罗埠镇下章村 6.5hm² 平均皮棉达 1 983kg/hm²。常山县 1996 年和 1997 年两年 313 户农户种植的 14hm² 泗棉 3 号平均每公顷产皮棉 1 197kg，高产田块达 1 500kg 以上。阁底乡虹桥村郑三石户 1997 年种植 0.0454hm² 泗棉 3 号，折每公顷产皮棉 2 157kg。泗棉 3 号在田块与田块间以及年际间的产量差异较小，稳产性好。泗棉 3 号能实现高产稳产主要在于单株坐桃率高，单位面积总桃量多。在每公顷 30 000 株左右的种植密度下，每株坐桃 30～40 个，每公顷有效桃达 90 万～105 万个，为高产稳产奠定了基础。

综合性状优良。从衣分、铃数、铃重来看，泗棉 3 号的衣分较高，在浙江省的各项试验中都在 40% 以上，高的达 43%～45%，比中棉所 12 高 3% 以上（表 7－17）。其衣分高的原因主要是衣指高、籽指较小，衣指一般比中棉所 12 要高 0.5～1g，而籽指则比中棉所 12 要小 0.5～1g。结铃性也强，单株结铃数比中棉所 12 多 2～3 个，结铃率都在 30% 以上。虽然泗棉 3 号铃重不占优势，但能较好地协调铃重同结铃性的矛盾，从而增加总产量，纤维品质也明显优于对照中棉所 12。据浙江省棉花品种区域试验测试结果，泗棉 3 号主体长度为 29.27mm，而中棉所 12 主体长度为 29.00mm；泗棉 3 号成熟系数为 1.93，中棉所 12 为 1.87；泗棉 3 号品级为 1.8 级，中棉所 12 为 2 级。泗棉 3 号皮棉色泽白而柔软，深受纺织部门欢迎，各项经济性状均达到较好水平。

表 7－17　泗棉 3 号与中棉所 12 的经济性状和纤维品质比较

| 试验名称 | 品种 | 主要经济性状 | | | | | | | | | 比强度（g/tex） | 马克隆值 |
		衣分（%）	单铃重（g）	单株铃（数/个）	籽指（g）	绒长（mm）	整齐度	僵瓣率（%）	10月20日止收花率（%）	2.5%跨距长度（mm）		
省区试	泗棉 3 号	43.75	4.51	16.3	9.30	30.39	89.78	4.98	90.27	29.4	20.65	4.70
	中棉所 12	40.80	4.88	14.5	10.10	30.34	89.81	5.79	86.34	28.8	20.01	4.75
省联试	泗棉 3 号	43.82	4.36	13.9	8.92	31.16	91.15	4.90	91.36	31.96	20.54	4.85
	中棉所 12	39.83	4.40	10.1	9.38	29.94	90.27	6.20	85.72	29.34	19.61	5.08
农科院品比试验	泗棉 3 号	41.31	3.90	16.8	8.57	31.50	90.43	8.18	96.52	31.66	20.63	4.92
	中棉所 12	38.28	4.10	13.1	9.85	31.40	89.27	11.85	95.82	29.42	20.25	5.23

生育特点与气候相适应。泗棉 3 号属中熟偏早类型品种，全生育期为 115d 左右，比中棉所 12 提早 5d 左右。该品种还表现前期早发，现蕾开花早。据浙江省棉花品种区域试验 10 个试点调查，泗棉 3 号出苗至现蕾、现蕾至开花分别为 47d 和 23d，对照中棉所 12 分别为 48d 和 23d，出苗至开花要提前 3d 左右。开花后生长发育加快，开花结铃集中，吐絮较早，泗棉 3 号出苗至吐絮为 111d，是所有参试品种中最早的（表 7－18）。

植株明显矮，一般为 87cm，比对照中棉所 12 的 95cm 要矮 8cm 左右（表 7 – 19）。果枝着生节位低。据浙江省区试调查，泗棉 3 号平均果枝着生节位为 5.3，第一果枝着生高度 18.6cm，比对照中棉所 12 第一果枝高 20cm 要低 1.4cm，是所有参试品种中第一果枝高度最低的，生育期缩短和植株偏矮有利于在浙江省间作套种。

表 7 – 18　泗棉 3 号与浙江省区试中各参试品种的生育期比较

参试品种	出苗—现蕾（d）	现蕾—开花（d）	开花—吐絮（d）	出苗—吐絮（d）
泗棉 3 号	47.1	22.8	41.0	110.9
浙 102	49.7	23.1	41.7	114.5
淮 910	48.7	23.6	42.9	115.2
萧 1952	49.2	23.4	43.5	116.1
中棉所 12（对照）	48.5	23.8	42.8	115.1

表 7 – 19　泗棉 3 号与中棉所 12 的植株性状比较

试验名称	品种	株高（cm）	果枝数（个）	总果节数（个）	单株铃数（个）
省区试	泗棉 3 号	86.2	14.0	51.0	16.3
	中棉所 12	93.6	15.0	53.5	14.5
省联试	泗棉 3 号	88.9	13.8	48.5	13.9
	中棉所 12	94.7	13.7	48.7	10.1
农科院品比试验	泗棉 3 号	87.5	16.7	66.8	16.8
	中棉所 12	95.5	15.8	65.3	13.1

浙江省地处中亚热带，气候温和，雨量充沛，光热资源丰富。根据资料，浙江省 5～10 月棉花生长发育期间≥15℃的积温为 4 800℃左右，无霜期为 250d 左右，完全能满足泗棉 3 号生长发育对气温的要求，因此霜前花率在 90% 以上，但在不同年份气候条件下，泗棉 3 号仍表现有较好的适应性。如在 1993 年 6～8 月棉花生长前期，雨水多，气温偏低，是影响棉花生长发育的迟发年份，1994 年梅雨、伏旱均特别明显的早熟年份，1995 年梅雨、伏旱、秋雨均明显的正常年份，泗棉 3 号都表现为高产稳产，产量仍比中棉所 12 增产 8.34%～36.66%。

二、高产优质栽培技术

（一）培育壮苗，把好播种出苗关

泗棉 3 号因籽指偏小，其出苗势比中棉所 12 弱，为确保一播全苗，播种前要抢晴种，可用浓硫酸脱绒处理种子并晾干；播前 1～2d 用多菌灵或稻脚青拌种。

（二）适期播种，培育壮苗

试验表明，泗棉 3 号在浙江省的适宜播期，营养钵育苗以 4 月上旬为好，直播棉以 4 月中旬为宜，播后及时覆盖地膜。如播种期推迟，苗期、蕾期、开花期、全生育期均缩短，植株高度、单株结铃数、衣分、铃重等性状指标均出现衰减的趋势，导致产量表现明显下降。采用每钵播 2 粒种，播种时浇足苗床水，播种后及时盖膜，以促进增温保湿；出苗后可用 1 000 倍的多菌灵或 1 500 倍的敌杀死喷苗 2～3 次，以提高成苗率。5月上中旬，棉苗为 3～4 片真叶移栽较为适合。

（三）合理密植，发挥群体增产优势

根据试验结果，结合高产农户的实践，泗棉 3 号栽培密度应掌握在每公顷 4 500～64 500 株为好。肥水条件较好的棉田，每公顷 45 000 株左右，瘦地或丘陵地密度要适当增加，可达每公顷 64 500 株左右。采用宽行窄株，适当加大行距，改善通风透光条件，增加边行优势，有利于增加结铃与减少烂铃。

（四）科学施肥

泗棉 3 号耐肥水性能好，对肥水反应弹性较大，特别是后期增施花铃肥，补施桃肥，增产更显著，因此需要增加肥料用量，做到氮、磷、钾肥，有机肥与无机肥合理搭配。一般每公顷施氮肥 600kg，过磷酸钙 600kg、氧化钾 540kg、有机肥 1 500kg 或饼肥900kg、硼肥 15kg 左右。在具体操作上，要根据实际情况，因地制宜，按各生育期合理掌握使用。基肥以有机肥和磷、钾肥为主，一般每公顷施有机肥 1 500kg 或饼肥 450kg、过磷酸钙 240kg 和氧化钾 990kg。为搭好丰产架子，要适施苗、蕾肥。一般每公顷施氮肥 990kg，过磷酸钙 240kg，氧化钾 150kg，硼肥 15kg，并增施饼肥 450kg，也可适当喷施作物营养激素，促使棉花早现蕾、现大蕾。根据田间长势，早施重施花铃肥，以确保集中结铃，一般每公顷施氮肥 345kg，氧化钾 195kg，若遇高温干旱时要肥水结合，争取多结铃、少脱落。棉花打顶后，大量结铃，叶色退淡，此时要增施盖顶肥，促进棉铃长足长好，并防止后期早衰。以施氮肥为主，每公顷施氮肥 150kg 左右。

不同复混肥和常规肥对泗棉 3 号的增产效应试验结果表明，常规肥料不同氮、钾肥用量的 4 个处理中，增加氮、钾肥用量的 4、6、7 三个处理的皮棉产量分别为1 193.9kg/hm^2，1 188.6kg/hm^2，1 194.9kg/hm^2，均比对照（处理 5）1 065.2kg/hm^{2}高，差异达显著。1、2、3、8 处理的皮棉产量分别为 1 223.0kg/hm^2，1 403.6kg/hm^2，1 290.5kg/hm^2，1 313.5kg/hm^2，以处理 2 为最高，分别比处理 8、3、1 增加 6.86%、8.76%、14.86%。4 个复混肥处理的皮棉产量均比常规肥不同氮、钾用量的 4 个处理增产，处理 2 与常规肥料的 4、5、7 的差异达极显著。

从用肥的有效成分看，复混肥处理 1、2、3 纯氮用量相等，磷、钾含量是处理 1、3 高于处理 2，但皮棉产量却是处理 2 高于处理 1、3。处理 2 与 8 施的氮、磷、钾和微量元素相同，而处理 2 的皮棉产量高于处理 8。这可能与处理 2 用的复合肥含有有机活性物质有关。从产量构成因素看，处理 1、2、3、8 的铃数、铃重均比常规肥的 4 个处理有所增加，其中铃数增加的幅度最大。4 种复混肥之间的衣分率变化不大，但铃数的差别较大。

从农艺性状看，常规肥的 4 个处理之间的株高，棉株基部茎粗，结铃率都随着氮、钾肥用量的增加而增加，其中棉株基部茎粗差别较大。4 个复混肥处理的株高，棉株基部茎粗均比常规肥的 4 个处理增加，其中棉株基部茎粗的差别较大。棉株基部茎粗与皮棉产量的关系十分密（决定系数 r^2 为 0.763）。从纤维品质测试结果看，处理 2、3 的马克隆值、纤维长度和比强度稍好于其他处理。从皮棉出售收入和除肥料成本后的收入看，常规肥 4 个处理是随着氮、钾肥用量的增加而增加，其中收入较多的是处理 4，达 16 391.3 元/hm²，比处理 5 增加 10.2%，虽然处理 6、7 也增加了收入，却因用肥多而成本增加，收入反而比处理 4 减少。4 个复混肥处理的收入都比常规肥的 4 个处理多，其中以处理 2 的收入为最高，达 19 148.9 元/hm²，比处理 5 增加 28.74%。综上所述，在 1996 年天气条件下，常规肥最佳的施肥处理是处理 4，复混肥棉花产量和收入最高的是处理 2。

表 7 - 20　各处理用肥量及有效成分

处理	肥料品种	用量（kg/hm²）				有效成分（kg/hm²）		
		复混肥	尿素	普钙	氯化钾	N	P₂O₅	K₂O
1	三元复混肥（1）	750	244.5			225	112.5	112.5
2	活性强力肥（3）	750	228.3			225	67.5	90.0
3	三元复混肥（2）	750	244.5			225	112.5	112.5
4	尿素 + 普钙 + 氯化钾		488.4	300	200.6	225	45.0	120.0
5	对照（大田）		325.5	300	150.0	150	45.0	90.0
6	尿素 + 普钙 + 氯化钾		661.8	300	250.1	300	45.0	150.0
7	尿素 + 普钙 + 氯化钾		814.5	300	300.1	375	45.0	180.0
8	有机复混肥（4）	2 625	231.8			225	67.5	94.5

注：（1）氮、磷、钾含量均为 15%；（2）氮、磷、钾含量均为 15%；（3）氮、磷、钾含量分别为 16%、9%、12%。微量元素 ≥ 10%，有机活性物质 5%；（4）氮、磷、钾含量分别为 4.5%、2.25%、3.6%，中微量元素 2.3%

（五）化学调控

化学调控能促进稳长，防止徒长。但应根据苗情，本着"早控、轻控、多控"的原则，旱地和瘦地可不控或酌情缩减，一般每公顷蕾期可喷洒助壮素 90 ~ 105ml，初花期 240 ~ 255ml，盛花期 300ml，可起控上促下，个体生长稳健。

（六）加强病虫害防治

由于浙江省棉田大多是间作套种，生态环境与纯作棉田不同，害虫发生、发展、防治规律也大不一样。最突出的是，苗期地老虎、棉蚜和红蜘蛛等危害有加重趋势，中后期易发生盲蝽象以及二、三代红铃虫和三、四代棉铃虫的为害。防治地老虎的一般方法是在播种或移栽前用 1kg 呋喃丹，混干细土 10kg 撒施；防治棉蚜和盲蝽象用 50% 甲胺磷 1 000 倍液，或用 20% 氰戊菊酯 3 000 倍液和 40% 氧化乐果乳油 2 000 倍液混合喷雾；防治红蜘蛛用 40% 三氯杀螨醇 800 倍液，或用克螨特 1 200 倍液喷雾；防治红铃虫用 20% 氰戊菊酯 2 000 倍液或 40% 久效磷 1 000 倍液喷雾；防治棉铃虫用 2.5% 溴氰菊酯 2 000 倍液或速灭杀丁 2 000 倍液，喷在上、中部青铃和花蕾处。

第三节 江西省

江西省位于亚热带东段,北纬24°30′～30°04′,东经113 024′～118 030′。气候温和(年平均气温16.4～19.8℃),水量充沛(年水量1 350～1 940mm),无霜期长(240～290d),日照充足(除极少数山区外,全年日照时数1 600～2 100h,日照率40%以上)。这些自然气候条件,对于喜温、好光、生育期较长、短日照的棉花来说,基本上是适宜的。尤其在棉花生育期中,全省大部分地区4月上中旬气温即可回升到12～14℃,适宜棉花播种;5月上中旬升到20℃左右,有利棉苗生长;5月下旬至6月初可达25℃左右,有利棉花现蕾;7月、8月平均气温为26～29℃,有利开花结桃;9月以后,一般秋高气爽,10月上中旬的平均气温仍在18℃以上,而且昼夜温差大,有利于秋桃成长和棉纤维的成熟;初霜期一般都在11月中下旬,有利争秋桃、提高单产。但由于受季风的影响,雨量偏多,且分布不匀,形成春季多阴雨低温,常会烂种死苗;初夏梅雨连绵,会招致洪涝灾害;伏秋多高温干旱,对增蕾保铃不利,还偶有秋雨烂桃严重的年份。

赣北沿江滨湖各县(市)和省内五大河流沿岸各县(市)的冲积平原是发展棉花生产的良好土壤条件,同时在这一区域内经过长期利用改良的红黄壤丘陵旱地也是适宜棉花生产的。全省棉田中,冲积平原约占40%,红黄壤丘陵旱地占60%左右。红黄壤丘陵种棉,虽然有土壤酸瘦板结怕旱等缺点,对棉花生长不利,但在改善水肥土等生产条件以后,丘陵红壤种棉,也具有许多为冲积平原种棉所不可能有的良好的生物气候和地势条件。如地势高爽,可以避免和减轻洪涝灾害;地热条件好,春季回暖早,各作物都比冲积平原早熟,有利于棉花早播、早管、抓早苗、争早桃,棉田通风透光条件好,有利棉铃成长吐絮,减轻病虫害和烂铃的损失。

一、泗棉3号的表现

1993年在江西省都昌、九江、彭泽、湖口等县(市)引种示范成功。1994年全省种植面积达7.7万hm²,占棉花种植面积的50%,平均每公顷产皮棉1 530kg。从全国南方省棉花品种联合区试和江西省棉花品种试验示范应用及良繁区实践看,泗棉3号综合性状优势明显,主要表现在高产稳产,出苗率较高,抗病性强,品质好和早发健长等方面。

(一)高产稳产

1992年在全国长江流域棉花品种区试的15个试验点平均,泗棉3号每公顷产皮棉1 357.5kg,居参试品种之首;1993年江西省引种,单株成桃数多,一般成桃20个左右,水肥条件好的可达25个以上,最高的超过35个。产量优势明显,1994年全省6个点联合试验结果,泗棉3号平均每公顷产皮棉1 537.5kg,名列6个参加试验品种之冠。

1994年10月5日至9日江西省棉花生产办公室组织有关专家对泗棉3号进行了大田实地考察,在江西省棉花研究所、九江县新洲垦殖场、彭泽县定山、芙蓉、棉船等乡、镇及县棉花原种场和都昌县北炎乡以及湖口县的产量情况进行实地考察与调查。其结果是:

江西省棉花研究所。棉田类型为洲地，密度每公顷 39 000 株，单株成桃 25.2 个，总桃 982 800 个，单铃重 4.5g，每公顷产子棉 4 425kg，衣分率 40.6%，折合每公顷产皮棉为 1 768.5kg，烂桃率 13.5%，每公顷皮棉实产 1 530kg。

九江县新洲垦殖场七分场原种田。棉田类型为洲地，密度平均每公顷 2 940 株，单株成桃 35 个，总桃 15.435 万个，单铃重 4.3g，每公顷产子棉 6 637.5kg，衣分率 38.6%，折合每公顷产皮棉为 2 562kg，烂桃率 22.6%，每公顷皮棉实产 2 028kg。

都昌县北炎乡牌垄村一组。棉田类型水改旱，密度每公顷 44 025 株，单株成桃 26.2 个，总桃 115.35 万个，单铃重 4.5g，每公顷产子棉 8 190kg，衣分率 42.1%，折每公顷产皮棉 2 185.5kg，烂桃率 19.5%，每公顷皮棉实产 1 759.5kg。

都昌县棉花生产办公室 9 月中旬抽样调查结果表明，北炎乡北炎村泗棉 3 号原种早发化控棉田每公顷产皮棉 2 349kg，早发未化学调控棉田每公顷产皮棉 2 026.5kg。北炎乡松林坟水改旱品种对比试验田，泗棉 3 号原种每公顷产皮棉 1 989kg；泗棉 2 号原种每公顷产皮棉 1 848kg。北炎乡西镇村 7 月下旬受水害后补种棉田，泗棉 3 号原种每公顷产皮棉 2 112kg。北炎乡洞门潭海泗棉 3 号原种迟发棉田每公顷产皮棉 1 447.5kg；早发棉田为 1 984.5kg。都昌县农科所泗棉 3 号原种水改旱棉田，每公顷产皮棉 2 817kg；汪墩乡阳港村泗棉 3 号原种一代水改旱棉田，每公顷产皮棉 1 258.5kg；丁仙村泗棉 3 号原种一代第一年水改旱棉田，每公顷产皮棉 840kg。中馆镇中馆村泗棉 3 号原种一代，每公顷产皮棉 1 155kg。

（二）出苗率较高

都昌县北炎乡 1994 年从江苏调进 7 000kg 毛子，实种面积达 734hm²，平均每公顷用种 9.45kg。一钵播一粒，出苗率达 90% 以上。九江县新洲垦殖场自己加工的泡沫酸脱绒包衣子出苗率在 95% 以上。

（三）抗病性强

1994 年九江县江洲乡在重病区种植，发病率在 10% 以下；彭泽县在枯萎病区种植对比，泗棉 2 号苗床发病率达 60%～70%，而泗棉 3 号仅 3%～5%；九江县江洲七分场，苗期和蕾期鉴定，泗棉 3 号发病率为 0，成苗率达 97% 以上。据临川县反映，在重病区泗棉 3 号枯萎病也有发生，但中后期恢复能力强，生长正常。1995 年彭泽县在枯萎病区种植对比，泗棉 2 号苗床发病率达 60%～70%，而泗棉 3 号苗床发病率只 3%～5%；九江县江洲乡在重病区调查，1996 年种植赣棉 7 号，发病率达 70% 以上，1995 年改种泗棉 3 号，发病率降到 10% 以下。可见泗棉 3 号是个高抗枯萎病的品种。

（四）品质好

霜前花占 85% 左右，衣分一般 40%～41%，低的达 36%，高的达 44%。品级以二、三级当家。湖口县 1995 年 10 月 3 日止，入库皮棉 1 757t，平均品级 2.72 级，平均长度 29mm，平均衣分 39.4%，平均单价 10.67 元/kg。

（五）早发健长

该品种现蕾早，生长发育快。据九江县 1994 年定点调查，泗棉 3 号齐苗要比原当家品种徐州 184 早 2d，现蕾早 5d。7 月 15 日观察，全县单株成桃平均 3.3 个，比其他品种多 2 个以上，而且开花结铃集中，成熟早，生育过程比往年提早约 20d，8 月中旬开始吐絮，桃铃期55d左右，10月31日前收花率为88.3%。在每公顷45 000~75 000株的情况下，结铃性强、长势稳健、三部坐桃均匀、水肥较好、后劲足的棉田，上部秋桃一个果枝可结2~3个，多的达5~6个。都昌县棉花生产办公室1994年在北炎乡松林村设立泗棉3号与泗棉2号品比试验点，对泗棉3号的生长发育作了系统的观察记载。结果如下：

（六）生产期及生育进程

泗棉3号和对照泗棉2号，均于4月15日播种。其各阶段生育进程，泗棉3号均快于泗棉2号，其中出苗早1d，现蕾早7d，开花早4d，吐絮早4d。泗棉3号全生育期为121d，比泗棉2号少4d。

（七）株型

泗棉3号与泗棉2号相比，株型较为紧凑。第一果枝着生节位比泗棉2号低1.1节，高度低3.8cm；主茎节距比泗棉2号密0.52cm；叶枝比泗棉2号少0.8个；果枝多1.5层，株高却矮2.3cm（表7-21）。

表7-21 株型性状考察结果

品种	株高（cm）	茎粗（cm）	叶枝数（个）	第一果枝		主茎节距（cm）	果枝层数	封行期（月/日）	打顶期（月/日）
				节位	高度（cm）				
泗棉3号	126.0	1.45	1.1	6.7	13.0	6.42	17.6	7/18	8/4
泗棉2号	128.3	1.40	1.9	8	16.8	6.94	16.1	7/18	8/4
±	-2.3	+0.05	-0.8	-1.3	-3.5	-0.52	+1.5	0	/

（八）生长动态

7月15日以前，泗棉3号株高生长一直处于优势地位；7月15日以后，泗棉2号优势明显（图7-3）。

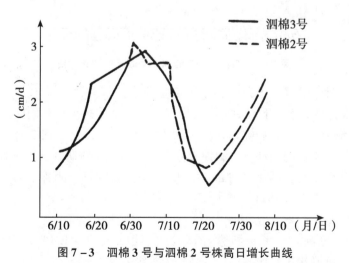

图7-3 泗棉3号与泗棉2号株高日增长曲线

泗棉3号的果节增长有2个明显高峰。第一个高峰为6月20日至7月15日，峰值为 1.9 个/d；第二个高峰为 7 月 20 日至 8 月 20 日，峰值为 2.18 个/d。泗棉 2 号亦有 2 个高峰，但 2 个高峰的峰值较小（图 7-4）。

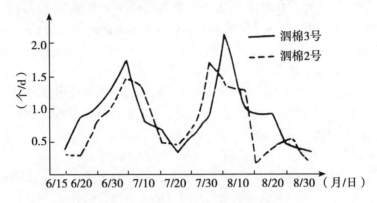

图 7-4　泗棉 3 号与泗棉 2 号果节日增长曲线

泗棉 3 号有 2 个明显成铃高峰期，第一个高峰期峰值为 0.7 个/d，第二个高峰期峰值为 0.6 个/d；泗棉 2 号只有 7 月 25 日至 8 月 25 日一个明显结铃高峰期，峰值为 0.54 个/d。从图 7-5 可以看出，泗棉 3 号成铃特性显著优于泗棉 2 号。

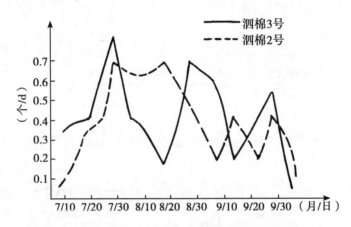

图 7-5　泗棉 3 号与泗棉 2 号成铃日增长曲线

泗棉 3 号品种结铃早，上桃快，中下部坐桃多，伏前桃达 4.4 个，比泗棉 2 号多 2.5 个。在肥水充足的条件下，中上部会出现 1 至多个零式果枝，同时，顶部果枝可以连续出现"双胞胎"（一节双桃）现象，秋桃达 21.2 个，比泗棉 2 号多 5.3 个，且棉铃较大。但在肥水不足的条件下，泗棉 3 号第 2 个结铃高峰期会延迟或难以形成，而泗棉 2 号则上桃比较平稳，两个品种的"三桃"比例分别是：泗棉 3 号为 4.4∶11.2∶21.2，泗棉 2 号为 1.90∶15.1∶15.9。

（九）主要经济性状

泗棉 3 号衣分高，经考种和大样试轧，平均衣分为 41.4%；泗棉 2 号衣分为 38.4%，纤维长度泗棉 3 号比泗棉 2 号高一个等级。

1994 年第三代和第四代棉铃虫害较重，7 月下旬至 8 月 20 日坐桃少，中上部脱落多。

由于泗棉 3 号具有"一节双桃"特性，补偿能力强，在增加肥料投入的情况下，赘芽原基梗分化形成花蕾（亚果节）而坐桃，但这种桃的单铃重比主桃要小，故泗棉 3 号平均单铃重略轻于泗棉 2 号。经考种，泗棉 3 号单铃重为 4g，泗棉 2 号单铃重为 4.2g。

泗棉 3 号与对照泗棉 2 号，采用了同等管理，其密度均为每公顷 4735 株，（宽行 87cm，窄行 40cm，株距 33cm），泗棉 3 号实产 2 670kg 皮棉/hm^2；泗棉 2 号实产 2 325kg 皮棉/hm^2，泗棉 3 号比泗棉 2 号增产 14.8%。

二、泗棉 3 号在江西省棉种产业化中的作用

为彻底改变江西省棉花生产用种长期从外省大调大运的被动局面，巩固自 1991 年以来全省棉花生产连续 3 年三大步的发展态势，实现全省科技兴棉的战略目标，1993 年开始组织实施"江西省棉种产业化泗棉 3 号应用推广"项目，至 1995 年已取得明显成效。

效益显著。通过两年努力，"棉种产业化泗棉 3 号应用推广"项目效益显著，达到了"4 个 2"，即推广面积达 13.33 万 hm^2（200 万亩）以上，单产提高 2 成，新增皮棉总产超 2 000 万 kg，新增利税近 2 亿元。

实施种子产业化是适应社会主义市场农业体制，加快农业现代化进程，实现科教兴棉和提高产业效益的有效途径。1993 年以后，全省实施"棉种产业化泗棉 3 号应用推广"项目，经引进、繁育、加工、销售、推广泗棉 3 号为主线，提高了科技含量，增加了良种棉花增产作用中的贡献份额，取得了显著的效益。

推广面积达 13.33 万 hm^2 以上。泗棉 3 号是农业部确认为长江流域大力推广的优良品种。1993 年引进试种，1994—1995 年在全省大面积推广，两年共推广 15.21 万 hm^2，其中，1994 年推广 7.73 万 hm^2，占棉花面积的 47%；1995 年实种 11.33 万 hm^2，因洪涝灾害，实收 7.47 万 hm^2，占棉花实收面积的 80% 以上，所占比例跃居全国第一。九江市播种泗棉 3 号面积较大，达 90% 以上，都昌、九江、彭泽、乐平等县（市）植棉均为泗棉 3 号。

单产提高两成。全省 2 年应用面积平均每公顷产皮棉 1 225.5kg，比全省应用泗棉 3 号前 3 年（1991—1993 年）平均每公顷产皮棉 1 030.5kg，新增 195kg，提高近两成，达 19%。其中，1994 年平均每公顷产皮棉 1 186.5kg，比前 3 年平均每公顷提高 156kg，增长 15%；1995 年平均每公顷产皮棉 1 267.5kg，比前 3 年新增 237kg，提高两成以上，达到 23%。景德镇市应用面积 2 400hm^2，比前 3 年每公顷新增皮棉达 443.5kg，提高了 59.4%。由于泗棉 3 号棉花良种的大面积推广，促进了全省棉花亩产的大幅度提高，1995 年全省棉花单产居全国第一，同时，还涌现了一批高产典型。据不完全统计，全省每公顷产 1 875kg 皮棉的村近 1 500 个，每公顷产 2 250kg 皮棉的植棉户约 3 000 户，每公顷产 2 625kg 皮棉的田块超过 1 400 块。

新增总产超 2 000 万 kg。全省应用推广泗棉 3 号新增总产 2 977.7kg。其中，1994 年新增 1 206.4 万 kg，1995 年新增 1 771.3 万 kg。九江市两年新增总产 1 829.6 万 kg；宜春地区新增 3 030 万 kg；上饶地区新增 259.6 万 kg；抚州、景德镇、南昌等三地市都有较大的增加。

新增利税近 2 亿元。按江西省农业厅农经处农产品成本核算调查结果计算，全省新增

总产值 40 793.27 万元，其中，1994 年新增 14 481.50 万元（每千克主产品产值 11.0279、副产品产值 0.9760 元），1995 年新增 26 311.77 元（每千克主产品产值 13.7801、副产品产值 1.0744 元）；2 年新增利税近 2 亿元，达 1.9116 亿元。其中 1994 年新增利税，7 295.34 万元（每千克主、副产品利税 6.0472 元），1995 年新增 11 820.95 万元（每千克主、副产品利税 5.6736 元）。九江市 2 年新增利税超亿元，达 1.1695 亿元；宜春、上饶分别达 1 994.16 万元和 1 664.27 万元。全省投入产出比为 1∶1.89；其中景德镇市、上饶地区和九江市高出全省平均水平，分别达到 1∶1.96、1∶1.93 和 1∶1.90。

棉种产业化初具雏形。经过 2 年的大联合、大协作，全省棉种产业化初具雏形，有了"四个突破"，即品种引进推广有突破、优良品种繁育有突破、棉种加工生产有突破和棉花统一供种有突破。

实现种子产业化就是要以科技进步为依托，以市场为导向，以联合协作为基础，实行育、繁、供、推系列化服务。1993—1995 年，江西省紧紧抓住棉种基地建设，积极创造棉种产业化的各项条件，大大加快了棉种产业化的进程，初步形成了全省棉种产业化雏形，重点是在"四个突破"。

在品种引进推广上有突破——成功地引进推广了泗棉 3 号优良品种。1993 年江西省从江苏引进了泗棉 3 号试种示范成功。1994 年组织了大面积推广，当年种植面积达 7.73 万 hm²，经江西省、农业部组织的专家组鉴定，一致认为该品种属当前长江流域推广的最好品种之一，在江西省表现综合性状优势明显。一是高产稳产。据大田生产调查，单株成桃 23.6 个，比其他品种多 3 个以上，平均每公顷产皮棉 1 539kg；二是抗枯萎病。据鉴定，病指仅为 6.13（小于 10）；三是成熟期较早。泗棉 3 号开花结铃集中，上桃快，在九江县油后种植，生育期 120d，10 月 31 日前收花率为 88.3%；四是纤维品质好，衣分高。1995 年九江县新州垦殖场抽样试轧，平均衣分 43.1.%（10 月 2 日前），主体长度、单强等六项综合质量评价指标均符合优质棉标准。1995 年棉花种植面积 14.4 万 hm²，其中泗棉 3 号约 11.3 万 hm²，因洪涝灾害，实收 7.5 万 hm²，占棉花实际面积的 80% 以上，推广应用面积的比例名列全国前茅。

在优良品种繁育上有突破——成建制地建立了良种繁育基地。在农业部和国家开发办的支持下，1994 年江西省选择植棉而积较大且集中的九江县和都昌县成建制地建立了省级良繁基地面积为 1 600hm²，其中九江县的新洲垦殖场 666.7hm²，都昌县的北炎乡 800hm² 和江西省棉花研究所 133.33hm²。1995 年，根据 1996 年种植计划，安排了基地面积 1 333.3hm²，其中：新洲和北炎各 666.67hm²。据专家测产验收，省级良繁基地平均每公顷产皮棉 1 905kg，最高每公顷产皮棉 2 220.3kg。与此同时，在江西省棉花研究所建立了繁种"三圃"1hm²，都昌县建原种圃 2hm²。

在棉种加工生产上有突破——两年新建两条棉种加工生产线。省重点建设了两条加工生产线，可加工生产 200 万 kg 包衣子。1994 年九江县新洲垦殖场投资近 150 万元，新建一条年加工约 100 万 kg 包衣种子的生产线，当年投入了加工生产，加工种子 35 万 kg；1995 年加工生产 75 万 kg。都昌县北炎乡 1994 年繁殖的原种一代种子 57.5 万 kg，全部送至江苏省兴化良种繁育中心加工包衣；1995 年该县农业局在北炎乡投资 430 万元（其中国家投资 79 万元，贷款 351 万元），新建了棉种加工厂，实行统一收购、轧花、脱线、包衣、包装等，可加工生产包衣种 100 万 kg。

在棉花统一供种上有突破——基本实现了全省棉花生产统一供种。1994 年仅省级良繁基地生产包衣种 92.5 万 kg，占全省用种量的 50% 以上，加上特约基地生产的种子补充，基本保证了生产所需。1995 年全省省级基地和特约基地生产加工包衣种 225 万 kg，可满足 1996 年全省 12 万 hm² 棉花生产的需要，彻底扭转了生产用种从外省大调大运和部分农户自留种的局面，统一供种率达 95% 以上，大大超过全国棉花统一供种率 52% 的平均水平，得到了农业部领导的充分肯定。

基本经验。短短 2 年能取得上述成效，主要是得益于"四个并举"。即路子对头与齐心协力并举、技术过硬与物质到位并举、引种繁殖与销售推广并举，领导重视与多方支持并举。

路子对头与齐心协力并举是前提。首先，实施棉种产业化，既是适应社会主义农业体制的需要，又是实现科教兴棉战略、提高棉花产量的需要，也是现代种子产业本身发展的必然趋势。种子产业化的基本要求是：种子管理法规化、种子生产规模化、种子质量标准化、种子经营市场化、良种繁育推广全省一体化。按此要求，结合江西省实际，制定的棉种产业化发展路子是对头的。同时，按照上述思路，确定以新建九江县新洲和都昌县北炎两个 667hm² 棉种繁育基地为着力点，以新建两条棉种加工、脱绒、加工包衣、标牌包装为突破口，加强育种单位（原江苏省泗阳棉花原种场）、繁殖基地（省级良繁基地新洲和北炎）、加工生产厂（新洲和北炎）和种子推广部门（种子公司和棉花生产办公室）的联合，坚持统一管理、严格分工、统分结合、横向协调、利益均沾的松散形联合体的运行机制。这两点并举，是取得成功的前提。

技术过硬与物质到位并举是关键。一方面，根据产业化的要求，在技术上提高科技含量，采取了"二过硬"措施。第一：良繁基地实行成建制，并实行"七统一"过硬，即统一品种（泗棉 3 号）、统一供应原种繁殖、统一规划面积、统一技术指导、统一质量标准收购、统一加工包衣和统一"中字牌"标牌包装。经专家测产验收，1 333.3hm² 良繁基地，平均每公顷产皮棉 1 905kg，种子质量达到国标二级以上；第二：大田生产技术上采取了"六统一"；即统一品种质量（要求原种一代包衣种、杜绝种三代种）、统一技术指导（以会代训）、统一保温育苗、统一营养钵移栽、统一施肥和统一防病灭虫等，使应用推广面积每公顷产 1 225.5kg。要使科技成果转化为生产力，重要的是与技术配套的"四个到位"。一是种子到位。江西省种子公司与九江市种子公司每年从育种单位购进原种 4 万 kg 左右供应繁殖基地，基地通过加工包衣 100 万 ~ 200 万 kg 一代种供大面积生产；二是化肥、农药等生产资料投入到位。据调查，全省每年每公顷投入物质费用，1994 年达 3 446.85 元（其中肥料费 2 752.35 元、植保费 705.9 元），投入逐步增加；三是劳力投入到位。据调查，每公顷棉花投入人工费，1994 年为 4 093.2 元，1995 年达 5 269.35 元；四是基础设施投入到位。全省仅投入良繁基地新建加工生产线的资金达 630 万元，水利、中低产田改造投入更大。这两方面并举，是取得成功的关键。

引进繁殖与销售推广并举是途径。为推进棉种产业化，一手抓品种引进繁殖，推进棉种产业化，一手抓良种销售推广，引进繁殖重点是抓引进新品种（泗棉 3 号），保证原种纯度（98％以上），提高原种一代包衣种子质量和确保生产用种。销售推广主要是抓统一供种，供销直接见面，减少流通环节，降低种子成本，扩大应用面积，落实生产计划，搞好技术指导，提高科技含量。1995 年全省统一供种率达 85％以上，大田生产每公顷用种的种子成本由 1994 年的 114.9 元下降到 93.15 元，降低了 18.9％，棉花单产增加了两成以上。这两手并举是取得成功的途径。

领导重视与多方支持并举是保证。棉种产业化是一项种子系统工程，这两年能取得一定的成绩，既有领导重视，又有多方支持。领导重视突出反映在"四个强化"。一是强化了组织领导，各产棉地市县都成立了棉花生产领导小组，并有主要领导亲自抓；二是强化了工作力度，对生产上的每个环节，各级领导都具体部署，召开专门会议。1995 年仅省级就召开了专门会议达十余次；三是强化了政策投入。国家先后投资新建了 8 个优质棉基地县，都昌县挤出棉花收购指标给棉种加工厂收购基地生产的棉花；四是强化了管理。省领导明确要求产棉县不得到外省调种，并要求基地保证质量，降低成本，确保供应。多方支持集中表现在"三个落实"。一是良繁基地资金得到落实。国家开发办、省开发办支持落实了良繁基地建设资金 200 万元；二是收购棉花种子的贷款得到落实。在有关农业银行的支持下，九江新洲和都昌北炎都解决了收购棉花所需资金，都昌县还解决了 380 万元新建中工厂的贷款；三是救灾用肥得到落实。1994 年，两基地遭受洪涝灾害，省领导当即与农资部门商定解决 200t 化肥，支持救灾等。这两条并举，是取得成功的保证。

三、发挥泗棉 3 号增产潜力的技术措施

实践已表明，泗棉 3 号是个高产、优质、抗病良种，是大面积推广中比较理想的一个品种。有的地方试种之所以未取得理想结果，关键在于没有掌握其特征特性和栽培要点，尤其是后期水肥没有跟上，造成早衰；有的忽略了四、五代棉铃虫和后期叶跳虫、红蜘蛛的防治，造成中上部严重落蕾、落铃。但在一些丰产棉田，中后期"水、肥、虫、化调"等管理工作搞得好，则结桃累累，棉桃压弯了枝条。为此，江西省棉花专家提出：

（1）全省应以泗棉 3 号为当家品种。特别要注重推广种植原种或一代种子。即使是头年种植不够理想的地方也应继续搞好试验、示范，待取得经验后再扩大推广。

（2）各地所推广的泗棉 3 号种子来源。原则上应从省里确定的几个泗棉 3 号原种繁育基地供给，即江西省棉花研究所原种队、九江县新洲垦殖场和都昌县北炎乡。原种繁育基地所提供的种子必须是原种或一代种，并应尽可能加工成泡沫酸脱绒包衣种。各地自留的二代以下纯度不高的种子坚决淘汰。枯萎病区应坚持果断地推广以泗棉 3 号为主的高抗品种，以减轻病害的发生与蔓延。水肥条件差的丘陵岗地或管理技术水平跟不上的不强求推广泗棉 3 号。

（3）良种良法必须配套。密度确保每公顷 45 000 ~ 52 500 株。化学调控至少 2 ~ 3 次，株高控制在 1 ~ 1.2m，果枝要求达到 16 ~ 20 层。每公顷尿素不少于 600 ~ 750kg，钾肥不少于 300 ~ 375kg，饼肥不少于 750 ~ 1 125kg，硼、锌肥各 22.5kg。后期桃肥务需在 8 月 20 日前施下。如遇伏旱、秋旱，8 月灌水 2 次以上，9 月灌水 1 次以上。切实

搞好防虫治虫工作，尤其是要抓好中后期红铃虫，棉铃虫，伏、秋蚜，红蜘蛛以及叶跳虫等为主的各类虫害的防治，保持 10d 左右打一次药，做到尽可能不受虫子为害。

（4）加强良繁基地建设，搞好种子提纯复壮。列入国家优质棉基地县的都昌县切实加强对原种场、良种轧花厂和良繁区的管理和建设，做到"三圃"配套，生产、加工一条龙，确保年年有原种和原种一代供应到大田。尤其是已列为泗棉 3 号原种繁育基地开发项目的单位，更要以高度的责任感抓好繁种工作，高标准、严要求搞好种子提纯复壮，保证年年有高质量的种子满足各地需要。

第四节　山西省

山西省地处黄河中游，位于河东，是我国最早发展农业的地区之一，也是我国植棉历史较长的省份之一。早在元代，晋南就从陕西渭南引种棉花，明万历六年（1575）官府已向当地农民征收絮棉。明末，晋南已成为全国著名的盛产棉花之乡——河东棉区，尤以品种称著于各产棉省。随着沿海纺织业的发展，河东棉区在清代初时已发展到晋中地区，民国初扩大到晋东南和忻定盆地。1935—1949 年新中国成立前，全省棉田保持在 10 万 ~ 12 万 hm²，年产皮棉 2.5 万 ~ 3.5 万 t。近百年来，河东棉区一定程度上曾经起到了商品棉基地的作用。

全省属于内陆黄土高原。土地面积 15.6 万 km²，山区约占 72%，海拔在 1 000m 以上，但境内有低于 800m 的三个盆地，以盆地为主体，与其平原连接的台地、丘陵山地和垣地等构成由南向北的运城中熟区、临汾中早熟区和晋中特早熟区三大棉区。

这些盆地都是喜马拉雅运动第三纪断裂沉降形成的。它们之间有山地相间隔，成为山间盆地，因为这种地貌特征引起了一系列棉区生态条件上的差异。加之，从南至北各棉区海拔高度差异都在 200m 以上（330 ~ 600 ~ 800m），垂直气候差别也很显著。即使同一棉区乃至同一县内，也由于平川、丘陵或垣等而出现多元性的农业小气候区，这些都给棉花生产布局区划和种植技术区划带来较大的复杂性。

在一系列盆地中，棉花分布止于忻定盆地的西北缘，即河曲——方山——雁门——五台山——线以南。这些盆地中，棉花面积随海拔降低而逐渐扩大。运城盆地，海拔 330 ~ 360m，是山西省的主要棉花集中产区。临汾盆地，海拔 400 ~ 600m，位于运城盆地东北，盆地内水源丰富，有龙子祠、霍泉等泉水可灌溉洪洞、临汾及襄汾大部分棉田。太原盆地，海拔 700 ~ 800m，是全省最大的冲积平原，为特早熟棉主要产区。

从理论上讲，山西棉区大部分的纬线位置应属亚热带。但群山丛岭交错阻隔，实际上副亚热带气候也很不明显，而表现了季风型大陆气候。夏季受到海洋性季风影响，暖湿气流带来 7、8、9 三月较多的雨水，占年雨量 55% ~ 75%，正值棉花营养生长和生殖生长并进时期，这时高温、多雨，为棉花大量成铃提供了良好的水热资源的利用率。

棉区日照时数在 2 300 ~ 2 900h，南部较少，北部较多，每平方厘米太阳辐射年总量为 502 ~ 607kJ。按照棉花生长期的热量指标来看（日平均气温稳定通过 10℃的初终日）：运城、临汾两盆地初日在 4 月上中旬，终止于 10 月中下旬，持续期 220～180d，≥10℃的活动积温 3 300～3 800℃，是黄河流域棉区各省最高的地区。热量的垂直差异超过水平差异。据统计，海拔高度每升高 100m，气温下降 0.5～0.6℃，积温差 150℃左右，而纬度相差一度积温差 120℃左右。

雨量分布不均，季节变化不稳，干旱频繁。在棉花活跃生长期内，常年降水在 400～500mm，但极不均匀，经常导致干旱成灾．海拔愈低，干旱愈重。以运城盆地棉区发生频率最高，春旱几率达 43%，28 年中 21 年发生伏旱，这对棉花稳产高产影响极大。

水源缺乏，土壤瘠薄。棉区集中在三个盆地的平川地带。地面水源缺乏，除汾河与少量泉水可部分利用外，大多水利设施靠地下提水。而宜井区内地下水储量南少北多，分布极不均匀，加之开发利用不当，水位下降很快，大部棉区深层水都降到 200m 以下，已出现枯竭现象。主要可行的措施是依靠黄河提水灌溉。

棉区土壤多属于风化黄土和洪水冲积物，土层厚，有较好的保水保肥能力。但因多年来水土流失，耕作制度不当，土壤肥力减退严重，棉田有机质一般都在 1% 以下，有的只有 0.4%～0.5%，中等棉田含氮量也从 0.6% 下降到 0.3%～0.4%。肥力下降带来土壤抗旱能力减退，棉花生育受到极大的抑制。

总之，全省各棉区就农业气候资源来看，有利条件很突出，不利因素也很突出。问题是如何针对这些资源在时间、空间分布上的差异，趋利避害，把棉花安排在有利条件最多、不利条件较少或可通过人为技术措施可以加以克服的区域内，以达到充分发挥植棉的优势，取得较好的经济效益。

1994 年山西省农业科学院棉花研究所（位于山西运城市）引种泗棉 3 号，取得如下结果。

一、生产示范

1994 年示范点分别设在临猗、万荣、襄汾、芮城等县，示范面积为 2.63hm²。泗棉 3 号产量表现列于表 7－22。

从表 7－22 可以看出，泗棉 3 号在示范田表现了较好的产量，大多数生产示范户平均每公顷产皮棉 1 500kg 以上。如临猗县牛杜镇太凡村石高孩 0.1hm² 果树套种棉花每公顷产皮棉 1 908kg，临猗县东张镇东莱庄村陶兵娃 0.07hm² 示范田平均每公顷产皮棉 1 881kg，较对照田 1729 品种增产 40% 左右。又如旱地万荣县汉薛镇南果树朱遵斌 0.2hm² 平均亩产 1 386kg，说明该品种不仅适宜运城地区水地种植，而且也适宜旱地种植。

表 7－22　泗棉 3 号示范田调查结果

户主	县名	面积（hm²）	株高（cm）	果枝（个）	单株铃数（个）	每公顷密度（万株）	单铃重（g）	每公顷产子棉（kg）	每公顷产皮棉（kg）	备注
石高孩	临猗	0.2	83.2	10.8	17.2	6.750	3.8	4 335	1 908	果树圹

（续表）

户主	县名	面积（hm²）	株高（cm）	果枝（个）	单株铃数（个）	每公顷密度（万株）	单铃重（g）	每公顷产子棉（kg）	每公顷产皮棉（kg）	备注
马建民	临猗	0.07	74.4	10.5	14.7	7.500	3.7	3 945	1 735	果树圹
柳马娃	临猗	0.4	82.8	11.3	17.5	6.570	3.8	4 125	1 815	
陶兵娃	临猗	0.13	84.6	11.7	16.0	8.250	3.6	4 275	1 881	
段忠海	临猗	0.13	93.0	13.8	16.8	6.711	3.6	3 975	1 749	
段忠峰	临猗	0.13	86.1	13.0	24.0	3.900	3.8	3 585	1 578	
朱遵斌	万荣	0.13	49.7	8.7	12.5	8.250	3.1	3 150	1 386	旱地
任立刚	芮城	0.13	96.1	14.1	11.7	6.000	3.7	2 400	1 056	虫害
肖智民	芮城	0.1	102.0	13.0	10.1	3.846	3.7	1 437	633	虫害

二、系统观察

生长发育。泗棉 3 号果枝着生节位平均为 5.8，较晋棉 12 号和中棉所 12 的 7.1 和 6.4，分别低 1.3 和 0.5。另据 5 月 30 日调查，泗棉 3 号的主茎叶片数高达 8.6 片，分别较晋棉 12 号和中棉所 12 多 0.8 片和 0.5 片。再从现蕾、开花、吐絮期看（表 7 - 23），泗棉 3 号提早 2~3d，也表现了该品种的早熟性。

表 7 - 23 棉花生育进程

品种	株高（cm）	果枝着生节位	主茎叶片数（片）	果枝（个）	蕾数（个）	现蕾期（日/月）	初花期（日/月）	吐絮期（日/月）
晋棉 12 号	19.1	7.1	7.4	1.1	1.9	27/5	24/6	5/8
中棉所 12	20.1	6.4	8.4	1.3	1.4	26/5	24/6	5/8
泗棉 3 号	21.9	5.8	8.0	1.9	2.2	24/5	22/6	3/8

从总生殖量看，泗棉 3 号为最高，7 月 15 日调查结果为 40.1 个，分别较晋棉 12 号和中棉所 12 多 7.5 个和 3.5 个。8 月 15 日调查结果，泗棉 3 号总生殖量高于其他品种 10 个左右（表 7 - 24）。9 月 15 日调查亦表现上述趋势。从 9 月 15 日秋桃调查结果看出，泗棉 3 号大小铃为 17.5 个，中棉所 12 为 13.3 个，其中泗棉 3 号成铃数高于其他品种 3~4 个。从各品种三桃比例看，泗棉 3 号伏前桃占 25.3%，伏桃占 64.0%，秋桃占 10.7%；中棉所 12 分别占 23.7%、57.8%、16.5%；晋棉 12 号分别占 14.5%、67.8%、13.7%。这表明各品种成铃均以伏前桃和伏桃为主，但泗棉 3 号早发性、早熟性较好，秋桃比例仅为 10.7%。从各品种 1994 年落桃率看，均在 70% 左右，泗棉 3 号为 69.9%，中棉所 12 为 73.0%，晋棉 12 号 68.3%，三者无明显差异。

表 7 – 24　三品种三桃调查结果

调查日期	品种	株高（cm）	果枝（个）	大铃（个）	小铃（个）	花（个）	蕾（个）	脱落（个）	总生殖量
伏前桃（15/7）	1	76.8	13.3	1.9	5.2	0.9	19.0	5.6	32.0
	2	91.8	14.8	3.0	4.6	0.6	19.2	9.1	36.6
	3	81.5	14.6	4.2	6.0	0.5	18.4	11.0	40.1
伏桃（15/8）	1	76.8	13.3	10.8	3.9	0.2	5.1	22.0	42.5
	2	91.8	14.8	9.3	2.55		1.85	30.2	43.9
	3	84.3	15.2	14.8	3.3	0.2	1.55	33.5	53.4
秋桃（15/9）	1	79.6	13.5	13.13	0.55			29.5	43.2
	2	92.2	14.8	12.64	0.63			35.9	49.2
	3	86.1	15.2	16.57	0.95			40.6	58.1

注：1 = 晋棉 12 号；2 = 中棉所 12；3 = 泗棉 3 号

三、生理指标

5 月 24 日初花期测定三品种单株鲜重、干重及叶面积结果表明，3 项指标均以中棉所 12 为最高，泗棉 3 号次之，晋棉 12 号为最低。8 月 9、15 日和 8 月 12 日光合强度和叶绿素含量测定结果可以看出，光合强度和叶绿素含量以晋棉 12 号为最高，泗棉 3 号次之，中棉所 12 为最低。8 月 22 日铃重测定，7、8 果枝第一节位铃（表 7 – 25），泗棉 3 号铃重比晋棉 12 号和中棉 12 分别低 0.4 ~ 0.15g。

表 7 – 25　各品种部分生理指标测定结果

项目	单株鲜重（g）	单株干重（g）	单株叶面积（cm²）	光合强度（mg/dm²·h）		叶绿含量（%）	铃重（g）
测定日期（日/月）	24/6	24/6	9/8	15/8	12/8	22/8	
晋棉 12 号	125.8	26.2	79.2	16.9	11.5	2.363	4.45
中棉所 12	145.7	29.3	97.9	12.7	9.5	1.915	4.60
泗棉 3 号	140.4	28.3	89.7	14.8	9.8	2.171	4.20

四、主要经济性状

泗棉 3 号单株成铃平均为 17.09 个，中棉所 12 和晋棉 12 号平均为 12.96 个和 13.54 个，前者较后二者多结铃 3.6 ~ 4.1 个。单铃重以中棉所 12 为高，高达 3.73g，晋棉 12 号次之，为 3.70g，泗棉 3 号铃重较轻，单铃重为 3.61g。每公顷子棉产量晋棉 12 号为 2 880kg，中棉所 12 为 2 940kg，泗棉 3 号为 3 330kg。泗棉 3 号分别比晋棉 12 号和中棉所 12 增产子棉 510kg 和 450kg。每公顷皮棉产量，泗棉 3 号为 1 465.2kg，中棉所 12 为 1 131.9kg，晋棉 12 号为 1 123.2kg。泗棉 3 号较中棉所 12、晋棉 12 号分别增产皮棉 333.3kg 和 342.0kg。泗棉 3 号分别较中棉所 12 和晋棉 12 号增产 29.45% 和 30.45%（表 7 – 26）。

表 7 -26 主要经济性状

品种	小区株数（株）	单株铃数（个）	铃重（g）	小区实收子棉(kg)	衣分（%）	小区实收皮棉(kg)	每公顷子棉(kg)	每公顷皮棉(kg)
晋棉12号	192	13.5	3.70	9.6	39.0	3.76	2 880	1 123.2
中棉所12	208	13.0	3.73	9.8	33.5	3.77	2 940	1 132.2
泗棉3号	184	17.1	3.61	11.1	44.0	4.88	3 330	1 465.2

综上所述，山西省农业科学院棉花研究所认为，泗棉3号在运城地区1994年气候条件下表现了明显的丰产性，果枝着生节位低，主茎节间短，株型结构较合理，果枝与主茎夹角小，叶片中等偏小，叶色淡绿，缺刻深，叶姿挺，冠层疏开。中下部叶层受光好，群体光能利用率高，结铃性强，耐肥性能好，产量潜力大，茎叶茸毛多，棉铃虫及蚜虫为害轻，对棉铃虫及蚜虫有一定抗性。且亚果枝、亚果节成铃率高，表现了较好的结铃性及良好的丰产性能，尤其比当地种植的品种增产幅度较大，应用前景广阔。

第五节 其他棉区

泗棉3号育成以后除了在上述省份棉区进行推广种植，并且经过当地棉花科技工作者的辛勤努力，结合当地的生产情况，认真研究栽培技术措施，同时对当地棉花生产情况进行总结，形成较为完善的栽培技术体系，对指导当地棉花生产实践发挥了积极作用。

其他棉区，如湖南省从1993年泗棉3号在江苏省审定的当年即开始大量引进种植，特别是在洞庭湖区进行高产栽培等，湖北省、河南省、山东省、河北省及四川省等地方，也都大面积引进种植。河南省引进泗棉3号，主要是利用该品种偏早熟的生育特性，作为麦套移栽棉品种，在河南省中南部棉区的周口、南阳、商丘等棉区大面积种植。山东省鲁西南棉区，引进泗棉3号作为蒜套棉品种种植，滨州、寿光等沿海地区作为一熟棉品种种植，对促进当地棉花生产的发展都发挥了积极的作用，但是由于时间较久与栽培技术资料不全，这里不再详述。

第八章 泗棉主要棉花品种简介

泗棉棉花品种改良始于20世纪60年代初的棉花良种繁育，在进行棉花品种良种繁育的过程中系统选育培养新品种，到目前为止已经历了50多年时间，50多年在不同年代、不同时期都能紧密结合生产发展的情况，以棉花生产的实际需求作为品种改良的目标，制定新品种选育技术路线，创新品种选育技术，采取切合实际的技术措施努力提高品种选育的成效，综合应用丰富品种遗传基础、塑造棉花理想株型及协调综合丰产性等选育技术，及时选育出符合生产需要的系列品种，解决了棉花生产中的许多实际问题，促进了生产与科研的发展，为总结研究新品种选育经验，了解以往棉花品种的有关情况，为今后的育种工作提供参考与，现根据品种类型及选育审定时间，对相关品种进行分类概述。

第一节 高产品种

一、泗棉1号

泗棉1号系20世纪60年代结合棉花良种繁育，从当时棉花生产上大面积推广品种岱字棉15号中系统选育，于1969年育成中熟类型品种，亦是泗棉育成的第一个棉花品种。该品种1970年参加江苏省棉花品种区域试验，15个试验点平均皮棉产量居第一位，比岱字棉15号增产一成以上，1973年开始在江苏、安徽、上海、江西、四川、湖南、湖北、河南等省示范种植，1982年在江苏省种植105万亩，累计种植740万亩。

泗棉1号克服了岱字棉15号前期迟发的弱点，表现出苗整齐，苗期长势健壮，果枝着生节位低，成熟早于岱字棉15号，同时保持了岱字棉15号后期长势好，结铃性强的优点，表现早熟、不早衰，衣分比岱字棉15号明显提高，达到41%，绒长30mm。

1973年被作为江苏省棉花品种区域试验的对照品种，1978年获"全国科学大会奖"，并且被载入纪念中华人民共和国成立35周年编写的历史丛书《当代中国农作物》。

二、泗棉2号（原代号为泗阳835）

泗棉2号系采取品种间杂交的方法选育，1975年以"泗阳437"与"墨西哥910"进行杂交，1979年育成。亲本中泗阳437系1971年从四川省简阳棉试站、简阳养马农科站引进的四川养马大桃棉（来自洞庭1号），经过连续几年系统选择，1975年田间株行号为437，1975年与墨西哥910杂交，当年冬天到海南陵水县进行加代繁殖，1976—

1978 年在泗阳种植 F2 到 F4，1978 年从当年繁殖的 13 个系中选留 3 个系进行海南冬季加代，1979 年在泗阳种植从南繁选留的（16、18）两个系，从 18 系中选出 834、835 两个系冬天再次进行海南冬季繁殖，其中"834"中的 44 个系育成 78 - 18，"835"中 3 个系统。1980 年 78 - 18 选留三大系统，"835"中选留 10 个系统参加本场试验。1981 年种植"835"的 10 个系统 142 个株行，选留 7 个系统混合参加品种比较试验。

1982 年繁殖"835"的 7 个系统 380 多行，采取三圃制方式繁殖原种，同时参加江苏省棉花品种区域试验，1983 年种植"835"株行 685 个，以 25 系为主混合生产原种，同时参加江苏省棉花品种区域试验与生产试验。

1984 年通过江苏省棉花品种审定，定名为泗棉 2 号。

泗棉 2 号 1982 年开始参加江苏、安徽、湖南等省及全国长江流域棉花品种区域试验和生产试验，从作为区域试验的参试品种到作为试验对照种，连续多年均表现高产稳产，是我国棉花产量育种取得的突破成果。1982 年江苏省棉花品种区域试验，当年全省 11 个区域试验点，泗棉 2 号在当年 11 个试验点皮棉产量上全部居第一位，比对照及参试品种平均增产 29.05%。1983 年参加江苏省棉花品种生产试验，平均皮棉产量比对照 1（徐棉 6 号）增产 30.68%，比对照 2（当地推广种）增产 31.03%，无论是区域试验还是生产试验，泗棉 2 号产量位次、增产幅度都是非常突出的，在我国棉花品种试验中极为少见。

泗棉 2 号除了在审定阶段的区域试验、生产试验中表现突出，长期作为区试对照种产量表现也很过硬，产量性状稳定性好，持续增产时间长久。1982—1991 年江苏省棉花品种区域试验连续 10 年，泗棉 2 号在前 8 年的试验中皮棉产量均为第一，直到 1990—1991 年才被新参试的泗棉 3 号所超过；在全国长江流域品种试验中表现也很一致，1984—1993 年连续 10 年长江流域品种区域试验，泗棉 2 号也是连续 8 年皮棉产量第一，直到 1992—1993 年被新参试的泗棉 3 号所超过，比其增产 5.81%。泗棉 2 号从 1982 年参加江苏省品种区试皮棉产量取得第一，直到 1991 年在国家棉花品种区试中，皮棉产量仍然居第一，前后持续 10 年时间，10 年久种不衰连续夺冠，在国内自育品种中为首屈一指，充分显示了该品种的丰产性及其产量的稳定性，该品种的选育既促进了生产的发展，作为区试对照，也提高品种审定质量作出了贡献。

泗棉 2 号 1984 年通过江苏省品种审定，1985 年、1986 年、1988 年又先后通过安徽、湖南及全国品种审定，大面积推广应用，1986 年种植 475 万亩，其中江苏省种植 370 万亩，占当年常规棉种植面积的 90%，成为长江流域种植面积最大的品种，在全国当年种植面积居第二位，1991 年种植面积 519 万亩。其中湖南省 1991 年种植面积 136 万亩，占当年全省棉花面积的 75%，1995 年湖南省还种植 170 万亩，该品种的推广，使湖南省棉花生产出现了大的飞跃，全省涌现出大批高产典型，1990 年在湖南曾经创造每亩成桃 117 612 个的最高纪录田块，同时该省狠抓良种繁育，保证了大面积生产用种的数量与质量，推广速度、推广面积占种植面积的比重在国内棉花品种推广中均居先进水平，"泗棉 2 号的引进与推广"通过湖南省科学技术委员会成果鉴定。

1986 年获江苏省科技进步二等奖，1984 年被载入《当代中国农作物》历史丛书。

泗棉 2 号主要特性是：

（1）适应性强、稳产性好：泗棉 2 号除了在试验中表现丰产性能好，增产效果显著、各试验点产量均居第一以外，稳产性能也很突出，育成以后在各地的多年试验中，在不同地点、不同生态环境及不同生产条件下，均长势稳健，最终产量表现也很稳定。1982—1983 年江苏省棉花品种区域试验中，泗棉 2 号皮棉产量的变异系数只有 14.4%，而其他参试品种为 17.6% ~ 21.2%。全国长江流域 1984—1985 年棉花品种区域试验中，泗棉 2 号两年在不同试验点皮棉产量的变异系数为 13.4%，其他参试品种为 16% ~ 19.2%，省与国家两级试验泗棉 2 号皮棉产量在不同年份、不同试验点的变异系数均小于其他参试的品种，表明其产量的稳定性好。另外，在江苏省及长江流域的区试中，泗棉 2 号皮棉产量同环境指数的回归系数分别为 0.9082 与 0.8765，适应性指数均小于 1，也表明其稳产性能好。

（2）产量结构协调：泗棉 2 号丰产性好的原因之一是产量结构协调，一是结铃性强，总铃数多，据 1982—1987 年省内外 114 个试验点统计，泗棉 2 号亩铃数及单株结铃数均高于其他参试品种，亩铃数比其他参试品种平均高 12.4%，单株结铃比其他参试品种平均高 14.7%；二是铃重稳定，泗棉 2 号铃重中等，但铃形整齐，铃的重量稳定，铃重变异系数小于其他品种。三是衣分高而且稳定，114 个试点统计平均为 40.2%，是参试品种中衣分最高的，比其他品种平均高 1.8%。

（3）株型结构合理：泗棉 2 号植株高度中等，株型疏朗，果枝与主茎夹角较小，植株塔形，叶片中等大小，叶色不深，向光性强，缺刻较深，叶片排列合理，节间匀称，花蕾外露，通透性好，有利于调节棉株受光姿势，改善棉花冠层结构，增加有效受光面积，提高群体光能利用率，减少蕾铃脱落，提高成铃率。

（4）纤维品种好：1982—1983 年经过无锡纤检所测定，单强 3.95g，细度 5 448m/g，断长 21.52km，成熟度 1.58，各项指标均优于岱字棉 15 号。1984 年上海纤检所测定，泗棉 2 号单强 3.61g，细度 5 897m/g，断长 21.25km，成熟度 1.65，主体长度 29.4mm，品质长度 32.2mm，品质指标 2 362分，经过多年物理性能测定，综合评价是：原棉手感柔软有弹性，纤维强力和断裂长度较高，纤维品质与试纺性能好于对照岱字棉 15 号原种。

第二节　早熟品种

一、泗阳 78 - 18

泗阳 78—18 为中早熟棉花品种，系采用品种间杂交方法于 1978 年育成，杂交组合与泗阳 835 为同一组合，1975 年杂交，后经过多次南繁加代系统选择，1978 年 F5 在海南加代中的 18 系，表现早熟丰产，后经过繁殖鉴定，定名为泗阳 78 - 18。

该品种早熟性好，属于中早熟品种类型，霜前花率高，主要表现为苗期长势偏弱，现蕾开花以后生长加快，后期早熟不早衰，产量潜力较大。植株清秀，叶片大小适中，排列合理，通风透光性能好，铃壳薄，吐絮畅，衣分高，1980—1981 年参加江苏省麦（油）棉连作棉花品种区域试验，两年平均产量均居首位，比对照品种徐州 142 增产 32.65%，1980—1981 年参加全国长江流域耕作改制棉花品种区域试验，两年平均亩产也均为第一，分别比对照品种徐州 142 增产 29.3% 和 28.2%，1982—1983 年被定为全国长江流域耕作改制棉花品种区域试验的统一对照种，皮棉产量也高于其他参试品种。该品种主要作为麦套种植或麦后移栽棉在上海、大丰等地被棉引进种植。

二、泗阳 123

泗阳 123 为中早熟棉花品种，系采取杂交育种与系统选育相结合的方法育成，杂交组合与泗阳 263 相同，1989 年泗阳 263 育成以后，又进一步从中选择早熟品系，1990 年育成泗阳 123，1992—1993 年参加江苏省早熟抗病棉花品种区域试验，1993 年参加区域试验的同时参加省棉花品种生产试验，于 1994 年 3 月通过江苏省早熟棉品种审定。

该品种出苗好，苗蕾期长势一般，中后期长势较好。株高中等，宝塔形，茎秆多茸毛，叶片较小，叶色淡，褶皱明显，叶片薄易翻转，发棵早，结铃性强，铃卵圆形，中等大小，衣分高，早熟性好。1992—1993 年江苏省抗枯萎病早熟棉花品种区试：全生育期 140.2d，株高 95.57cm，果枝 14.11 台，单株成铃 16.57 个，单铃重 4.39g，大样衣分 42.35%。小样衣分 43.63%，籽指 9.4，衣指 7.08，10 月 20 日前收花率为 64.50%。两年平均皮棉亩产 64.50kg，霜前皮棉亩产 41.69kg，分别比对照盐棉 48 增产 21.12% 和 19.63%，均居参试品种之首。两年试验棉样经无锡进出口纺织原料检验所测定，主体长度 30.5mm，品质长度 33.7mm，短绒率 12%，单纤维强力 3.5g，细度 5 686m/g，断长 19.9km，成熟度 1.69。1993 年江苏省早熟棉品种生产试验，泗阳 123 籽棉亩产 173.94kg，皮棉亩产 71.82kg，比对照品种盐棉 48 增产 14.29%，居第一位。主要在江淮棉区作麦后移栽棉或沿江南部棉区作麦后直播品种应用。

第三节　抗病品种

一、泗棉 3 号

泗棉 3 号为抗枯萎病棉花新品种，1993 年、1994 年分别通过江苏省及全国棉花品种审定，有关选育情况及品种表现已在第一章详细介绍。

二、泗棉 331

泗阳 331 为中熟抗枯萎病棉花品种，1995 年 4 月通过江苏省抗病棉品种审定。是利用引进的不抗病常规棉品种通 84 - 239 为基础，经人工病圃与自然病圃连续选择抗病株，在人工病圃进行系统鉴定，于 1991 年育成。

该品种株高中等，宝塔形，株型疏朗，茎秆粗壮，通透性好，叶片中等大小，叶色较深，掌状五裂，褶皱明显，向光性强，铃大，卵圆形，吐絮畅，五室铃多，絮色洁白，有丝光，结铃性强，抗病性好，产量稳，尤其是铃较大、吐絮好，易收花的性能，受到棉农的普遍欢迎，审定以后在江苏里下河棉区大面积引进种植，表现高产高效。

1992—1993 年江苏省抗枯萎病棉花品种区试：生育期 148d，株高 97cm，果枝 14.6 台，单铃重 5.6g，单株成铃 15.2 个，大样衣分 42.31%，小样衣分 44.11%，籽指

9.28g，衣指 7.04g。纤维品质经无锡进出口纺织原料检验所测定：长度 29.0mm，细度 5 691.3，单强 3.06g，断长 20.1km，成熟度 1.58，抗病性鉴定，枯萎病率 4.77%，病指 1.43。两年试验平均泗阳 331 籽棉亩产 173.24kg，皮棉亩产 73.40kg，分别比对照盐棉 48 增产 4.33% 和 16.23%。1994 年江苏省抗病棉品种生产试验，亩产籽棉 327.50kg，亩产皮棉 98.70kg，比对照盐棉 48 增产 13.60% 与 24.8%。均表现出较好的丰产性。

三、泗棉 4 号（原代号泗阳 167）

该品种系杂交育成，1991 年以泗阳 331（原通 84—239）与泗阳 263 杂交，1997 年育成的优质、高效、高衣分棉花新品种，1998—1999 年参加安徽省棉花品种区域试验，2001 年通过安徽省棉花品种审定，审定以后迅速成为江苏、安徽两省棉花生产的主推品种。并且长期作为安徽省棉花品种区试及育种攻关试验的对照品种。

（一）特征特性

1. 高衣分、出苗好

泗棉 4 号大样衣分 44% 左右，长江中游示范种植小样衣分高达 50%，比衣分较低的抗虫棉品种衣分高近 10%。

2. 铃重高，结铃性强

泗棉 4 号铃卵圆，中等偏大，铃型整齐，壳薄绒厚，内部充实，且五室铃比重高，整体铃重较高，中期花单铃籽棉重一般 5.5g 以上。

3. 株型健壮，单株生产力高

泗棉 4 号株型健壮，株高中等，果枝数及每果枝果节均较多，单株生产力高，可适当稀植。中等密度，单株果枝 18 ~ 20 台，每果枝果节数 4 ~ 6 个，单株果节 80 ~ 100 个。总果节数多，结铃性强，加之铃重和衣分均较高，因而单株生产力高。

4. 衣分高，综合经济效益好

高衣分可以减少衣亏损失，提高加工收购企业的盈利水平。由于衣分率高，籽棉售价也较高。籽棉售价高及棉田综合效益高，更有利于调动棉农的植棉积极性，从而稳定棉花生产发展。

（二）产量表现

1998—1999 年安徽省棉花品种区域试验，两年平均泗棉 4 号皮棉产量 92.48kg，比对照泗棉 3 号增产 8.48%。2000 年安徽省棉花品种生产试验，皮棉产量 93.7kg，居参试品种第 1 位，比泗棉 3 号（CK）增产 7.6%。1998 年在长江中游武汉、九江、黄岗地区试种，全样衣分分别为 45.88%、48%、45.24%，小样衣分分别为 50.2%、50.43%、49.77%，比其他品种衣分高 5% ~10%。皮棉产量比参试品种淮杂 2 号（杂交棉）增产 18.34%，比当时长江流域推广面积较大的杂交棉品种湘杂 2 号、皖杂 40 平均增产 11.1%，更显著高于其他常规棉试验品种。

（三）纤维品质

2.5% 跨长 30.1mm，比强度 21.5g/tex，马隆值 4.6，纺纱均匀性指数 143.5，达到国家棉花攻关标准，且絮色洁白，有丝光，外观品质上乘，深受棉花收购部门欢迎。

（四）抗病性

泗棉 4 号在品种试验示范及大面积棉花生产上均表现抗枯萎病，不抗黄萎病。因此，在枯萎病轻病田种植可充分发挥其增产作用，枯萎病严重的重茬棉田一般不宜种植。

第四节 优质棉品种

一、泗优 1 号

泗优 1 号为中熟优质棉品种，2004 年 3 月通过江西省棉花品种审定。

该品种以泗阳 1214 为母本，以优质棉品系 9208007 为父本配制杂交组合，杂交后代群体经多次南繁鉴定，纤维品质经过连续筛选，结合产量、抗性的多年选择鉴定，于 2001 年育成。

（一）特征特性

株高中等，茎秆粗状，宝塔形，冠层疏开，结构优良，通透性好，叶片中等偏大，叶色深绿，掌状五裂，铃大，卵圆形，铃壳偏厚，吐絮性能一般，结铃性较强，抗病性较好，综合丰产性好。

（二）试验表现

2002—2003 年江西省棉花品种区试：生育期 128.4d，株高 119.3cm，果枝 20.5台，单铃重 5.0g，单株成铃 32.0 个，衣分 40.91%，籽指 10.6g，衣指 7.8g，产量结构好于普通优质棉品种。纤维品质经农业部纤维检测中心检测：2.5% 跨长 30.26mm，比强度 35.6CN/tex，马克隆值 4.64，纺纱均匀性指数 169.1，纤维品质明显由于常规棉高产品种，属高品质棉品种类型。2002—2003 年江西省棉花品种区试平均籽棉亩产262.6kg，比对照泗棉 3 号减产 3.8%。其中 2003 年大灾之年，泗优 1 号籽棉亩产284.3kg，比对照泗棉 3 号增产 4.2%，居参试品种之首，皮棉亩产 108.1kg，居参试品种第二位，皮棉产量接近常规棉高产品种水平。

二、泗棉 5 号

泗棉 5 号 2006 年通过江苏省品种审定。

品种原名"泗阳 119"，属中熟陆地棉品种，以泗阳 1214 与 9208007 杂交，杂交后代经过纤维品质、抗病性、产量性状等的连续选择鉴定，于 2002 年育成。

（一）特征特性

出苗性较好，生长势强；植株塔形较紧凑，株高中等偏矮，茎秆有茸毛，叶片中等偏大，叶色中等，铃卵圆形，较大，吐絮畅。省区试平均：生育期 137d，株高 102.83cm，果枝 16.14 台，单株成铃 22.05 个，单铃籽棉重 5.40g，大样衣分 39.4%，小样衣分41.2%，籽指 10.6g，霜前花率 77.1%。纤维品质经农业部棉花品质监督检验测试中心检测（HVICC 标准）：纤维长度 31.66mm，整齐度 86.16%，比强度 32.51 CN/tex，马克隆值 4.37，纺纱均匀性指数 163，明显优于普通常规棉品种。

（二）抗病性

区域试验鉴定：枯萎病指 8.43，黄萎病指 28.81。为抗枯萎病，耐黄萎病品种。

2003—2004 年参加江苏省棉花品种区试，两年平均籽棉亩产 217.8kg，较对照（2003 年泗棉 3 号，2004 年苏棉 9 号）平均增产 7.6%，皮棉亩产 85.4kg，较对照平均减产 1.1%；2005 年省棉花品种生产试验，籽棉亩产 212.7kg，较对照苏棉 9 号增产 8.3%，皮棉亩产 89.3kg，较对照苏棉 9 号增产 8.0 %。优质棉皮棉产量达到或高于常规棉高产品种。

第五节　抗虫棉品种

一、泗抗 1 号

泗抗 1 号是与中国农科院生物技术研究所合作育成的抗棉铃虫新品种。1995 年利用泗棉优良新品系与中国农科院生物技术研究所提供的转 BT 基因抗棉铃虫材料杂交，杂交后代经过系统选择、抗棉铃虫鉴定，于 1999 年育成，2001—2002 年通过江苏省抗棉铃虫棉花品种区域试验及生产试验，2004 年进入农业部转基因植物安全评价生产性试验阶段，通过安全评估并获得安全证书，2005 年通过江苏省抗虫棉品种审定，为泗棉育成的第一个转基因抗棉铃虫品种。2005 年通过审定以后，到目前（2016 年）一直是江苏省抗棉铃虫棉花品种区试的对照品种。

（一）主要特性

1. 植株高度中等

株型疏朗，宝塔形，茎秆弹性较好，叶片中等大小，叶色较深，果枝节间匀称，果枝与主茎夹角中等大。

2. 抗病虫性好

2001—2002 年江苏省棉花品种区试鉴定，均表现为抗枯萎病、耐黄萎病、抗棉铃虫。2002 年江苏省棉花品种生产试验鉴定，表现高抗枯萎病、耐黄萎病、接近高抗棉铃虫。棉铃虫中等发生的年份基本不需要用药，第 3～4 代棉铃虫偏重发生的年份只需用药防治 1～2 次。

3. 产量结构协调，综合丰产性好

铃圆形，中等大小，单铃重 5g 左右，结铃性强，吐絮畅。省区域试验僵瓣花率只有 5.85%，大样衣分 42.1%，小样衣分 43.3%。

4. 纤维品质优良

2.5% 跨长 30.2mm，比强度 22.8CN/tex，马克隆值 4.5，纺纱均匀性指数 140.2。

5. 出苗较好

前期长势中等，中后长势较强，全生育期 135d，霜前花率 85%，属中熟偏早类型棉花品种。

（二）产量表现

2001—2002 年江苏省棉花品种区试，泗抗 1 号平均籽棉亩产 254.18kg，比对照增

17.1%；皮棉亩产106.7kg，比对照增产11.5%，增产达极显著，两年平均籽、皮棉产量均居参试品种之首。2002年省棉花品种生产试验，籽棉亩产263kg，比对照增产14.7%；皮棉亩产114kg，比对照增产10%，比美国抗棉铃虫品种109B增产14.4%，籽、皮棉产量均居第一位。大面积种植泗抗1号，皮棉亩产110kg左右，高产田块达150kg。

二、泗阳6821

泗棉6821系优质、高产、多抗转基因棉花新品种。

2005年以高产、抗病品种冀668为母本，以优质、早熟新品系泗阳211为父本配制杂交组合，2005年冬在海南开展南繁加代，2006—2007年进行丰产性测定、抗逆性选择与南繁加代，其丰产性主要以田间鉴定为主，抗病性主要在人工接种病圃进行定向选择，抗虫性鉴定以田间鉴定与室内棉铃虫饲喂鉴定相结合，并将品质测定贯穿于品种选育全过程。2008—2009年多点联合鉴定，表现增产潜力大、品质优良、多抗广适等优良特性。2010年参加江苏省棉花品种预备试验，2011—2012年参加江苏省棉花品种区试，2013年江苏省棉花品种生产试验。

2014取得农业部转基因生物安全证书，同年通过江苏省抗虫棉品种审定。

（一）主要特征

出苗好，苗期长势强，中期长势稳，后期早熟不早衰。植株中等偏高，果枝弹性好，叶片中等大小，叶色淡，茎叶茸毛较多，茎秆弹性好。综合丰产性好，结铃性强，铃壳薄，铃重中等偏大，单铃重6.0g左右，衣分42%左右，吐絮畅，絮色白，纤维品质优，霜前花率高。

（二）主要特性

1. 丰产性好

2011—2012年江苏省棉花品种区域试验，籽、皮棉亩产分别比对照增产3.3%和4.4%。2013年江苏省棉花品种生产试验，籽、皮棉分别比对照增产13.4%和10.4%，增产极显著。

2. 抗病（虫）性强

抗病性经多年病圃鉴定，平均枯萎病病指8.43，黄萎病指21.81，为抗枯萎耐黄萎病。区试鉴定，枯萎病指13.4，黄萎病指27.3。棉铃虫综合抗性为R，抗棉铃虫。在轻病区种植，基本不发病或发病很轻。

3. 早熟性

生育期130d，霜前花率在90%以上。

4. 纤维品质优

纤维长度31.3mm，比强度32.65CN/Tex，马克隆值4.36，纺纱均匀性指数153，整齐度85.72%，伸长率7.45%，反射率79.8%，黄度7.78，能满足纺工企业要求。

第六节　杂交棉品种

一、泗抗 3 号

泗抗 3 号系采取品种（系）间杂交育成的集高产、抗病、优质、适应性广于一体的杂交棉新组合，2001—2002 年参加江西省棉花品种区域试验，2003 年 3 月通过江西省农作物品种审定，是泗棉育成的第一个杂交棉新组合。审定以后由江西省种子公司等单位组织繁殖推广，长期是江西省棉花生产的主推品种及省棉花品种区试的对照品种。

（一）特征特性

植株高度中等，株型疏朗，塔形，果枝节间匀称，叶片中等大小，叶缘缺刻较深，叶面褶皱明显，叶姿挺，向光性强，叶片空间排布合理，叶色较淡，叶层清晰，冠层结构优良，通风透光条件好，群体光能利用率高。现蕾开花早，成铃速度快，结铃性强，综合丰产性协调。一般单株结铃 30～40 个，单铃重 5g 左右，铃壳薄，吐絮畅，衣分率高，大样衣分 43% 左右，小样衣分 45% 左右。纤维品质优，2.5% 跨长 30.1mm，整齐度 47.85，比强度 30.6CN/tex，马克隆值 4.6。早熟性好，全生育期 128d，霜前花率 80% 以上。抗枯萎，耐黄萎病，抗耐高温性能亦较好。

（二）产量表现

2001—2002 年江西省棉花品种区试，两年平均籽棉亩产 309.7kg，比对照增产 17%，皮棉亩产 134.2kg，比对照增产 15.5%，两年均居第一位，增产极显著，其中 2001 年皮棉产量极显著高于对照及所有参试品种，各试点平均皮棉产量第一，2002 年 5 个试验点泗抗 3 号在 4 个试点为第一。

大面积生产表现高产稳产。2001 年以来，先后在江苏及长江中下游等棉区种植一般田块皮棉亩产 110kg，高产田皮棉产量 150kg，小面积高产田皮棉 200kg 以上，在不同年份均表现出良好的丰产性能。

二、泗杂 2 号

泗杂 2 号系品种间杂交育成的大铃、抗枯、黄萎病杂交棉新组合，该组合利用黄河流域抗病性强的大铃品种为母本，长江流域结铃性强，高衣分品种为父本杂交，2001 年育成，2005 年通过江西省农作物品种审定。

（一）产量表现

江西省棉花品种区试亩产皮棉 117.9kg，比对照增 8.4%。河南省棉花品种区试，皮棉亩产 104.1kg，比对照增 11.7%，霜前皮棉 98.5kg，比对照增 20.2%。2006 年国家棉花新品种展示（长江流域组），籽棉亩产 331.5kg，皮棉亩产 145.2kg，比对照增产 12%，是典型的高效性杂交棉品种。

（二）特征特性

生育期 130d，属于中熟类型品种，株高 110cm 左右，植株塔形，棉铃较大，铃型整齐，铃壳薄，吐絮畅，衣分 41% 左右，铃重 6.3g。中低密度单株成铃达 40 个以上。

抗枯萎病，抗黄萎病，抗逆、稳产性能好。绒长 30.3mm，比强度 30.5CN/tex，马克隆值 4.6。纤维品质优于常规杂交棉品种，大铃，吐絮畅，收花省工，深受农业部门及广大棉农的欢迎。

三、泗杂 3 号

泗杂 3 号为杂交棉新组合，1998 年选用泗阳 167 与泗阳 280 杂交，泗阳 167 是以通84－239 为母本，泗阳 263 为父本杂交选育成的优质、高产、多抗新品系。父本泗阳 280 为 GK22 选系。1998 年冬海南组合鉴定，1999—2004 年进行多年多点联合试验及区域试验，2003—2005 年参加长江流域棉花品种区域试验与生产试验。2006 年获农业转基因生物安全证书［农基安证字（2006）年第 133 号］。2005 年、2008 年先后通过江苏、安徽及国家品种审定。2005 年来是江苏省杂交棉品种区试对照品种。

（一）选育技术

1. 注重选育策略

首先是根据棉花生产发展的需要、棉花科研育种研究现状及发展的潜力，以长江流域及黄河流域南部棉区为应用范围，综合研究确定以中早熟、丰产、抗（耐）枯黄萎病、抗棉铃虫、优质为选育目标。生育期的选择上，因特早熟品种生育期短、产量潜力有限，同我国南方棉区发展棉田间作套种亦不相适应；晚熟品种虽然产量潜力大，后劲足，但存在着较大的栽培风险；兼顾产量、品质、适应性及栽培应用的实际需要，确定以中早熟为宜，中早熟品种不仅现蕾开花早、生殖生长势强，经济系数高，且自我调节的余地较大，有效结铃期长，抗灾性能好，有利于高产、稳产。抗（耐）枯黄萎病是棉花生产发展的现实需要，我国南方棉区感病或抗病性差的品种已无用武之地，抗棉铃虫利用现代生物技术，选育棉花自身对棉铃虫有良好抗性，既能提高棉花产量，又减轻植棉防治棉铃虫的劳动强度，减轻对环境的污染。优质既是满足纺织工业发展对产品质量多样化的基本需要，亦是提高棉花生产效益的需要。高产，是适应我国人多地少、土地资源短缺、农业以集约化生产为主以及人们消费水平不断提高、原棉制品消费不断增加的内在需要，亦是科技发展的主要职责，在增强抗性、提高品质的前提下不断提高产量是作物品种改良的永恒主题，其关键是寻求各目标性状有效结合及最佳配置的平衡点。其次是寻求产量提高的突破口，棉花产量是棉田光合产物及其合理分配形成的，同提高光能利用率，增加光合产物向生殖器官的分配有关，泗杂 3 号选育是从改良株型入手提高结铃性，协调综合丰产性，从而实现产量水平的新突破。

2. 从严选配亲本

杂交育种，成功的关键在于亲本选配，泗杂 3 号新组合既是在多年常规棉品种选育，掌握丰富种质资源的基础上，按照优异相济的杂交棉亲本选配方略，从严选配亲本，选择综合性状优良，父母本有关性状之间各有特色、相互杂交以后能实现性状互补、具有显著杂交优势的资源材料作为亲本杂交育成的。

3. 强化评比鉴定

品种表现的优劣最终要靠田间表现来进行评判，泗抗 3 号杂交组合选配以后，即在提高鉴定质量上下工夫，通过提高试验田的质量，在不同生态条件下进行多点、多年联合鉴定，对丰、抗、优等性状进行全面综合鉴定，反复比较鉴定选育而成的。

（二）特征特性

1. 株型结构

泗杂 3 号为陆地棉品种间杂交一代种，杂交优势较强，营养生长向生殖生长转换较快，全生育期长势均较稳健，表现为值株高度中等，打顶后株高 110cm 左右。株形疏朗，塔形，果枝节间匀称，果枝弹性较好，果枝层数及单株总果节数较多。中低密度栽培，单株果枝 18 层左右，单株总果节数 80～100 个。叶片中等大小，叶缘缺刻较深，叶面褶皱明显，叶姿挺，向光性强，叶色较深，掌状五裂，叶片空间排布合理，叶层清晰，冠层结构优良，通风透光条件好，有效光合面积及适宜叶面积系数较大，能较好地协调个体发育同群体发展的矛盾，群体光能利用率高，结铃性强，单株生产力高。

2. 抗病（虫）性

2003 年江苏省棉花品种区域试验，经江苏省农科院植保所鉴定，枯萎病指为 6.25，黄萎病指为 24.50，表现抗枯病、耐黄萎病。2003—2004 年长江流域棉花品种区试鉴定：枯萎病指 13.28，黄萎病指 30.35，属耐枯萎、耐黄萎。多年大面积生产种植也表现抗、耐枯黄萎病，轻病田种植基本不发病，并且抗棉铃虫。

3. 早熟性与适应性

全生育期 130d 左右，属中熟偏早类型，适播期弹性较大，适应范围广、适宜种植类型多。在长江流域、黄河流域南部及新疆南部棉区均可作春茬棉种植，长江流域棉区还可作早夏茬大苗移栽种植。多年来无论是品种比较试验，还是不同年份、不同地区、不同栽培条件下大面积种植均表现稳产、高产，特别是在灾害严重的年份，包括受高温、长时间雨涝、冰雹等灾害，均表现自我调节及补偿能力强，灾后生长恢复快，产量损失少。

4. 纤维品质

长江流域区域试验品质测试，绒长 30.2mm，整齐度 84.1%，比强度 29.4CN/tex，伸长率 7.1%，马克隆值 4.7，反射率 76.5%，黄度 8.4，纺纱均匀性指数 138。长江流域生产试验品质测试：绒长 29.8mm，整齐度 83.5%，比强度 29.1CN/txe，伸长率 6.8%，马克隆值 4.7，反射率 75.2%，黄度 8.2，纺纱均匀性指数 137.1，短纤维指数 8。各项指标均达到国家纺织用棉标准。

（三）产量表现

1999 年冬在海南评比鉴定，即表现产量结构协调，综合丰产性好。多年多点鉴定表现结铃性强，早、中、晚三桃齐结，上、中、下分布均匀。铃型整齐、中等大小，铃重 5.5g 左右。铃壳薄，吐絮畅，衣分高，大样 43% 左右。早熟性好，霜前花率 80% 以上，僵瓣烂铃少，皮棉色泽白、品级高。

2002—2003 年江苏省棉花品种区试：籽棉比对照增 20.67%；皮棉比对照增 18.76%，居参试品种第一位。

2002 年安徽省棉花品种区试，籽棉比对照（皖杂 40）增 13.91%；皮棉比对照（皖杂 40）增 14.87%；霜前皮棉比对照增 19.45%，居参试品种第一位。

2003 年安徽省棉花品种区试，比对照（皖杂 40）增 17.37%；皮棉比对照增 22.64%，籽、皮棉亩产均居第一位。

2003 年安徽省棉花品种生产试验，籽、皮棉分别比对照增 22.6% 和 25.5%，均居第一位。

2003 年长江流域棉花品种区域试验，籽棉比对照增产 19.86%；皮棉比对照增产 17.7%，增产极显著；霜前皮棉比对照增产 23.8%。籽、皮棉、霜前皮棉产量均居第一位。

2005 年长江流域棉花品种生产试验，皮棉比对照增产 16.45%，居 5 个参试品种第一位；霜前皮棉比对照增产 16.4%，亦居第一位。

四、泗杂棉 6 号（原代码泗阳 212）

该品种是以泗阳 139 为母本，泗阳 397（GK22 选系）为父本配制的杂交棉新组合。泗阳 139 系泗阳 293 优良选系，泗阳 397 系从 GK22 中选育而成的。

2006 年、2008 年分别通过江苏省及国家棉花品种审定。

（一）产量表现

2004 年江苏省棉花品种区试，皮棉比对照增产 15.76%，增幅在当年（4 组）42 个参试品种中居第一位。

2004—2005 年江苏省品种区试：两年平均籽棉比对照增产 12.32%，皮棉比对照增 12.56%，居参试品种之首。2005 年江苏省棉花品种生产试验，籽棉、皮棉分别比对照增 14.16% 与 13.14%，且均居参试品种之首。

2005 年长江流域棉花品种区试，籽棉比对照湘杂棉 2 号增 12.65%，皮棉比对照湘杂棉 2 号增 19.06%，霜前皮棉比对照增 21.52%。

2006 年长江流域区试，皮棉比对照湘杂棉 8 号增 14.5%，居（11 个参试种）第一位。2006 年生产试验，皮棉比对照增 8.1%，居（5 个参试种）第一位。

（二）特征特性

株高中等，宝塔形，株型疏朗，果枝节间匀称，叶片中等偏小，叶缘缺刻较深，叶面褶皱明显，叶姿挺，向光性强，叶片空间排布合理，叶色中等偏淡，叶层清晰，冠层结构优良，通风透光好，光能利用率高。苞叶锯齿状，花冠花药乳白色，铃卵圆形，中等偏大，壳薄吐絮畅，结铃性强，综合丰产性协调，抗病性强，高抗枯萎病，抗黄萎病，早熟性好，霜前花率 80% 以上，属中早熟类型品种。单铃重 5.5~6g，铃壳薄，吐絮畅，衣分为 41.7%，籽指 10g。全生育期 130d 左右，霜前花率 85% 以上。

纤维品质，省与国家试验鉴定 2.5% 跨长 30.27mm，比强度 29.93g/tex，马克隆值 4.66，整齐度 85%，纺纱均匀性指数 145。达到国家十五攻关目标。

抗病虫性，省区域试验鉴定，枯萎病指 4.32，黄萎病指 19.29，高抗枯萎病，抗黄萎病。长江流域区域试鉴定：枯萎病指 9.7，黄萎病指 16.6，表现抗枯萎病，抗黄萎病；同时后期不早衰，抗棉铃虫、红铃虫。

五、泗阳 329

为高产、优质、抗病及适应性广的杂交棉新品种（组合）。2004—2005 年湖南省棉花新品种区域试验。2006 年 2 月通过湖南省农作物品种审定。

（一）产量表现

2004 年湖南省棉花品种区试，籽棉比对照增 9%，皮棉比对照增 13.6%。2004—2005 年湖南省区试，籽棉比对照品种增产 11.35%，皮棉比对照增 13.61%。在长江中下流不同生态型地区大面积生产种植均表现出良好的丰产性能，并且吐絮畅、絮色白、纤维品质优，深受广大棉农和棉花纺织企业的欢迎。因此推广面积迅速扩大，目前已经成为长江中下游棉区的主要推广品种之一。

（二）特征特性

该品种属杂交棉花新组合，早熟性较好，生育期 128d 左右，霜前花率 85% 以上。植株塔形，株形疏朗，株高 110～130cm，株型结构优良，叶片中等大小，通风透光条件好，叶色较淡，光合效率高，茎秆健壮挺立，抗倒伏性好。第一果枝着生节位中等偏低，果枝节间长短适中，果枝层数 18 台左右，总果节数较多，铃中等偏大，卵圆形，铃壳薄，吐絮畅。综合丰产性好，结铃性强，中等密度栽培单株成铃 40 个左右，中低密度栽培单株成铃可达 60 个以上，单铃籽棉重 6g 左右，籽指 11.04g，衣分 43.13%，衣指 8.17g。

（三）纤维品质

纤维品质：2.5% 跨长 30.78mm，比强度 31.75CN/tex，马克隆值 4.85，整齐度 84.8%，纺织均匀性指数 148.1。

（四）抗逆性

2004 年湖南省试验鉴定枯萎病发病率 3.46%，黄萎病发病率 1.27%，表现抗枯黄萎病。2005 年湖南省棉花品种区域试验，枯萎病指 14.2，黄萎病指 30.42，表现为耐枯萎、耐黄萎。近年来在大面积棉花生产种植与试验示范中均表现抗病性较好、抗逆性较强。

六、泗阳 328

泗阳 328 系集高产、优质、抗病、适应性广与一体的杂交棉新组合。2004—2006 年安徽省区域试验与生产试验。2007 年通过安徽省农作物品种审定。

2004 年安徽省棉花品种预备试验，产量水平在参试品种中遥遥领先，皮棉产量比对照"皖杂 40"增产 21.8%，增产幅度居当年（5 组试验）61 个参试品种之首。皮棉比同一试验组产量居第二位的品种增产 12% 以上。

2005 年安徽省棉花品种区域试验，皮棉产量居参试品种首位，比对照（皖杂 40）增产 13.1%，增产极显著。2006 年在继续参加安徽省棉花品种区域试验的同时，提前参加安徽省棉花品种生产试验及全国长江流域棉花品种区域试验。

2006 年安徽省棉花品种（A 组）区域试验中，6 个试验点全部表现增产，皮棉比对照品种（皖杂 40）增 13.5%，居（13 个参试品种）第一位。

2006 年安徽省棉花品种（Ⅱ组）生产试验中，皮棉亩产 114.6kg，比对照增产 11.2%，籽皮棉均居（5 个参试品种）第一位。

2006 年全国长江流域棉区春棉品种（C 组）区域试验，平均皮棉产量比对照品种湘杂棉 8 号增 15.6%，霜前皮棉比对照增产 17、3%，籽皮棉、霜前皮棉均居（10 个参试品种）第一位。

从参加试验以来，无论是省试验还是国家试验，产量优势十分明显，皮棉产量均居于参试品种第一位。

主要特性：

枯萎病指 8.4，黄萎病指 30.8，为抗枯萎、耐黄萎。现蕾、开花早，果枝始节位为 6～7。全生育期 122d，平均霜前花率 94.4%，中早熟。试验实收株数 2020 株，株高 85～138cm，平均株高 110cm，果枝 18.5 台。株型较为紧凑，果枝较长、上举，总果节数较多，茎秆较粗壮，茸毛较多，叶片中等偏小，叶色淡绿。出苗好，苗期长势强，中后期长势中等，整齐度好。单株成铃 30.9 个，单铃重 5.9g，籽指 9.7g，衣分 43.4%。吐絮畅，烂铃少，僵瓣花率低，纤维品质好，绒长 30.0mm，比强度 29.5CN/tex，马克隆值 4.8。整齐度 84.6%，纺纱均匀指数 140。

七、泗杂棉 8 号

该品种以泗阳 193 为母本，泗阳 211 为父本配制杂交组合，经多年鉴定育成的转基因抗虫杂交棉新组合。2008—2009 年参加长江流域棉花品种区试，2009 年获农业部转基因生物安全证书［农基安证（2009）第 172 号］，2010 年参加全国棉花品种生产试验，2011 年通过全国农作物品种审定。

（一）特征特性

早熟性好，长江流域春茬棉育苗移栽，全生育期 130d 左右，霜前花率 80% 以上，植株高度中等，110cm 左右，株型疏朗，宝塔形，果枝节间匀称，叶片中等大小，叶缘缺刻较深，叶面褶皱明显，叶姿挺，向光性强，叶色较深，掌状五裂，叶片空间排布合理，叶层清晰，冠层结构良好，通风透光条件好，光能利用率高。结铃性强，铃中等偏大，卵圆形。区试平均：单株结铃 28.7 个，单铃重 6.3g，衣分 41.7%，籽指 10.2g，霜前花率 88.9%，僵瓣率 3.7%，吐絮畅，絮色白，有丝光，衣分率 42% 以上。

抗虫性稳定，抗虫效果好。2008 年长江流域区试鉴定，枯萎病指 11.92，黄萎病指 29.37，为耐枯萎、耐黄萎；2009 年长江流域区试鉴定，枯萎病指 3.08，黄萎病指 29.17，为高抗枯萎病、耐黄萎病。两年平均枯萎病指 7.5，黄萎病指 29.27，为抗枯萎、耐黄萎。

棉铃虫的抗性，2009 年南京农业大学植保学院鉴定，抗虫基因表达力检测，抗性、稳定性及纯合度的生物测定，以及对棉铃虫抗性效率检测均表现基因纯合稳定性好，抗虫效果明显，抗虫性稳定。长江流域区试鉴定，表现高抗棉铃虫，抗红铃虫级别为高抗，BT 抗虫蛋白抗性级别亦为高抗。

（二）产量表现

2008 年长江流域品种区试，皮棉和霜前皮棉分别比对照"湘杂棉 8 号"增 17.5% 和 17.9%，均居 11 个参试种第一位。2008—2009 年长江流域区试，皮棉和霜前皮棉分别比对照"鄂杂棉 10 号"增产 7.8% 和 7.1%。

2010 年国家棉花品种生产试验，皮棉和霜前皮棉分别比对照"鄂杂棉 10 号"增产

1.7% 和 3.1%，均居该组试验参试品种之首。

（三）纤维品质

长江流域区域，绒长 31.2mm，比强 30.7cn/tex，马克隆值 4.8。纺纱均匀性指数 152，生产试验绒长 30.5mm，比强度 30.3cn/tex，马克隆值 4.9，伸长率 6.5%，反射率 76.8%，黄色深度 8，纺纱均匀性指数 144，纤维品质达 Ⅱ 级。

八、泗阳 698

泗阳 698 系 2001 年以泗阳 628 为母本，泗阳 739 为父本配组杂交育成的杂交棉新组合，2001 年冬海南鉴定，2002 年当地鉴定，并进行品质测定与抗病筛选，同时加强亲本材料的提纯改造。2003—2004 年继续多点鉴定及亲本选择。2008—2009 年参加江苏省品种区试，2010 年江苏省品种生产试验。

2011 年 2 月通过江苏省品种审定，为抗棉铃虫杂交棉新组合。

特征特性：生育期 135d，株形较紧凑，茎秆较粗，茸毛少，叶色较浅，出苗好，前中期长势强，中期长势平稳。整齐度好，不早衰，吐絮较畅。纤维品质优。单株果枝 19.4 台，果枝始节位 6.7 节，单株结铃 27.4 个，铃卵圆，单铃重 6.3g，衣分 42.4%，籽指 10.1g。

试验表现：2008—2009 年区域试验表现：早熟性好，籽、皮棉产量均好于对照相当，生产试验籽棉产量超过对照，皮棉产量与对照相当；抗性鉴定：枯萎病指 10.7，黄萎病指 37.8。抗棉铃虫，纤维品质，绒长 31.5mm，比强 30.1cn/tex，马克隆值 4.7，纺纱均匀性指数 152，纤维品质达 Ⅱ 级。

九、泗阳 839

泗阳 839 系杂交棉新组合，2004 年以太仓 8027 选系为母本与泗阳 739 配组杂交，2005—2007 年多年多点鉴定试验。2008 年参加安徽省棉花品种预备试验，2010—2011 年参加安徽省棉花品种区域试验，2012 年安徽省棉花品种生产试验，并且通过农业部组织的抗虫棉鉴定，获得农业部抗棉铃虫棉花品种安全证书。

2013 年通过安徽省品种审定，为抗棉铃虫杂交棉新组合。

株高中等，宝塔形，株型较紧凑，叶片中等大小，缺刻深，叶色深绿，茎秆弹性较好。茎叶茸毛较多。铃卵圆形，中等偏大，单铃重 6g 左右，衣分 42% 以上，结铃性强，吐絮畅而集中，综合丰产性协调，抗病性强，抗枯萎、耐黄萎。全生育期 130d 左右，霜前花率高，区域试验及生产试验，霜前花率均达 85% 以上，属中熟偏早类型杂交棉。

纤维品质：长度 30.7mm，整齐度 85.40%，比强度 31.8cN/tex，马克隆值 4.5。在推广品种中属于品质较优类型，达双 30 以上标准。

编后语

新中国成立以前我国农业生产上没有完善的农作物品种改良及其良种繁育技术推广体系，新中国成立以后相继建立起各种良种推广及品种更新制度，各农业生产大县为加强种子工作先后成立原良种场，进行推广品种的提纯复壮及种子繁殖。

江苏省泗阳棉花原种场1960年建立以后，即开展以棉花为主的农作物良种繁育工作，当时棉花生产上推广的品种主要是以国外引进的棉花品种为主，其中从美国引进的岱字棉15号是我国南方棉区的主要推广品种，泗阳原种场成立以后，即开展岱字棉15号的良种繁育工作，从选择单株开始建立株行圃、株系圃、原种圃，在原种场附近的产棉乡、镇建立良种繁育区，繁殖的原良种经过专门的棉花良种加工厂扎花及种子加工，供应大面积生产用种。

泗阳原种场成立之初的良种繁育工作就是富有成效的，也积累了丰富的经验，繁育的种子质量及其在生产上发挥的作用得到了农业行政管理部门及其同行的充分肯定，多次受到江苏省人民政府及农业部的表彰。全国棉花良种繁育现场会、原良种场场长培训班、技术骨干培训班先后在泗阳原种场举办，学习推广泗阳场棉花良种繁育工作的经验，推动全国良种工作的开展。良种繁育是原种场的主要职责，但是泗阳原种场并没有满足于单纯的种子繁殖，而是在搞好良种繁育，为大面积生产提供原良种、结合良种繁育进行单株、株行选择鉴定的同时，开展育种工作，泗棉1号就是在棉花良种提纯复壮过程中进行系统育种的成果，该品种选自当时大面积推广的岱字棉15号，而各项经济性状及其生物学性状又明显优于岱字棉15号，皮棉产量比其增产一成以上，更适合大面积生产的需要，在江苏省及我国南方广大棉区深受农业部门的欢迎，获得了迅速的推广，成为当时南方棉区的主要推广品种。

在系统选择育成新品种以后，又结合种子繁殖，继续扎实推进棉花育种工作，在原农业试验队的基础上成立了场农业科研试验站、场农业科学研究所，不断推进提升原种场科研创新的能力。先后育成泗棉2号、泗棉3号等系列品种，在我国棉花品种改良中发挥的作用不断扩大。在进行良种繁育、作物育种的同时，其他农业科研活动也相继展开，先后承担国家优质棉基地县科技服务项目，承担省与国家农作物品种区域试验、生产试验、示范推广等任务，其中"全国棉花品种区域试验及其结果应用"获1985年国家科技进步奖一等奖。随着各项科研及其种子工作的开展，原种场也由一个县属的农业场圃，升格为省级管理的场圃，1993年又增挂"全国种子总站江苏泗阳棉花原种场"牌子，成为首批国家级原良种场。同时又增挂"江苏省农作物育繁中心"牌子，新的地级宿迁市成立以后，1998年宿迁市人民政府又在原种场农业科学研究所增挂"宿迁市农业科学研究所"牌子，进一步促进了场农业科研同地方农业发展的结合。由于科研育种工作的突出成就及科研创新的能力，原种场还先后被省与国家有关部门确定为"国家棉花改良中心江苏分中心""农业部棉花原种扩繁基地""江苏省棉花种质资源基因库"。

2007 年以后随着场管理体制的改革，经过有关部门批准，原种场农业科研部分单独划出来同"江苏省农业科学院宿迁分院"合并成立"宿迁市农业科学研究院，亦即江苏省农业科学院宿迁农科所"，新的市农业科学研究院成立以后继续开展农作物科研育种工作，并且又承担了"国家棉花产业技术体系泗阳综合试验站""国家农作物品种区域试验站"等建设任务，在我国农作物品种改良工作中继续发挥作用。市农业科学研究院为了改善科研创新条件，在加强原泗阳原有育种基地建设的同时，先后在海南省三亚市南滨农场建立"海南棉花水稻南繁育种基地"，为加快育种进程、加速新品种的选育提供了良好的条件。为扩大科研成果应用的范围，更好地提升泗棉在全国的影响力，同时适应我国棉花主要产区向西部转移的需要，又在新疆芳草湖农场建立"北疆棉花玉米育种基地"，以期促进泗棉育种在我国农业生产中发挥更大的作用。

目前，我国农业生产形势、生产条件，农业生产面临的主要矛盾，农业科研需要解决的问题等都已发生较大的变化，农业科研的组织方式、技术手段、科研的方向都在发生变化，随着城市化、工业化、机械化、自动化、国际化进程的推进，农业生产正在由劳动密集型的产业为主转变为使用大型农业机械的机械化生产。由于生产劳动的人工成本提高、劳动力成为稀缺资源，农业生产的轻简化、机械化已经势在必行，并且生产过程更加强调投入品减量化、可持续，农产品供求关系也由长期短缺向供求平衡到结构性过剩转变，农产品生产要更加注重由数量型向质量效益型转变，更加注重农产品的多样性及其适销对路。

随着农业机械化的普及及农村劳动力的转移，我国棉花生产区域布局也已经发生很大的变化，长江流域、黄河流域棉区棉花种植面积迅速减少，西北内陆的新疆棉区在我国棉花生产中迅速成长为一枝独秀的主要棉区，棉花种植面积增加，棉花总产已经超过全国总量的六成以上，单产也遥遥领先，因此棉花育种科研服务的重点地区也需要作相应的转变。

江苏及其南方棉区不仅面积在迅速减少，而且种植制度、生产方式也在迅速变化，一熟棉、营养钵育苗移栽棉生产用工多、种植成本高将难以为继，取而代之的是粮（油）棉两熟，麦（油）后机械直播棉将是发展的趋势，特别是江苏沿海地区有广阔的沿海滩涂有可能发展成新的棉区。因此，当前的棉花育种要面向主产区—西北内陆新疆棉区、面向沿海滩涂、面向麦（油）后机械直播棉。采取东西互补、穿梭育种方式，选育早熟、株型紧凑耐密、适于全程机械化作业的品种，要使东南部棉区高产优质生态型材料与西部早熟耐密的品种材料相融合，培育两地兼用型品种，适合机械化植棉的品种，扩大品种的适应范围。在加强产量育种、适应性育种的同时，更加注重品质育种，着力提高棉花纤维品质，增强棉花及其纺织品的国际竞争力。相信经过不懈努力，在泗棉 3 号等新品种的基础上，在服务我国新疆内陆棉区及南方麦（油）后机械化植棉中，将会发挥更大的作用，焕发出新的活力与生机。

编著者

2016 年 7 月

参考文献

包立生，陈根成，赵焕文．1999．泗棉 3 号在丘陵棉区的表现及栽培技术［J］．中国棉花（4）：31 – 32．

曹光第，洪军孟．1997．不同复合肥和常规肥对泗棉 3 号的增产效应［J］．中国棉花，24（11）：25．

陈德华，陈秀良，顾万荣，等．2003．高产条件下泗棉 3 号棉铃增重及株型关系研究［J］．扬州大学学报，24（4）：71 – 74．

陈德华，肖书林，王志国，等．1996．棉花超高产群体质量与产量关系研究［J］．江苏农学院学报，17（专刊）：43 – 47．

陈立昶，承泓良．1998．泗棉 3 号选育与应用技术［M］．北京：科学普及出版社．

陈立昶，吉守银，孙宝林，等．1993．高产优质抗枯萎病棉花品种——泗棉 3 号［J］．江苏农业科学（4）：28 – 29．

陈立昶，吉守银，孙宝林．1995．高抗棉铃虫、枯萎病棉花高产品种泗棉 3 号［J］．江苏农业学报，11（2）：32．

陈立昶，吉守银，孙宝林．1997．泗棉 3 号高产优质配套技术［J］．江西棉花（1）：11 – 13．

陈立昶，吉守银．1993．泗棉 3 号性状表现及栽培技术［J］．中国棉花，20（6）：31 – 32．

陈立昶，吉守银．1997．泗棉 3 号推广应用关键技术［J］．中国棉花，24（5）：35 – 36．

陈立昶，俞敬忠，吉守银，等．1998．泗棉 3 号品种的选育技术［J］．棉花学报，10（1）：20 – 25．

陈齐炼．1995．泗棉 3 号品种特性探讨［J］．江西棉花（2）：24 – 25．

戴敬，杨举善，朱汉荣，等．1994．泗棉 3 号高产成铃特点试验研究［J］．江西棉花（2）：17 – 18．

冯绍武，邱太明，陈齐炼，等．1994．泗棉 3 号高产栽培技术［J］．江西棉花（1）：45 – 46．

甘俊，曹希常．1996．泗棉 3 号的高产栽培实践［J］．当代农业（3）：11 – 12．

高书泰，陈荣来．1996．里下河地区泗棉 3 号群体质量及调控技术研究与示范应用［J］．江苏农学院学报，17（专刊）：163 – 167．

高书泰，陈荣来．1996．里下河棉区棉花高产群体棉株成铃特点分析［J］．江苏农学院学报，17（专刊）：92 – 95．

黄颂禹，乌松康，朱秀良，等.1996. 移栽地膜棉成铃特点及调控技术［J］. 江苏农学院学报，17（专刊）：99－101.

黄完基，程飞虎，邱东萍，等.2002. 泗棉 3 号柱头外露的研究选育初报［J］. 中国棉花，29（3）：26－33.

吉守银，孙宝林.1993. 高产优质抗枯萎病棉花新品种——泗棉 3 号［J］. 江苏农业科学（4）：28－29.

纪从亮，俞敬忠，刘友良，等.1999. 泗棉 3 号超高产栽培调控技术研究［J］. 江西棉花，21（4）：17－25.

纪从亮，俞敬忠，刘友良，等.2000. 棉花高产品种产量结构特点［J］. 江苏农业学报，16（1）：25－30.

纪从亮，俞敬忠，刘友良，等.2000. 棉花高产品种源库流特点研究［J］. 棉花学报，12（6）：298－301.

纪从亮，俞敬忠，刘友良，等.2000. 棉花高产品种株型特征研究［J］. 棉花学报，12（5）：234－237.

纪从亮，展金奇，陈德华，等.1996. 泗棉 3 号高效群体株型的研究［J］. 江苏农学院学报，17（专刊）：51－58.

纪从亮.1996. 从泗棉 3 号的选育实践谈棉花株型和生理育种［J］. 江西棉花（3）：8－10.

江苏省泗阳棉花原种场.1996. 泗棉 3 号 1996 年在国家区域试验中乃居第一［J］. 江西棉花（6）：40.

江西省棉花生产办公室，江西省农牧渔业厅经作处.1994. 关于赴江苏考察泗棉 3 号及其调种意见的汇报［J］. 江西棉花（1）：11－12.

金文奎，钱朝阳.1996. 棉花高产群体成铃分布特点探讨［J］. 江苏农学院学报，17（专刊）：89－91.

李付广，袁有禄.2013. 棉花分子育种学［M］. 北京：中国农业大学出版社.

陆家珠，傅圣年，邹建文，等.1995. 泗棉 3 号种植表现及栽培技术要点［J］. 种子世界（2）：28－29.

陆家珠，袁文华，邹建文，等.1995. 泗棉 3 号种植表现及栽培技术要点［J］. 种子世界（3）：22－24.

陆家珠，袁文华，邹建文.1995. 泗棉 3 号抗棉铃虫性鉴定试验［J］. 种子世界（3）：22－24.

毛超俊，吴济森.1995. 棉花良种——泗棉 3 号大田考查报告［J］. 江西棉花（1）：2－4.

邱太明，冯绍武.1995. 泗棉 3 号的主要特点及栽培技术［J］. 江西棉花科技（2）：18－19.

邱新棉，俞碧霞，张吕望.1996. 泗棉 3 号在浙江省的表现与高产栽培技术［J］. 中国棉花，27（3）：15－17.

施满法，沈斌法.1997. 泗棉 3 号主要性状和栽培技术［J］. 宁波农业科技（1）：

22 – 23.

苏生平，丁同华，许荣山，等.1996.沿海棉区麦套移栽地膜密肥措施对群体质量的影响 [J].江苏农学院学报，17（专刊）：114 – 120.

王卫军，崔小平，孙宝林，等.2015.泗棉 3 号种质特性与利用效果分析 [J].棉花科学，37（1）：22 – 26.

王卫军.1999.泗棉 3 号在江苏省及长江区试中结果剖析 [J].种子世界（2）：61 – 63.

吴敬音，余建明，朱卫民，等.1994.泗棉 3 号转叶片丛生芽形成及其植株再生 [J].江苏农业科学（2）：17 – 19.

吴慎杰，李飞飞，陈大子，等.2007.利用农杆菌介导法转化泗棉 3 号的研究 [J].作物学报，3（4）：632 – 638.

吴云康，展金奇，陈德华，等.1996.移栽地膜覆盖与氮肥对棉根系吸收能力光合生产的影响 [J].江苏农学院学报，17（专刊）：59 – 63.

杨长琴，张培通，徐立华，等.2010.2 个基因型棉花铃发育物质积累及其糖代谢特征 [J].江苏农业学报，26（6）：1 181 – 1 185.

杨举善，敬敬.1994.泗棉 3 号高产成铃规律研究 [J].中国棉花，21（11）：8 – 10.

杨举善，吴德兴，戴敬.1995.泗棉 3 号生育特性及高产栽培技术 [J].作物杂志（5）：30 – 31.

于宝富.1994.泗棉 3 号在海安县创高产 [J].中国棉花（21）：21.

俞敬忠.1983.棉花高产品种的设计与选育 [J].种子（4）：41 – 44.

张宝红，李付广，王武，等.1995.泗棉 3 号体细胞发生与植株再生 [J].安徽农业大学学报，22（3）：208 – 211.

张宝红，李秀兰，李凤莲，等.1995.棉花品种泗棉 3 号高频体细胞胚发生的植株再生研究 [J].西北农业学报，4（4）：11 – 16.

张春芬，郑永利，虞轶俊.2000.泗棉 3 号抗虫性田间调查张春芳 [J].植物保护，26（3）：48.

张培通，朱协飞，郭旺珍，等.2006.高产棉花品种泗棉 3 号及其产量结构因素的遗传分析 [J].作物学服，32（7）：101 – 107.

张培通，朱协飞，郭旺珍，等.2006.高产品种泗棉 3 号产量及其构成因素 QTL 标记与定位 [J].作物学报，32（8）：1 197 – 1 203.

张培通，朱协飞，郭旺珍，等.2006.泗棉 3 号理想株型的遗传及分子标记研究 [J].棉花学报，18（1）：13 – 18.

张培通.2005.泗棉 3 号高产优质性状的遗传和分子标记研究 [D].南京：南京农业大学.

张耀曾，沈月新，胡智.1995.泗棉 3 号在我省引种成功 [J].种子世界（5）：15.

郑仁富，何永清，喻冠军.1998.泗棉 3 号在红壤棉区种植的表现及栽培技术 [J].新农村（2）：6 – 7.

中国农业科学院棉花研究所.1983.中国棉花栽培学 [M].上海：上海科学出版社.